디지털 신호처리 이론 및 응용

이강승 지음

HS 도서출판 한산

머 릿 말

지금의 시대 멀티미디어 디지털 신호처리를 이용한 수많은 알고리즘들이 개발되고 있다. 이런 알고리즘들은 반도체의 실시간 처리속도, 집적도의 발전과 무선 이동통신의 속도향상과 보급으로 인하여 다양한 많은 분야에서 응용되어 사용되고 있다.

우리가 일상생활에서 쉽게 접할 수 있는 멀티미디어 디지털 신호처리를 응용한 제품으로는 스마트 핸드폰, 태블릿PC, 디지털 카메라, 스마트 TV, 3D TV, DVD 플레이어 등의 영상과 음성을 응용한 제품들이 많이 있다.

우리 주변의 많은 아날로그 전자제품들이 이미 대부분 디지털 전자제품으로 변환되었으며, 이제는 신개념의 멀티미디어 디지털 제품이 탄생하고 있다. 현재 많이 사용하고 있는 스마트 폰에도 멀티미디어 디지털 신호처리의 하나인 음성 신호처리 알고리즘이 적용된다. 흔한 예로 Apple사의 비서 어플리케이션인 Siri와 Google사의 비서 어플리케이션인 Now, 삼성사의 비서 어플리케이션인 S Voice도 사용자의 음성을 디지털 신호로 처리하여 사용자가 원하는 기능을 수행하는 멀티미디어 디지털 신호처리의 한 분야이다. 이뿐만 아니라 우리가 흔히 사용하는 스마트폰의 카메라와 디지털 카메라에는 Auto Focus 기능과 촬영한 사진들의 필터링 기능(미니어처, 비네팅, 어안렌즈, 모노크롬, 컬러추출 등)이 내장되어 있으며, 이러한 기능들은 멀티미디어 디지털 신호처리 알고리즘 중 영상처리 알고리즘을 사용하여 개발되었다.

이렇게 아날로그 전자제품이 멀티미디어 디지털 신호처리 전자제품으로 변화하는 이유는 신호 데이터의 보관 및 전송이 유리하고, 압축 알고리즘을 다양하게 개발할 수 있어서 높은 압축률을 달성할 수 있는 장점이 있기 때문이다. 또한 전송 중에 발생하는 노이즈에 대해서도 아날로그보다 영향을 덜 받는 장점을 가지고 있다. 따라서 현대 정보통신 산업에서는 멀티미디어 디지털 신호처리 이론 및 응용 알고리즘을 다루고 구현할 수 있는 창의적인 전문인을 많이 필요로 하고 있다.

본서는 컴퓨터 소프트웨어 학문 분야 중 멀티미디어 신호처리 시스템 세부전공 관련 전문학술서로서 멀티미디어 디지털 신호처리에 대한 이론에서부터 멀티미디어 디지털 신호처리의 전문적인 응용까지 총괄적으로 이해한 후 직접 설계 구현할 수 있도록 구성되어 있다. 그리고 멀티미디어 디지털 신호처리의 세부적인 내용과 실무 전공분야에서 활용할 수 있는 멀티미디어 디지털 신호처리 시스템의 설계 구현을 위한 각종 이론들을 깊이 있게 다루어 멀티미디어 디지털 신호처리 관련 학문 분야에 종사하는 전공자들이 용이하게 활용할 수 있도록 구성하였다. 또한, 각종 디지털 신호처리 이론을 먼저 고찰한 후 설계 구현에 관한 사항을 논하였을 뿐 만 아니라 가급적이면 많은 도해를 넣어 핵심 내용을 쉽게 이해할 수 있도록 구성하였다.

이 책의 구체적인 내용을 다음과 같다.

전체적으로 1장은 멀티미디어 디지털 신호처리란 무엇이고 왜 필요한가에 대한 개념에 대해 설명하였고, 2장은 멀티미디어 디지털 신호 및 시스템의 종류와 전반적인 개념에 대해 설명하였고, 3장은 멀티미디어 디지털 신호처리의 가장 기본인 신호를 시간 영역에서 직접 처리하는 방법을 설명하였으며, 4장은 이산시간 푸리에 변환의 제약을 극복하기 위한 z-변환을 소개하였고 이것이 수렴할 수 있는 영역의 정의 및 설정 방법을 함께 논하였다. 5장은 이산 푸리에 변환을 사용하여 주파수 영역을 처리하는 기법에 대해 소개하고, 9장은 필터링을 사용한 멀티미디어 신호처리 기법 중 선형 공간, 비선형 공간 필터링을 사용하여 잡음제거를 하는 알고리즘에 대해 고찰하였다. 끝으로 앞에서 논한 기법들을 활용하여 멀티미디어 디지털 신호 중 음성, 데이터, 영상 신호처리와 영상압축을 7, 8, 9, 10장에 이어서 논함으로서 멀티미디어 디지털 신호처리의 응용 기법에 대하여 쉽게 이해할 수 있도록 하였다.

본서는 멀티미디어 디지털 신호처리 세부 전공분야의 중요 핵심개념들과 설계구현을 위한 이론 및 방법들을 고찰, 서술하고 새로운 멀티미디어 디지털 신호처리 시스템을 개발하기 위하여 많은 예제들을 수록하였다.

본서를 집필하는데 여러 모로 수고와 칭찬과 격려를 아끼지 않은 모든 분들과 출간을 위해 지원해주시고 힘써주신 도서출판 한산 관계자분들께도 감사를 표한다.

목 차

1. 멀티미디어 디지털 신호처리의 개요 1

1.1 멀티미디어란 1

1.2 멀티미디어 디지털 신호처리 2

1.3 디지털 신호처리란 3

2. 멀티미디어 디지털 신호 및 시스템 5

2.1 신호 및 시스템 개념 5

2.2 디지털 신호 5

2.1.1 샘플링 6

2.1.2 양자화 7

2.3 기본 디지털 신호 8

2.3.1 단위 임펄스 신호 8

2.3.2 단위 계단 신호 10

2.4 디지털 신호처리 표현 10

2.4.1 그림을 이용하는 방법 10

2.4.2 임펄스 신호를 이용하는 방법 11

2.4.3 괄호를 이용하는 방법 13

2.5 디지털 신호처리 방법 13

3. 시간 영역 분석 15

3.1 개요 15

3.2 이산 신호의 정의 15

3.2.1 기본적인 이산 신호 16

3.2.2 이산 신호의 분류 20

3.2.3 이산 신호의 변형 22

3.3 이산 시스템 25

3.3.1 이산 시스템의 입출력 관계 26

3.3.2 이산 시스템의 구성 요소 26

3.3.3 이산 시스템의 분류 29

3.4 이산 선형 시불변 시스템의 해석 34

3.4.1 선형 시스템의 해석 34

3.4.2 컨벌루션 합의 공식 36

3.4.3 컨벌루션의 성질 39

3.4.4 인과적 선형 시불변 시스템 41

3.4.5 안절 LTI 시스템 43

3.4.6 FIR 시스템과 IIR 시스템 43

3.5 차분 방정식으로 표현되는 시스템 44

3.5.1 차분 방정식의 표현법 45

3.5.2 상계수 차분 방정식으로 표현되는 선형시불변 시스템 48

3.5.3 선형 상계수 차분 방정식의 해 49

3.5.4 차분 방정식에서 시스템 임펄스 응답 구하기 51

4. z-변환 53

4.1 개요 53

4.2 z-변환 53

4.3 이산시간 신호의 z-변환 56

4.3.1 $x[n]=\left(\frac{1}{2}\right)^n u[n]$ 안정한 인과 신호 56

4.3.2 $x[n]=2^n u[n]$ 불안정한 인과 신호 57

4.3.3 $x[n]=\left(\frac{1}{2}\right)^n u[-n-1]$ 불안정한 비인과 신호 58

4.3.4 $x[n]=2^n u[-n-1]$ 안정한 비인과 신호 59

4.3.5 불안정한 양방향의 신호 59

4.3.6 FIR 신호의 z-변환 60

4.4 z-변환의 성질 61

4.5 이산시간 시스템의 z-변환 62

4.6 z-역변환 66

4.7 z-변환을 이용한 선형 시불변 시스템의 해석 69

4.7.1 전달함수의 특성과 관련된 이산시간 선형시불변 시스템의 특성 69

4.7.2 선형 상수계수 차분 방정식에 의해 특성화되는 선형시불변 시스템 70

4.8 단방향 z-변환 72

4.8.1 단방향 z-변환의 정의와 특성 72

4.8.2 단방향 z-변환을 이용한 차분 방정식의 해법 73

4.9 상태방정식과 z-변환 74

4.10 요약 76

4.10.1 z-변환의 역변환 77

5. 주파수 영역 분석 79

5.1 이산 푸리에 변환 (DFT) 79

5.1.1 개요 79

5.1.2 이산 푸리에 변환의 정의 79

5.1.3 이산 푸리에 변환의 계산량 82
5.2 고속 푸리에 변환 (FFT) 83
5.3 영상의 주파수 영역 처리 92
5.4 영상의 푸리에 변환 92
5.5 영상의 이산 푸리에 변환 95
5.6 영상의 DFT 구현 99
5.7 푸리에 변환을 이용한 주파수 필터링 104

6. 필터링 107
6.1 개요 107
6.1.1 필터 107
6.1.2 컨벌루션 108
6.1.3 회선 처리를 이용한 영상의 필터링 110
6.2 선형 공간 영역의 필터링 111
6.2.1 저주파 통과 필터링 112
6.2.2 고주파 통과 필터링 115
6.3 선형 공간 필터링을 이용한 잡음제거 117
6.4 비선형 공간 필터링을 이용한 잡음제거 118
6.4.1 중간 값 필터링으로 잡음제거 119
6.4.2 최소/최대 필터링으로 잡음제거 121

7. 음성 신호처리 123
7.1 개요 123
7.2 음성 및 오디오 신호처리 123
7.2.1 음성 신호의 스펙트럼 포락선 123
7.2.2 오디오 신호의 압축 128
7.2.3 스펙트로그램 130

8. 영상 신호처리 138
8.1 픽셀 점 처리 138
8.2 산술연산과 논리연산 141
8.2.1 화소의 밝기 값과 명암 대비 141
8.2.2 디지털 영상의 산술연산 142
8.2.3 논리연산 148
8.3 다양한 화소 점 처리 기법 152
8.3.1 명암 변환 152
8.3.2 명암 대비 변환 155
8.3.3 경계 값을 이용한 처리 156
8.3.4 범위 강조 변환 158
8.4 단일 영상의 화소 점 처리 159
8.4.1 슬라이딩과 스트레칭 159
8.4.2 중간 강조 163
8.4.3 반전 164
8.4.4 이진화 164
8.4.5 슬라이스 165
8.4.6 등명도선 166
8.4.7 명도 단계 변환 166
8.4.8 중간 제거 167
8.4.9 중간 통과 167
8.4.10 점 처리의 적용 예 168
8.5 다중 영상의 경우 169
8.5.1 영상 결합 169
8.5.2 영상 합성 171
8.6 광도 보정 173

8.7 픽셀 그룹 처리 175
8.7.1 엠봅싱 효과 177
8.7.2 블러링 177
8.7.3 샤프닝 178
8.7.4 경계선 검출 179
8.8 컨벌루션 처리의 원리 180
8.8.1 컨벌루션 처리 방법 181
8.8.2 컨벌루션의 경계 부분 처리 182
8.8.3 컨벌루션 마스크의 특징 184
8.8.4 엠보싱 185
8.8.5 컬러 영상의 컨벌루션 처리 187
8.9 블러링 188
8.9.1 블러링 컨벌루션 마스크 188
8.9.2 가우시안 스무딩 필터링 처리 190
8.10 샤프닝 191
8.10.1 고주파 통과 필터를 사용한 샤프닝 처리 193
8.10.2 저주파 통과 필터를 사용한 샤프닝 처리 194
8.11 영상 에지 검출 195
8.12 1차 미분 에지 연산자 197
8.12.1 그라디언트 197
8.12.2 차분 연산 199
8.12.3 그라디언트 연산자 201
8.12.4 컴패스 그라디언트 연산자 204
8.13 2차 미분 에지 연산자 205
8.13.1 2차 미분 연산자 205
8.13.2 가우수형 라플라시안 208

9. 영상 압축 212

9.1 개요 212

9.2 배경 213

9.3 코딩 중복성 218

9.3.1 Huffman 코드 222

9.3.2 Huffman 인코딩 230

9.3.3 Huffman 디코딩 239

9.4 화소간 중복 250

9.5 시간 심리적 중복 258

9.6 JPEG 압축 262

9.6.1 JPEG 263

9.6.2 JPEG 2000 270

1. 멀티미디어 디지털 신호처리의 개요

1.1 멀티미디어란

멀티미디어를 이해하기 위해서 먼저 멀티미디어라는 단어 자체를 살펴보면, 멀티미디어는 멀티와 미디어라는 두 단어의 합성어로 각각의 뜻은 다음과 같다. "멀티(Multi)" 는 여러 가지라는 의미이고, "미디어(Media)" 는 medium의 복수형으로 매개물, 매체, 매개수단이라는 의미이다. 즉, 여러 가지 미디어를 하나로 통합했다는 의미를 갖는다.

멀티미디어 분야에서 사용되는 미디어의 개념은 문자, 그림, 소리, 애니메이션, 동영상과 같은 정보의 표현방법을 의미한다. 이처럼 단어의 의미로 보면 위의 요소들 중에 두 가지 이상을 사용하여 정보를 표현하는 것이라고 할 수 있다.

멀티미디어의 대부분은 음성과 영상이다. 즉, 멀티미디어 신호처리는 음성과 영상의 신호처리라고 해도 과언이 아니다. 음성을 비롯하여 각종 악기로부터 나오는 소리는 인류가 존재하면서부터 가장 중요하면서도 기본이 되는 정보 전달수단으로서 영상과 더불어 멀티미디어의 핵심적인 미디어이다. 소리란 울림이나 진동에 의해 나타나며 주파수와 같은 연관이 있다. 사람의 귀로 인식할 수 있는 범위는 실제로 음성 주파수보다 범위가 훨씬 넓다. 인간이 소리를 듣는다는 것은 공기압의 변화가 귀에 전달되어 인간이 인식할 수 있다는 의미인데, 소리에는 자연으로부터 발생하는 음향, 각종 악기로부터 나오는 음악 등으로 구분할 수 있는데, 그 중에서 인간이 들을 수 있는 소리 신호를 오디오라고 정의한다.
영상이란 인간의 감각 기간 중에 시각을 통해 인지되는 미디어를 뜻한다. 영상은 소리와 더불어 멀티미디어를 구성하는 핵심적인 요소이다. 우리 주변에서 볼수 있는 영상매체는 TV, DVD, 영화, 컴퓨터 그래픽, 애니메이션, 디지털 비디오, 스캐너, 동영상 등이 있다. 영상을 저장 또는 전송하는 방법에 따라 아날로그 영상과 디지털 영상으로 나눌 수 있다. 아날로그 여상이란 아날로그 신호에 따라 정보가 표현되는 방식이고, 디지털 영상이란 이진 신호의 형태로 영상 데이터를 표현하는 것을 말한다. TV의 경우 나날로그 방식에 해당하며, 컴퓨터 그래픽은 디지털 영상이다. 하지만 현재 아날로그로 구성되는 TV가 점차 디지털로 변화되고 있는 추세이다.

영상은 동적 특성에 따라 정지영상과 동영상으로 구분된다. 정지영상이란 시간에 따라 움직임이나 변화가 없는 영상이다. 동영상이란 시간에 따라 변화하며 단위 시간에 보여지는 화면들이 여러 개가 모여서 움직임을 보여주는 영상을 말하는데, 동영상을 정지영상과 구별하기 위해 비디오라고 표현한다. 문자를 통해 정보를 전달하는 것보다 정지영상을 통해 전달하는 것이 훨씬 이해하기 편하다. 그리고 정지영상을 통해 전달하는 것보다 동영상 통해 전달하는 것이 더욱 알아보기 쉽다. 정지영상의 예로는 스캐너로 스캔한 영상이나 디지털 카메라로 촬영한 영상을 들 수 있고, 동영상으로는 디지털 비디오 영상이나 TV영상 등이 있다. 본 서적은 멀티미디어를 위한 디지털 신호처리에 초점을 맞추어 설명한다.

1.2 멀티미디어 디지털 신호처리

정보를 전달하는 방법으로 신호를 생각할 수 있다. 신호란, 어떤 매체를 통해 전보를 전달하기 위한 물리적인 파형을 말하는데 신호에 관하여 몇 가지 예를 들면, 음성신호, 오디오신호, 영상신호, 비디오신호, 레이더신호 등을 들 수 있다. 이러한 신호들은 변화하는 형태로 나타나는데, 이것은 정보를 표현하거나 부호화된 정보를 의미한다.

일반적으로 미디어에는 여러 가지 의미가 있지만, 멀티미디어에서의 미디어는 여러 정보 표현의 의미를 내포하고 있다. 따라서 멀티미디어란 복수의 정보 표현 미디어를 적절하게 이용해서 인간의 ㅈ어보 표현 활동을 향상시키는 또 다른 형태의 미디로 생각할 수 있다. 실제로 음성, 오디오 그리고 영상 등으로 대표되는 다양한 정보를 개별적인 장치나 어떤 수단을 이용하여 주고받고 있는데, 이러한 처리는 주로 아날로그 신호체계를 따르고 있다. 따라서 종합적인 정보를 전달하려면 개별 미디어를 통해 전달되던 것을 하나의 미디어로 통합하여 전달할 필요성이 생기게 된다. 다양한 형태의 정보를 사람과 기기간에 상호 연결을 하기 위해서는 디지털 신호로 변환해야 하는데 이러한 작업을 하는 데 있어 멀티미디어 디지털 신호처리가 필요하다.

신호처리란, 신호를 처리하는 방법 혹은 알고리즘으로서 각종 정보에 가공을 하여 어떠한 부가가치를 만들어 내는 작업이라고 할 수 있다. 최근에는 디지털 기술의 진보에 따라 아날로그 신호를 디지털 컴퓨터 혹은 디지털 집적회로를 이용하여 수치적으로 처리하는 디지털 신호처리가 많이 이용되고 있다. 디지털 신호처리는 멀티미디어와 밀접한 관계가 있다. 그 이유는 디지털 신호처리는 멀티미디어의 기본 구조와 관련되어 있기 때문이다. 실제로 음성, 오디오 그리고 영상으로 주어진 복수의 미디어를 디지털 형식으로 표현 축적, 전달하기 위해서 디지털 신호처리 방식에 의해 조작되어야 한다. 멀티미디어 신호의 압축에는 디지털 신호처리 기술이 필수적이다. 신호의 전달에 있어서 큰 규모의 음성, 오디오 혹은 영상 파일들을 전송하기 위해 데이터의 압축이 필요한데, 오디오와 영상의 특성을 이용하여 디지털 신호처리를 거쳐 JPEG 혹은 MPEG 등의 압축 기술을 이용하여 데이터를 압축하여 처리하고 있다. 따라서 멀티미디어 신호처리란 어떤 목적을 달성하기 위해 음성, 오디오, 영상, 비디오 등의 아날로그 신호를 디지털화하여 소기의 목적을 달성할 수 있도록 적절한 처리르 하는 작업으로 정의할 수 있다.

1.3 디지털 신호처리란

디지털 신호처리는 샘플링된 신호와 데이터들을 수로 표현하여 처리하는 것으로 디지털 기억장치 및 지연소자, 덧셈, 뺄셈, 상수와의 곱셈 등과 같은 기본적인 연산기들을 사용하여 여러 가지 처리를 하기 위한 많은 유용한 함수들을 만들어 낼 수 있다. 데이터가 포함하고 있는 특성을 검출하거나 잡음이 포함되어 있는 신호에서 잡음을 제거하여 신호만을 뽑아내거나, 또는 신호에 포함되어 있는 주파수 성분을 분석하는 등의 작업이 디지털 신호처리에 의해 이루어질 수 있다.

신호에서 원하는 정보를 추출, 전달, 저장하거나 혹은 시스템을 관측, 제어할 수 있도록 신호에 어떤 가공을 하는 것을 신호처리라고 한다. 이러한 신호처리를 컴퓨터나 전용 하드웨어를 이용하여 디지털 형식으로 처리하는 기술을 디지털 신호처리라고 한다.

자연계에 존재하는 신호는 거의 아날로그 신호이고, 자연계로부터 관측되거나 입력된 신호 역시 아날로그 신호이다. 얼마 전까지 아날로그 신호를 그대로 처리하는 아날로그 신호처리 시스템이 대부분을 차지했다. 그러나 저항이나 콘덴서 등의 수동소자의 수치오차, 연산증폭기에 부가되는 열 잡음, 외부 유도 잡음 그리고 주위 온도에 대한 불안정성 등의 문제로 만족한 신호처리를 할 수가 없었다.

이에 반해 디지털 신호처리 시스템은 디지털 처리이기 때문에 정확도, 다중화 처리, 적응 처리, 비선형 처리가 가능하다. 그리고 처리 내용이 소프트웨어로 기술되기 때문에 간단히 변경할 수도 있고, 같은 회로를 여러 개 만들 때 동일한 특성을 가진 제품을 만들 수 있다. 또한, 온도 변화, 내구성 등의 염려가 없으며 안정성이 보장된다.

[그림 1-1]은 전형적인 디지털 신호처리 구성도를 보여주는 예이다. 우리는 기본적으로 아날로그 세계에 살고 있으며, 전압, 온도, 압력, 또는 광도 등과 같이 실제적으로 사용되는 신호들은 대부분 아날로그 신호이다. 비전기적인 신호들을 디지털 신호처리 방식으로 처리하기 위해서는 우선 이러한 신호들을 적절한 변환기를 사용하여 전기신호로 변환해야하며, 이때 변환기는 아날로그 신호를 일련의 신호처리 과정에 공급하는 역할을 한다. 일반적으로 신호처리 과정은 다음과 같다.

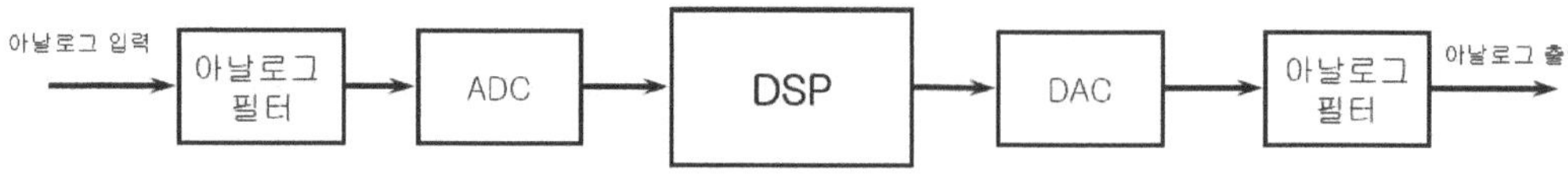

[그림 1-1] 디지털 신호처리 구성도

(1) 아날로그 필터 : 주로 저대역 통과필터(LPF)를 사용하여 신호의 주파수 범위를 제한

(2) ADC : 아날로그 신호를 디지털 신호로 변환

(3) DSP : 디지털 신호처리

(4) DAC : 신호처리된 디지털 신호를 아날로그 신호로 변환

(5) 아날로그 필터 : 디지털 - 아날로그 변환 과정에서 발생하는 과도응답 제거

2. 멀티미디어 디지털 신호 및 시스템

2.1 신호 및 시스템 개념

신호란 일상생활에서 흔히 만나게 되는 의사 전달 수단으로서, 예를 들면 교통 신호등, 자동차 방향지시등, 안내판, 전화벨, 비상 경보음, 얼굴 표정 및 제스처 등 중요한 정보를 전달하기 위한 모든 수단을 말한다.

신호를 공학적으로 표현하면 한 개 이상의 독립 변수를 수학적으로 표시한 함수로서 시스템의 입력 데이터로 들어가는 입력 신호와 시스템의 출력에서 나오는 출력 신호가 있다. 예를 들면, 자동차의 가속 페달을 누르는 힘은 입력 신호가 되고 자동차의 주행속도는 출력신호가 된다. 또한 카메라에 들어오는 물체의 반사 빛은 입력 신호이고 사진은 출력 신호가 된다.

시스템이란 일상생활에서 중요한 정보를 알리기 위한 모든 신호에 대해 반응함으로서 원하는 응답을 얻도록 입력 신호를 변형시키는 일체의 과정을 말한다. 공학적으로는 연속 신호를 취급하는 연속(아날로그) 시스템과 이산 신호를 취급하는 이산(디지털) 시스템으로 분류한다. 예를 들면, 자동차의 엔진 및 관련된 모든 부속은 시스템이 된다. 또한 오디오 CD에 저장된 신호는 CD플레이어를 통해서 시스템 출력으로 재생된다. 여기서 CD플레이어는 하나의 시스템으로 볼 수 있다.

2.2 디지털 신호

연속신호는 시간 축의 모든 값에 대해 신호 함수가 정의되는 신호를 말하며 그 중에서도 특히 신호의 값도 연속인 신호를 아날로그 신호라고 한다. 일반적으로 연속 신호는 아날로그 신호로 사용되고 있다. 연속 신호에서 샘플링을 통해 만들어지는 신호를 이산신호라고 한다. 그리고 샘플링된 신호를 양자화한 신호를 디지털 신호라고 한다.

여기서 샘플링은 연속신호를 시간적으로 일정한 간격을 두고 띄엄띄엄 채취하는 과정이며, 양자화는 무한대 개수의 진폭값을 가지고 있는 이산 신호를 유한 개의 개수의 레벨로 제한하는 과정을 말한다. 즉, 진폭값은 이산화시키는 과정이다. [그림 2-1]에 샘플링과 양자화에 대한 과정을 보여주고 있다. (a)는 아날로그 - 디지털 변환기의 구성요소를 보여주고 있고, (b)는 연속신호가 샘플링을 통해 이산 신호로 되고, (c)는 양자화를 보여주고 있다.

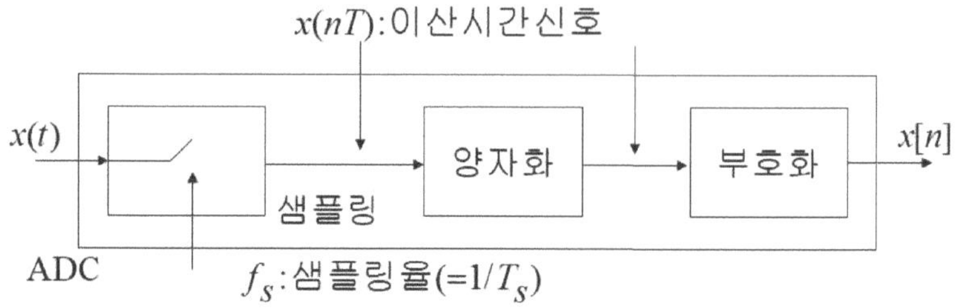

(a)

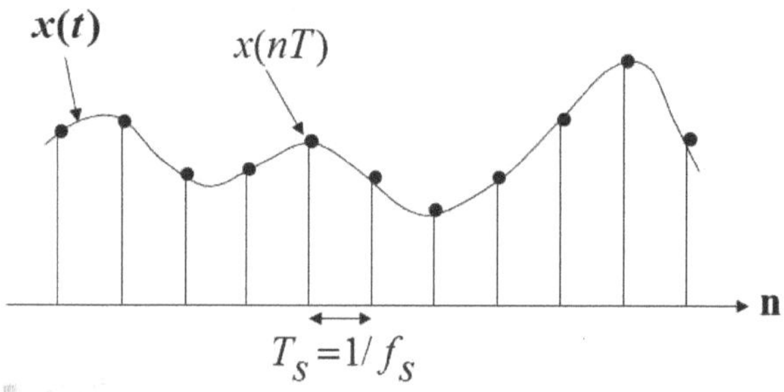

(b)

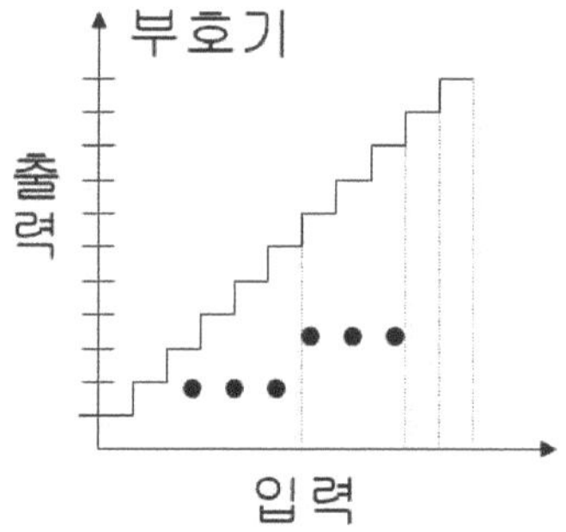

(c)

[그림 2-1] 아날로그 - 디지털 변환기

이산 신호는 $x(t)$의 연속신호를 샘플링하여 $x(nT)$를 얻고 이를 다시 시간영역에서 n으로 정의하여 $x[n]$으로 표시한다. 일반적으로 연속신호는 ( )의 괄호를 사용하여 표시하고, 디지털 신호는 [ ]의 괄호를 사용하여 표시한다.

2.1.1 샘플링

연속신호 $x(t)$를 T의 일정한 간격으로 샘플링하면

$$x[n] = x(nT) \cdots\cdots\cdots (2.1)$$

로 표현되는 이산 신호를 얻게 된다. 이 경우 n은 정수이며 n번째 샘플이라는 의미를 가지므로 이산 신호 $x[n]$을 수열이라고 부르기도 한다.
아날로그 신호를 샘플링 할 때 가장 중요한 문제는 얼마나 빠르게 신호를 샘플링 하는가이다.

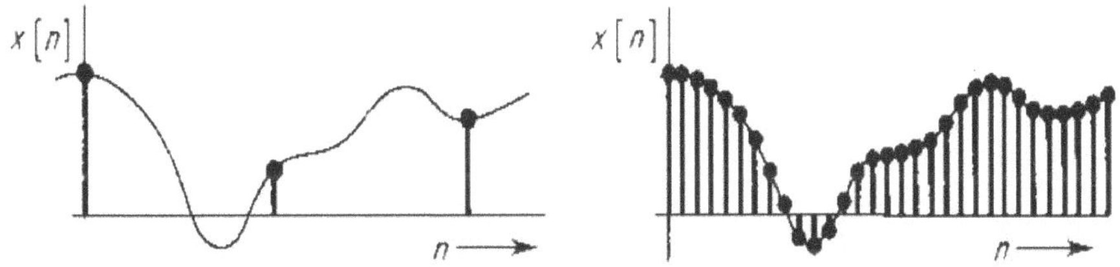

(a) (b)

[그림 2-2] 아날로그 신호의 샘플링

[그림 2-2]에서 (a)는 신호의 변화를 제대로 알아볼 수 없을 정도로 너무 큰 시간 간격으로 샘플링된 결과를 보여주고 있다. (b)는 시간축상에서 불필요한 정도로 촘촘히 샘플링된 결과를 보여주고 있다. 즉, (a)는 샘플링률이 너무 낮고, (b)에서는 반대로 너무 높게 선택되었다.

신호파형에서 가장 빠르게 변화하는 부분은 가장 높은 주파수 성분을 갖는 것이기 때문에 샘플링 주기를 너무 크게 잡는다면 이러한 주파수 성분들에 대한 정보를 잃어버리게 된다. 이것은 샤논의 샘플링 이론에 의해 확인될 수 있으며, 그 내용은 다음과 같다.

최대 주파수 성분이 $f_{max}Hz$인 아날로그 신호는 적어도 $2f_{max}Hz$ 이상의 샘플링출로 균일하게 샘플링된 샘플들에 의해 완전히 표현될 수 있다.

이것이 [그림 1-1]에서 입력단에 아날로그 필터를 사용하는 이유이다. 에일리어싱이 일어나지 않는 필터로 저역통과의 성질을 가지고 있으며 차단 주파수가

f_{max}를 초과하지 않도록 설계해야 한다.

2.1.2 양자화

이제 양자화 과정에 대해서 살펴보면, 대부분의 디지털 신호처리 응용에 있어서 샘플링은 아날로그 - 디지털 변환에 의해 수행되며 이때 샘플링된 신호들은 이진부호로 변환된다. n비트로 표시되는 이진수는 2^n개의 숫자나 신호값들로 나타내어지기 때문에, n = 8인 경우는 $2^8 = 256$개의 이산값들로 부호화할 수 있다.

아날로그 신호는 보통 연속적인 진폭을 취하므로 이들이 샘플링되고 이진수로 변환될 때 작은 진폭의 오류가 발생할 수밖에 없다. 이러한 효과를 [그림 2-3]에 나타내었다. 편의상 3비트 코드, 즉 8개의 샘플값들을 사용하는 것으로 가정하였다.

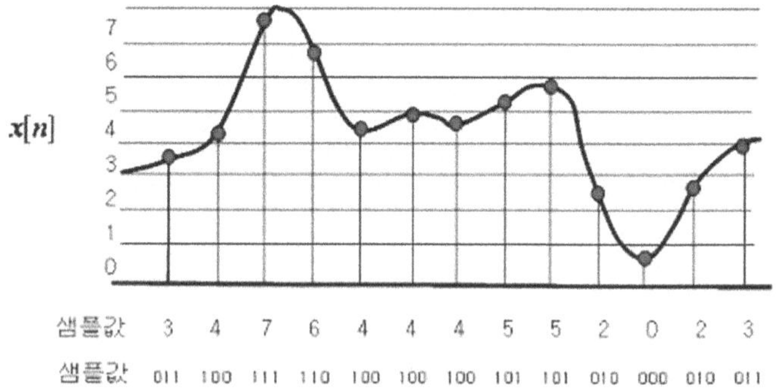

[그림 2-3] 양자화의 예

전체 진폭 범위는 8개의 양자화 단계로 나누어지며 각각의 샘플값들은 그 값에 따라 적절한 이진부호로 변환된다. 이렇게 부호화된 값들의 신호열은 이제 원래 신호를 나타내며 디지털 방식으로 처리될 것이다.

2.3 기본 디지털 신호

기본 디지털 신호는 단위 임펄스 신호와 단위 계단 신호가 있다. 이들에 대해서 알아보면, 기본적으로 MATLAB을 이용해 도시한다.

2.3.1 단위 임펄스 신호

단위 임펄스 신호는 델타 신호, 또는 줄여서 임펄스 신호라고도 하며, [그림 2-4]와 같이 나타낸다. 본 서적은 주로 임펄스 신호를 사용하기로 한다. 임펄스 신호는 디지털 신호를 수학적으로 표현하는 데에 기본적으로 사용되며 디지털 신호처리에서 가장 중요하게 사용되는 신호 중의 하나이다.

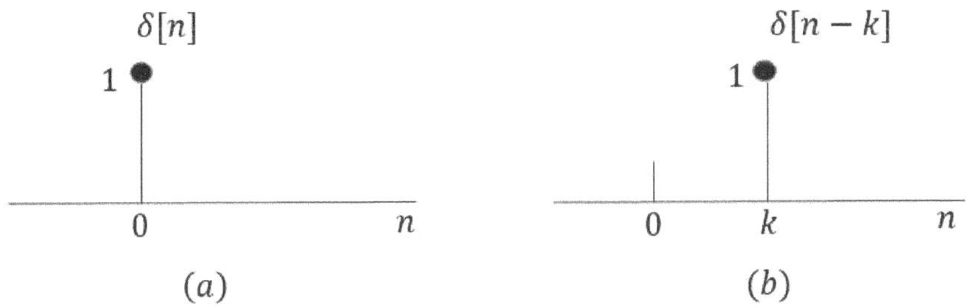

[그림 2-4] (a) 단위 임펄스 신호, (b) 시간 이동한 단위 임펄스 신호

그림으로 표현된 임펄스 신호를 식으로 표현하면 아래와 같다.

$$\delta[n] = \begin{cases} 1, n = 0 \\ 0, n \neq 0 \end{cases} \quad \cdots\cdots (2.2)$$

위의 그림과 식에서 보듯이 임펄스 신호는 n이 0일 때만 1의 값을 갖고, 그 외의 모든 점에서 0의 값을 갖는 신호이다. 즉, $\delta[n]$의 괄호 안이 0일 때만 1의 값을 갖게 된다. 따라서 [그림 2-4]의 (b)도 역시 임펄스 신호로서 $\delta[n]$이 k만큼 지연된 신호이다.

[그림 2-4]의 (b) 임펄스 신호를 식으로 표현하면 다음과 같다.

$$\delta[n-k] = \begin{cases} 1, n = k \\ 0, n \neq k \end{cases} \cdots\cdots\cdots (2.3)$$

위와 같은 임펄스 신호는 디지털 신호를 표현하는데 사용되며 시스템을 해석하는데도 매우 중요하게 사용된다.

2.3.2 단위 계단 신호

임펄스 신호와 더불어 [그림 2-5]과 같은 단위 계단 신호(unit step signal)도 신호처리분야에서 매우 널리 사용되는 신호이다.

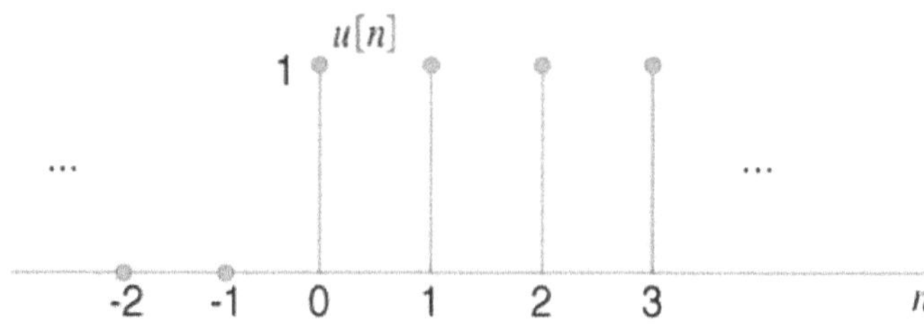

[그림 2-5] 단위 계단 신호

위의 단위 계단 신호는 아래와 같은 식으로 나타낼 수 있다.

$$u[n] = \begin{cases} 1, n \geq 0 \\ 0, n < 0 \end{cases} \cdots\cdots\cdots (2.4)$$

2.4 디지털 신호처리 표현

디지털 신호를 표현하는 방법으로 그림을 이용하는 방법, 임펄스 신호를 이용하는 방법, 괄호를 이용하는 방법 등이 있다.

2.4.1 그림을 이용하는 방법

디지털 신호는 아날로그 신호의 샘플링에 의해 얻을 수 있으므로 아날로그 신호처럼 그림으로 표현할 수 있다. 디지털 신호는 아래 [그림 2-6]과 같이 막대사탕의 모양으로 나타낸다. 가로축은 샘플링 시간을 정수로 표시하며 막대사탕 옆에 샘플링 된 값을 적기도 한다.

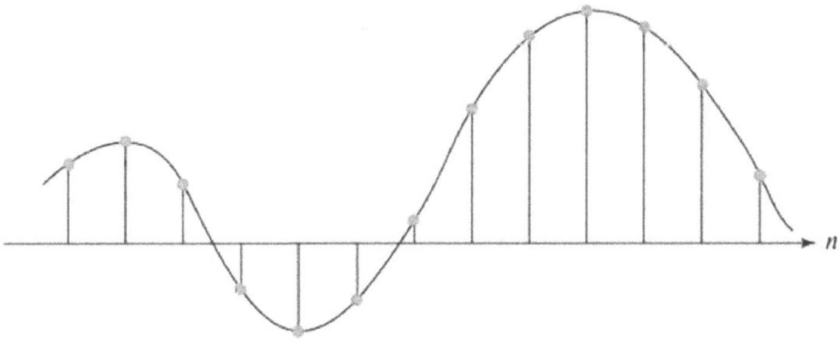

[그림 2-6] 디지털 신호의 그림 표현

위의 [그림 2-6]에서 보듯이 샘플링 인덱스는 정수로 표시되므로 원 신호인 아날로그 신호의 샘플링 주기에 대한 정보는 표시되지 않는다.

2.4.2 임펄스 신호를 이용하는 방법

임의의 디지털 신호를 수학적으로 표현하기 위해서 임펄스 신호가 유용하게 이용된다. 아래의 예를 통해 살펴본다.

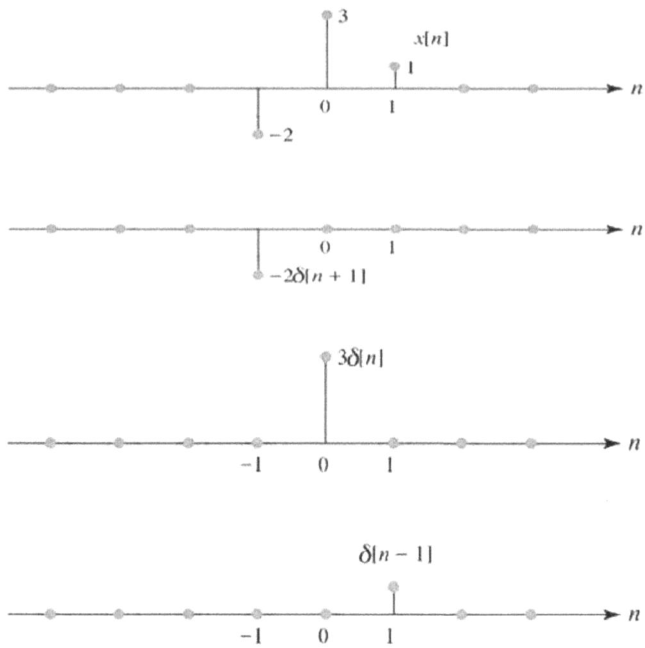

[그림 2-7] 임펄스 신호를 사용한 디지털 신호의 표현

위의 [그림 2-7]에서 보듯이 신호 $x[n]$은 3개의 임펄스 신호의 합으로 나타낸다. 따라서 아래 식 (2.5)와 같이 나타낼 수 있다.

$$x[n] = -2\delta[n+1] + 3\delta[n] + \delta[n-1] \cdots\cdots (2.5)$$

위의 식 (2.5)에서 보듯이 임의의 신호는 임펄스 신호의 가중 합으로 표시할 수 있음을 알 수 있다. 따라서 일반적으로 임의의 디지털 신호는 다음과 같이 나타낼 수 있다.

$$x[n] = \sum_{k=-\infty}^{\infty} x[k]\delta[n-k] \cdots\cdots (2.6)$$

위의 식 (2.6)에서 $x[k]$는 인덱스 n이 k일 때의 신호 값, 즉 가중치임을 알 수 있다. 임의의 이산신호가 위와 같이 임펄스 신호의 가중 합으로 표시될 수 있다는 것은 시스템 해석의 중요한 의미를 가진다.

2.4.3 괄호를 이용하는 방법

그림이나 임펄스 신호를 사용하는 디지털 신호의 표현 방법보다 더욱 빠르게 나타낼 수 있는 방법이 괄호를 사용하여 표현하는 방법이다. 식 (2.5)를 괄호를 사용하여 나타내면 아래와 같다.

$$x[n] = \left\{ \begin{matrix} -2, & \underset{\underset{0}{\uparrow}}{3}, & 1 \end{matrix} \right\} \cdots\cdots (2.7)$$

위의 표현에서 보듯이 신호의 값과 값 사이는 쉼표로 구분하며, 원점에서 샘플 값은 화살표를 사용하여 나타낸다. 샘플의 수가 몇 개 밖에 안되는 경우에 이 방법이 가장 빨리 신호를 표현할 수 있다.

2.5 디지털 신호처리 방법

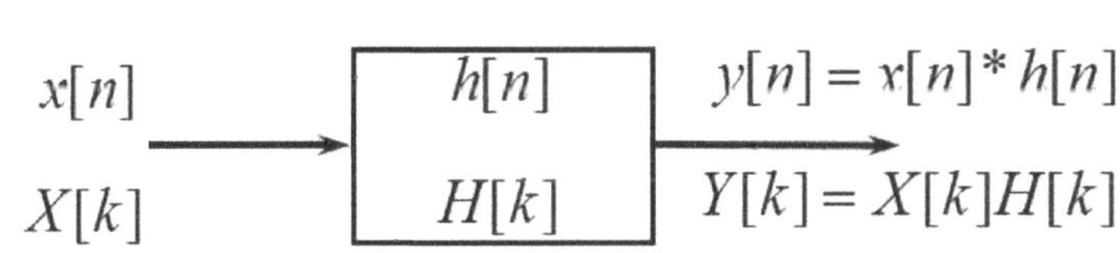

[그림 2-8] 선형 시불변 시스템

[그림 2-8]은 선형 시불변 시스템을 보여주고 있다. 선형 시스템은 중첩의 원리

를 만족하는 시스템이며, 시불변 시스템은 시간이 지나도 변하지 않는 시스템을 의미한다.

[그림 2-8]에서 입력 신호 $x[n]$, 시스템을 대표하는 값으로 임펄스 응답인 $h[n]$, 그리고 출력 $y[n]$으로 이루어진다. 이 때, 이들 간의 관계는 식 (2.8)과 같이 표현한다.

$$y[n] = x[n] * h[n] \cdots\cdots\cdots\cdots\cdots (2.8)$$

식 (2.8)에서 별표($*$)는 컨볼루션이라 하며, 이와 같이 시간영역에서 해석하는 것을 시간영역 분석이라 한다.

[그림 2-8]에서 대문자로 표기한 것은 각 신호를 주파수 영역으로 변환한 것이다. 이 때, 이들 간의 관계는 식 (2.9)와 같이 곱으로 표현된다.

$$Y[k] = X[k]H[k] \cdots\cdots\cdots\cdots\cdots (2.9)$$

위와 같이 주파수 영역에서 해석하는 것을 주파수 영역 분석이라 한다. 이들은 각각에 대해 3장과 5장에서 자세히 살펴본다.

3. 시간 영역 분석

3.1 개요

2장에서 멀티미디어 디지털 신호처리에 대한 기본개념을 설명하였다. 이번 3장은 이산 시스템, 특히 선형 시불변 이산 시스템(linear time-invariant (LTI) discrete-time system)을 정의하고 시스템의 특성을 설명한다. 우리가 배우는 대부분의 시스템은 선형 시불변 시스템이거나 선형 시불변 시스템으로 모델링할 수 있기 때문에 이에 대한 해석은 중요하다.

시스템 엔지니어의 중요한 역할 중 하나가 바로 시스템 해석이다. 시스템의 특성을 알고 입력되는 신호가 주어질 때 출력 신호를 구하는 과정이 시스템 해석이다. 시스템 해석 방법은 여러 가지가 있으나 여기서는 컨벌루션 연산을 이용하는 방법과 차분 방정식을 이용하는 방법을 설명한다. 시스템 해석과 더불어 시스템 엔지니어의 중요한 역할은 시스템 합성(설계)이다. 시스템 합성이란 입력되는 신호를 알고 원하는 출력 신호의 형태를 알 때 그 출력 신호를 생성하기 위한 시스템을 설계하는 과정이다.

3.2 이산 신호의 정의

앞서 2장에서 설명한 것처럼 이산 신호(discrete-time signal)는 정수의 독립 변수를 갖는 함수로 정의된다. [그림 3-1]과 같이 아날로그 신호 $x_a(t)$로부터 T를 주기로 샘플링하여 이산 신호 $x(n)=x_a(nT)$를 얻었다.

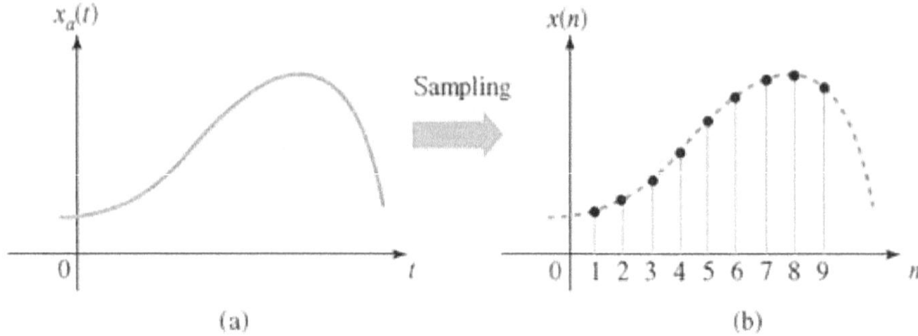

[그림 3-1] 샘플링하여 얻은 이산 신호

이 때, 이산 신호 $x(n)$은 샘플링 간격 T와는 관계없이 항상 정수의 독립 변수를 갖는다. 아날로그 신호를 샘플링하는 주기 T는 임의의 값을 가질 수 있으나 이산 신호의 변수는 항상 정수 변수를 갖는다는 의미이다. 또한 이산 신호의 샘플 사이에는 함수 값이 정의되지 않는다. 정리하면 이산 신호는 $-\infty < n < \infty$ 범위의 정수에서만 정의된 함수이다.

이와 같이 이산 신호는 불연속 값으로 정의되기 때문에 수를 나열한 것과 같다 하여 수열이라고도 부른다. 이산 신호는 함수의 형태로 표현하지만 $x(n) = \{\cdots,0,3,2,1,0,\underset{\uparrow}{1},2,3,0,\cdots\}$ 또는 $x(n) = \{1,2,3,4\}$와 같이 수열로도 표현이 가능하다. 수열로 표현하는 경우 화살표 $\uparrow$는 $n=0$의 시각을 의미하며 $\uparrow$이 없는 경우는 수열의 맨 처음 수가 $n=0$에서의 신호 값을 의미한다.

3.2.1 기본적인 이산 신호

여기서는 이산 시스템을 해석하고 설계하는 과정에서 자주 사용되는 기본적인 이산 신호 몇 개를 소개한다. 기본적인 이산 신호는 자주 사용되므로 기억해두는 것이 좋다.

(1) 단위 임펄스 함수

단위 임펄스 함수(unit impulse function), 또는 델타 함수 $\delta(n)$는 식(3.1)과 같이 정의 된다.

$$\delta(n) = \begin{cases} 1\ (n=0\text{일 때}) \\ 0\ (n \neq 0\text{일 때}) \end{cases} \quad \cdots\cdots\cdots\cdots (3.1)$$

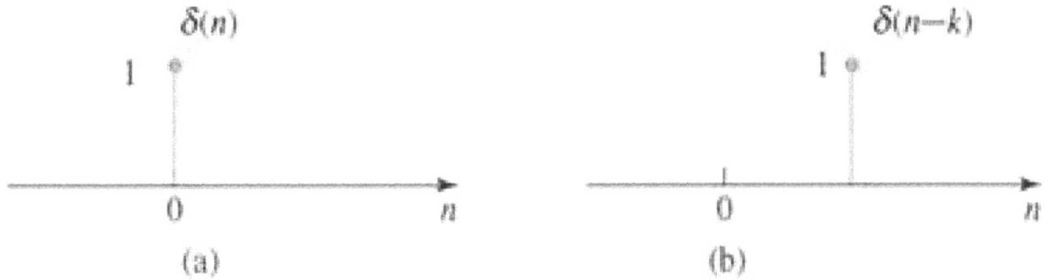

[그림 3-2] 단위 임펄스 함수

[그림 3-2]와 같이 $\delta(n)$은 $n=0$에서 값이 1인 단위 샘플을 의미하며 n이 0이 아닌 정수에 대해서는 그 값이 모두 0으로 정의된다. k만큼 시간 이동된 $\delta(n-k)$는 $n=k$에서의 단위 샘플을 의미한다. $\delta(n)$은 연속 시간에서의 단위 임펄스 함수$\delta(t)$와는 다르게 극한 개념 없이 $n=0$에서 1의 값을 갖는 함수로 정의된다.

단위 임펄스 함수 $\delta(n)$는 임의의 이산 신호 $x(n)$에 대하여 다음과 같은 성질을 갖는다.

$$x(n)\delta(n-k) = x(k)\delta(n-k) \quad \cdots\cdots\cdots\cdots (3.2)$$

왜냐하면 $\delta(n-k)$는 $n=k$일 경우에만 1의 값을 갖고 다른 n값에 대해서는 모두 0의 값을 갖기 때문이다. 이 성질을 이용하면 임의의 이산 신호 $x(n)$을 단위 임펄스 함수를 가지고 다음과 같이 분해할 수 있다.

$$\begin{aligned} x(n) &= \cdots + x(-1)\delta(n+1) + x(0)\delta(n) + x(1)\delta(n-1) + \cdots \quad \cdots\cdots\cdots\cdots (3.3) \\ &= \sum_{k=-\infty}^{\infty} x(k)\delta(n-k) \end{aligned}$$

식 (3.3)은 뒤에 시스템 해석을 위한 컨벌루션 합 공식을 유도하는 데 이용되는 중요한 식이다.

(2) 단위 계단 함수

단위 계단 함수(unit step function) $u(n)$은 다음과 같이 정의된다.

$$u(n) = \begin{cases} 1\,(n \geq 0\text{일 때}) \\ 0\,(n < 0\text{일 때}) \end{cases} \quad \cdots\cdots\cdots\cdots (3.4)$$

다음 [그림 3-3]에 단위 계단 함수를 보였다.

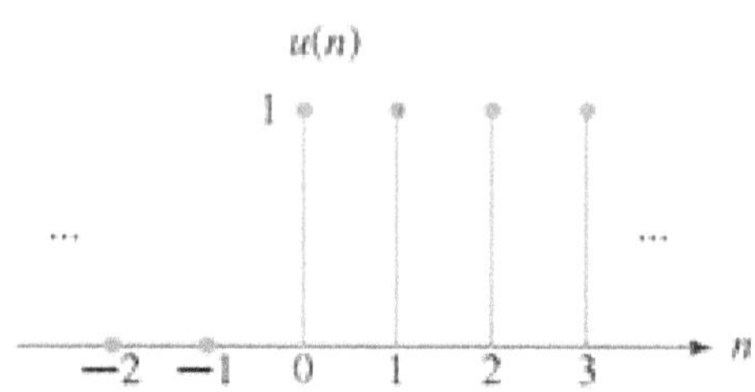

[그림 3-3] 단위 계단 함수

단위 계단 함수는 단위 임펄스 함수와 다음 관계를 갖는다. 식(3.4)의 단위 계단 함수 정의를 이용하면 다음 관계들을 쉽게 이해할 수 있다.

$$u(n) - u(n-1) = \delta(n) \quad \cdots\cdots\cdots\cdots (3.5)$$

$$\sum_{k=0}^{\infty} \delta(n-k) = u(n) \quad \cdots\cdots\cdots\cdots (3.6)$$

(3) 단위 램프 함수

단위 램프 함수(unit ramp function) $r(n)$은 식 (3.7)과 같이 정의 된다.

$$r(n) = \begin{cases} n(n \geq 0\text{일 때}) \\ 0(n < 0\text{일 때}) \end{cases} \quad \cdots\cdots (3.7)$$

[그림 3-4]에 단위 램프 함수를 보였다.

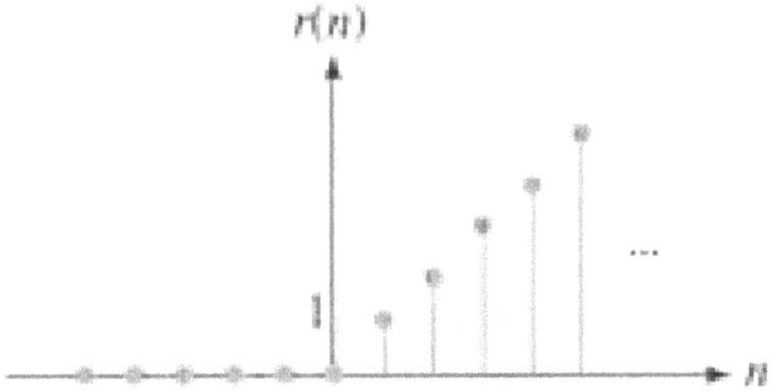

[그림 3-4] 단위 램프 함수

(4) 지수 함수

모든 n에 대하여 $x(n) = a^n$과 같이 지수 함수(exponential function)의 형태의 신호를 지수 신호라고 정의한다. a의 값에 따라 지수 함수는 여러 형태가 된다. 만약 a가 실수 값을 갖는다면 $x(n)$도 실수 값을 갖게 되고, 만약 복소수 값을 갖는다면 신호도 복소수 값을 갖는다. 만약 a가 복소수이고 극좌표(polar coordinate) 형태로 표현하면 $a = re^{j\theta}$로 되고 $x(n)$은 다음과 같이 정현파(sinusoidal wave)인 사인파나 코사인파로 표현되는 복소 함수가 된다.

$$\begin{aligned} x(n) &= r^n e^{j\theta n} \\ &= r^n [\cos\theta n + j\sin\theta n] \end{aligned} \quad \cdots\cdots (3.8)$$

a의 값에 따른 지수 신호의 형태를 [그림 3-5]에 보였다.

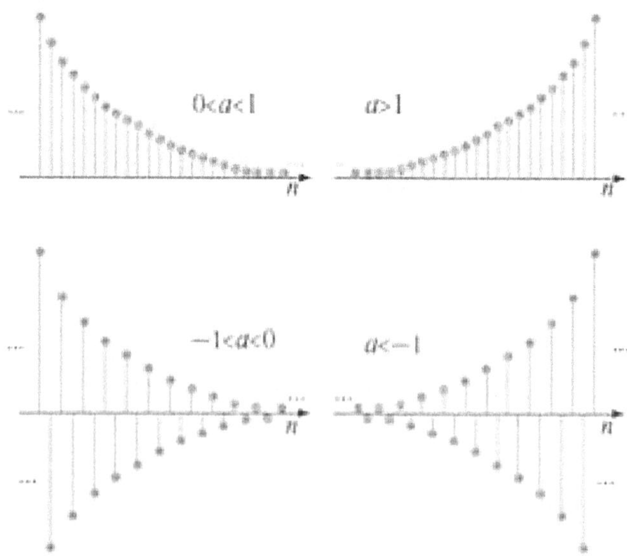

[그림 3-5] a값에 따른 지수 신호의 형태

3.2.2 이산 신호의 분류

(1) 에너지 신호와 전력 신호

이산 신호 $x(n)$의 에너지는 식 (3.9)와 같이 정의된다. 즉, 신호 크기의 절대값을 제곱해서 모든 시간에 대해 더해주면 그 신호의 에너지가 된다.

$$E = \sum_{-\infty}^{\infty} |x(n)|^2 \cdots\cdots (3.9)$$

신호의 에너지는 주어진 신호의 특성에 따라 그 값이 무한할 수도 있고 유한할 수도 있다. 주기 신호의 경우는 무한한 에너지를 가지는 대표적인 경우이다. 주기 신호에서 같은 패턴이 반복되기 때문에 신호 크기의 절대값을 제곱해서 모든 시간에 대해 더해주면 에너지는 당연히 무한한 값을 가진다.

에너지가 유한한 값을 가지는 신호를 에너지 신호(energy siganl)라고 정의한다. 무한한 에너지를 가지는 신호도 평균 전력(average power)은 유한한 경우가 많다. 왜냐하면 평균 전력이란 단위 시간당 에너지이기 때문이다. 이산 신호 $x(n)$의 평균 전력은 다음과 같다.

$$P = \lim_{n \to \infty} \frac{1}{2N+1} \sum_{n=-N}^{N} |x(n)|^2 \cdots\cdots (3.10)$$

만약 신호의 에너지가 유한하다면 평균 전력은 0이 된다. 반면에 에너지가 무한하다면 평균 전력은 유한하거나 무한하다. 만약 평균 전력이 유한하면 그 신호는 전력 신호(power signal)라고 정의한다.

(2) 주기 신호와 비주기 신호

이산 신호 $x(n)$이 모든 n에 대하여 다음 조건을 만족하면 주기 신호(periodic signal)라고 정의한다.

$$x(n+N) = x(n) \cdots\cdots (3.11)$$

이 때 식 (3.11)을 만족시키는 가장 작은 N의 값을 기본 주기(fundamental period)라고 하며 식 (3.11)을 만족하지 않는 신호는 비주기 신호(aperiodic signal)가 된다. 앞서 설명한 바와 같이 주기 신호의 에너지는 무한대가 되며 평균 전력은 한 주기 구간에서의 평균 전력과 같고 일반적으로 유한한 값을 갖는다. 따라서 주기 신호는 전력 신호가 된다. 한 주기 전력은 아래 식 (3.12)로 정의된다.

$$P = \frac{1}{N} \sum_{n=0}^{N-1} |x(n)|^2 \cdots\cdots (3.12)$$

식 (3.13) 형태의 이산 정현파 신호 f가 유리수일 때, $f=\frac{k}{N}$(이 때 k와 N은 정수)일 때 주기 신호가 된다. [그림 3-6]에 주기 이산 신호와 비주기 이산 신호의 예를 보였다. 주기 신호는 같은 패턴이 반복되지만 비주기 신호에서는 같은 패턴이 반복되는 것을 볼 수 있다.

$$x(n) = A\cos(2\pi fn) \cdot \cdot \cdot \cdot \cdot \cdot \cdot \cdot \cdot \cdot \cdot \cdot \cdot \cdot \cdot \cdot \cdot \cdot \cdot \cdot \cdot \cdot \cdot \cdot \cdot \cdot \cdot \cdot \cdot \cdot \cdot \cdot (3.13)$$

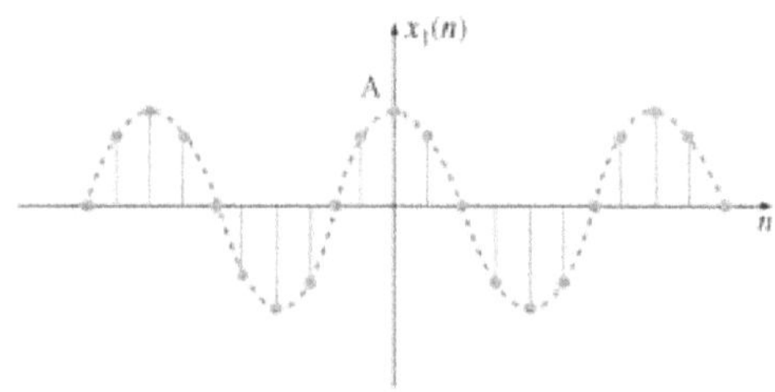

(a)

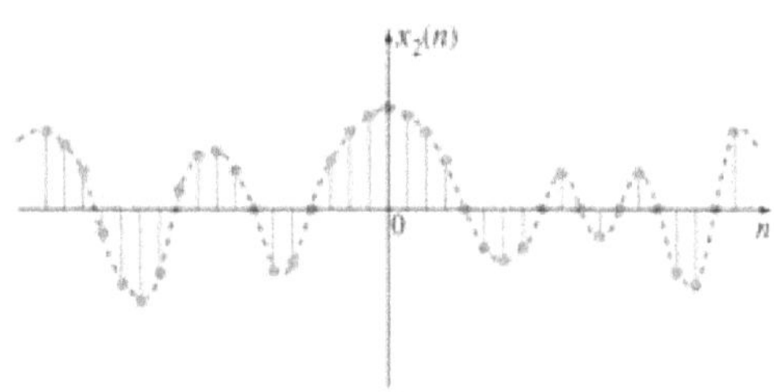

(b)

[그림 3-6] (a) 주기 신호 (b) 비주기 신호

3.2.3 이산 신호의 변형

여기서는 이산 신호 $x(n)$을 변형하기 위한 함수의 동작 몇 가지를 소개한다.

(1) 독립 변수의 변환

이산 신호 $x(n)$을 시간 축상에서 이동시키는 동작을 알아보자. 시간 축상에서 신호를 정수 k만큼 이동시키면 신호는 $x(n-k)$가 된다. 이 때 k가 양의 정수이면 신호는 k만큼 지연이 되고, k가 음의 정수이면 신호는 k만큼 선행하게 된다. [그림 2-7]에 이산 신호 $x(n)$과 $x(n)$을 2만큼 이동한 $x(n-2)$, -5마큼 이동한 $x(n+5)$를 각각 보였다.

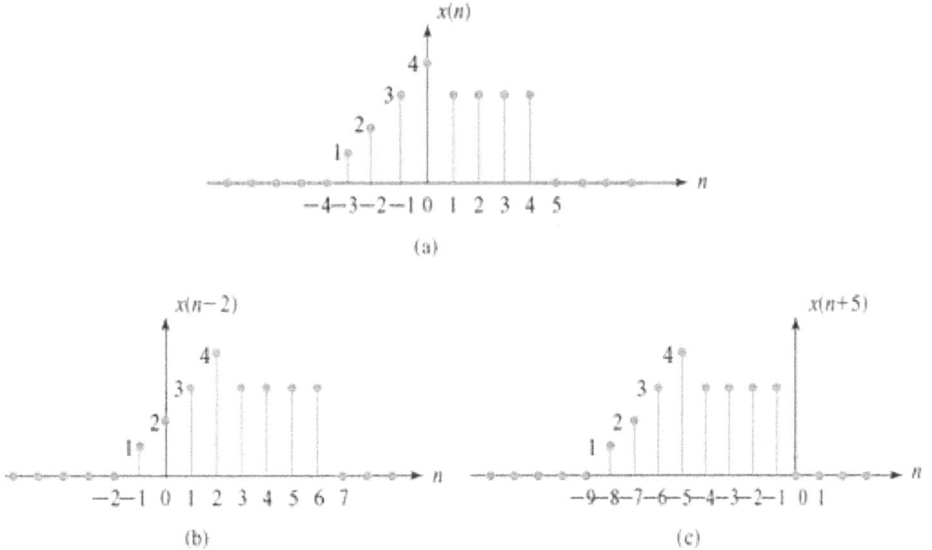

[그림 3-7] 이산 신호의 지연과 선행

신호를 처리할 때 흔히들 실시간 처리(real time processing)라는 말을 한다. 실시간 처리란 신호를 저장하지 않고 생성하는 동시에 처리하는 방법. 이런 경우 앞서 정의한 선행 이동은 현재의 시각에서 미래의 신호 값을 필요로 하기 때문에 실시간 처리에서는 구현할 수 없는 함수 변형이다. 보통 시스템을 인과 시스템과 비인과 시스템으로 정의하게 되는데 시스템 입력으로 미래의 입력 값이 필요한 경우 비인과 시스템(noncausal system)이 된다. 현재의 시각에서 미래의 입력 값은 알 수 없기 때문에 비인과 시스템에서는 실시간 처리를 할 수 없다. 하지만 컴퓨터와 같이 저장 장치가 있는 시스템에서 off-line으로 처리하는 경우는 모든 신호의 값을 미리 생성하여 저장하고 사용할 수 있기 때문에 비인과 시스템의 구현도 가능하다.

다음은 신호를 신호 축(일반적으로 y축)을 중심으로 대칭(folding)이 되게 하는 방법이다. 즉, 신호 $x(n)$을 $x(-n)$으로 만드는 방법이다. [그림 3-8]에 신호 $x(n)$을 대칭되게 만든 신호 $x(-n)$과 이 신호를 다시 시간 이동한 $x(-n+3)$을 보였다.

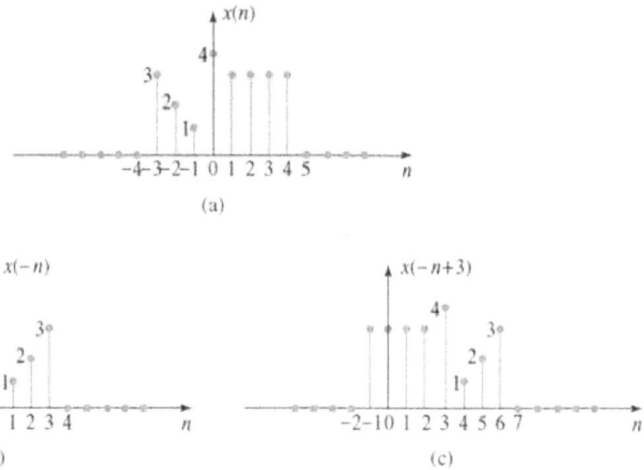

[그림 3-8] 신호의 대칭 및 이동

이 때 한 가지 주의할 사항은 $x(-n+3)$은 $x(-n)$을 양의 방향으로 3만큼 이동하여 얻은 신호라는 것. $x(-n)$을 양의 방향으로 3만큼 이동하게 되면 앞에서 정의한 대로 $x\{-(n-3)\}$이 되고, 당연히 $x(-n+3)$이 된다.

다음은 신호의 다운 샘플링(down sampling) 동작을 정의해 보자. 다운 샘플링이란 이산 신호의 샘플 수를 줄이는 동작을 의미한다. 이산 신호 $x(n)$을 정수 a에 대해 $x(an)$으로 정의하자. 만약 $a=2$이면 $x(n)$의 짝수 번째 샘플로만 신호가 구성되고 결국 신호의 샘플 수는 반으로 줄어드는 효과를 갖는다. 이산 신호는 아날로그 신호를 샘플링하여 $x(n)=x_a(nT)$로 만든다고 하였으니 $x(n)=x_a(n2T)$는 T가 $2T$가 되는 것과 같고 따라서 샘플링 레이트도 반으로 주는 것은 당연하다. [그림 3-9]에 다운 샘플링을 설명하였다.

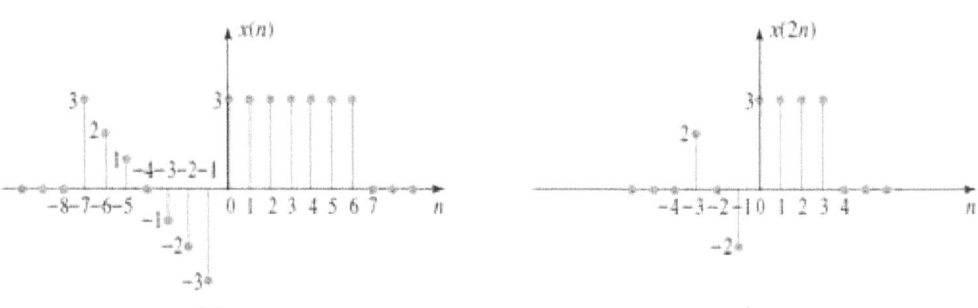

[그림 3-9] 신호의 다운 샘플링

(2) 신호의 더하기, 곱하기, 스케일링 동작

뒤에서 설명하겠지만 이산 시스템에서는 신호를 더하고, 곱하고, 스케일링하고 지연시키고, 선행시키는 등의 동작을 수행한다. 신호의 더하기, 곱하기, 스케일링 동작을 정의해 보자.

두 신호 $x_1(n)$과 $x_2(n)$을 더하면 $y(n) = x_1(n) + x_2(n)$이 되며 같은 시각에서 두 신호의 샘플 값을 각각 더하게 된다. 마찬가지로 두 신호를 곱하면 $y(n) = x_1(n) \times x_2(n)$이 된다. 이 경우도 단순히 같은 시각에서의 샘플 값을 곱하면 된다. 상수 A를 신호에 곱하면 $y(n) = Ax(n)$으로 신호의 크기가 변하게 된다.

3.3 이산 시스템

이산 시스템 (discrete-time system)은 입력되는 이산 신호에 어떤 동작을 가하거나 연산을 수행하여 출력이라는 또 다른 이산 신호를 생성하는 모든 장치나 알고리즘을 총칭하는 말이다. 만약 이산 신호를 처리하기 위해 컴퓨터를 사용한다면 컴퓨터 프로그램으로 이산 시스템을 구현할 수 있다. 이 경우 시스템은 어떤 정해진 일련의 동작을 수행하는 컴퓨터 프로그램이 된다. 일반적으로 신호 $x(n)$은 시스템에 의하여 출력 신호 $y(n)$으로 변형되고 시스템의 입출력 관계는 다음과 같이 표현된다.

$$y(n) = S\{x(n)\} \quad \cdots\cdots (3.14)$$

여기서 시스템 S는 $y(n)$을 출력하기 위해 $x(n)$에 가해지는 모든 동작과 연산과정을 포함한다. 식(3.14)의 이산 시스템을 그림으로 설명한 것이 아래 [그림 3-10]이다.

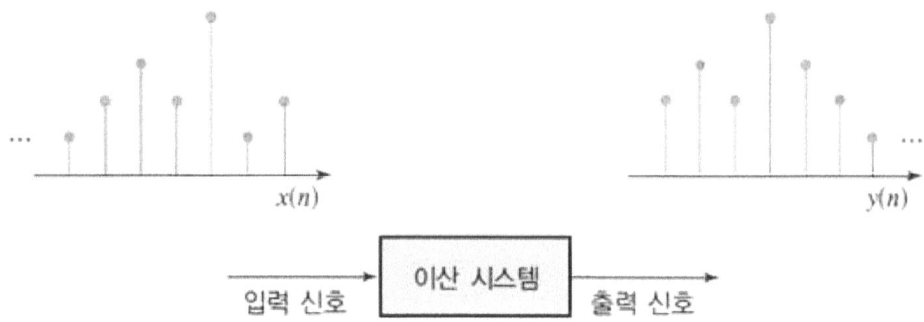

[그림 3-10] 이산 시스템의 개요도

시스템의 특성을 해석하는 방법에는 여러 가지가 있다. 여기서는 시간 영역에서의 시스템 해석 방법을 설명한다. 주파수 영역에서도 시스템 해석이 가능한데 이것은 푸리에 변환 과정을 배운 후에 배운다.

3.3.1 이산 시스템의 입출력 관계

이산 시스템의 입출력 관계는 입력과 출력 신호 간의 관계를 정의하는 수학적 표현을 가지고 설명할 수 있다. 입출력 관계를 알기 위해서 반드시 시스템의 내부가 어떻게 구성되었는지를 알 필요는 없다. 시스템은 단지 하나의 블랙박스라고 생각하고 입출력 단자의 상태만 가지고 시스템을 해석할 수 있다.

3.3.2 이산 시스템의 구성 요소

시스템의 입출력 관계를 표현하는 수학적 모델을 가지고 시스템의 구성도를 만들어 보자. 복잡한 시스템의 구성도를 그리기 위해서는 먼저 구성도의 기본 요소들을 정의할 필요가 있다.

(1) 신호 덧셈기

신호 덧셈기(signal adder)는 [그림 3-11]과 같이 두 신호를 더해서 새로운 신호를 만드는 동작을 수행. 두 신호를 더하는 동작은 앞에서 이미 정의한 바와 같다. 즉, 같은 시각에서의 두 신호의 샘플 값을 각각 더하면 된다.

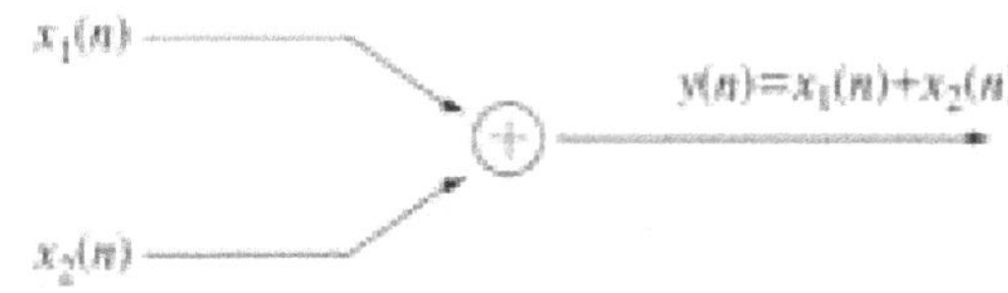

[그림 3-11] 덧셈기

(2) 상수 곱셈기

상수 곱셈기(constant multiplier)의 연산은 [그림 3-12]와 같이 어떤 신호에 단순히 상수 값을 곱하는 것이다. 앞에서 정의한 신호의 스케일링 연산과 같은 동작이다.

[그림 3-12] 상수 곱셈기

(3) 신호 곱셈기

신호 곱셈기(signal multiplier) 연산은 [그림 3-13]과 같이 두 신호를 곱해서 새로운 신호로 만든다. 이 연산도 앞에서 정의한 두 신호의 곱의 동작과 같다.

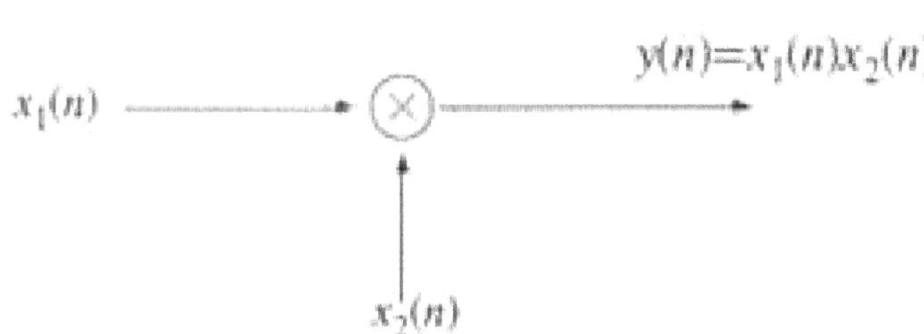

[그림 3-13] 신호 곱셈기

(4) 단위 시간 지연기

단위 시간 지연기(unit delay element)는 신호를 단순히 한 샘플만큼 지연시키는 동작을 한다. 즉, 만약 입력 신호가 $x(n)$이면, 출력은 단위 시간 만큼, 즉 한 샘플 만큼 지연된 $y(n)=x(n-1)$이 된다.

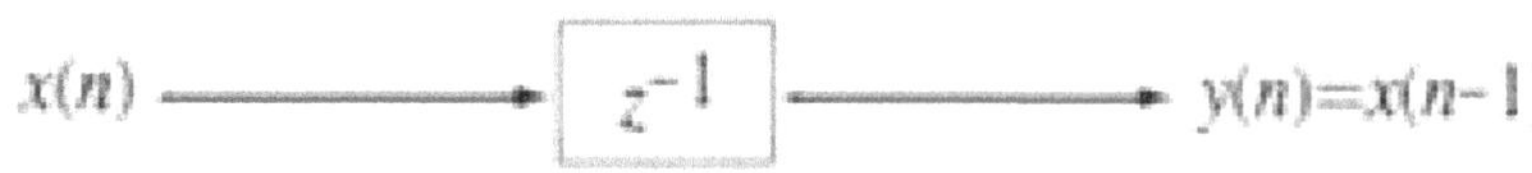

[그림 3-14] 단위 시간 지연기

(5) 단위 시간 선행기

단위 시간 선행기(unit advance element)는 단위 시간 지연기와는 반대로 입력 신호를 한 샘플씩 먼저 출력한다. 즉, 입력 $x(n)$에 대하여 출력은 $y(n)=x(n+1)$로 된다. 단위 시간 선행기는 앞에서 설명한 바와 같이 실시간 동작에 사용될 수 없다. 왜냐하면 현재의 출력을 구하기 위해 미래의 입력 값을 알아야 하기 때문이다. 하지만 off-line으로 작업하면서 저장 장치가 있다면 단위 시간 성행기도 구현할 수 있다. 모든 입력 신호를 미리 생성하고 저장해 놓으면 되기 때문이다.

[그림 3-15] 단위 시간 선행기

3.3.3 이산 시스템의 분류

시스템 엔지니어의 역할은 크게 두 가지라고 언급하였다. 그 중 하나가 시스템 해석(system analysis)이다. 시스템 해석은 입력 신호가 주어지고 시스템을 알고 있을 때 출력 신호를 구하는 문제이다. 시간 영역에서 시스템 해석을 하는 방법에는 컨벌루션 합(convolution sum) 연산을 이용하거나 시스템의 입출력 관계식인 차분 방정식(difference equation)을 푸는 방법이 있다.

시스템 엔제니어의 또 다른 역할은 시스템 합성(system synthesis) 또는 설계(design)라고 했다. 통신이나 신호처리 분야에서는 시스템이 주로 필터의 역할을 하게 되므로 이 경우 시스템을 설계하는 것은 바로 필터 설계 문제와 같게 된다. 시스템 해석과 합성 문제는 시스템의 특성과 종류에 따라 크게 달라진다. 따라서 시스템의 특성을 먼저 살펴보고 그 특성에 따라 시스템을 분류하는 것이 필요하다.

(1) 선형과 비선형 시스템

시스템은 크게 선형(linear)과 비선형 시스템(nonlinear system)으로 구분된다. 선형 시스템이 되기 위해서는 임의의 신호 $x_1(n)$과 $x_2(n)$에 대하여 다음의 중첩 원리(superposition property)가 성립되어야 한다.

$$S\{a_1x_1(n)+a_2x_2(n)\}=a_1S\{x_1(n)\}+a_2S\{x_2(n)\} \quad \cdots\cdots (3.15)$$

여기서 a_1과 a_2는 임의의 상수이다. 중첩의 원리를 그림으로 나타내면 [그림 3-16]과 같다. 두 신호에 가중치를 곱하고 더해서 시스템을 통과시킨 결과와 두 신호를 먼저 시스템을 통과 시키고 각각 그 결과에 가중치를 곱해서 더한 결과가 같다.

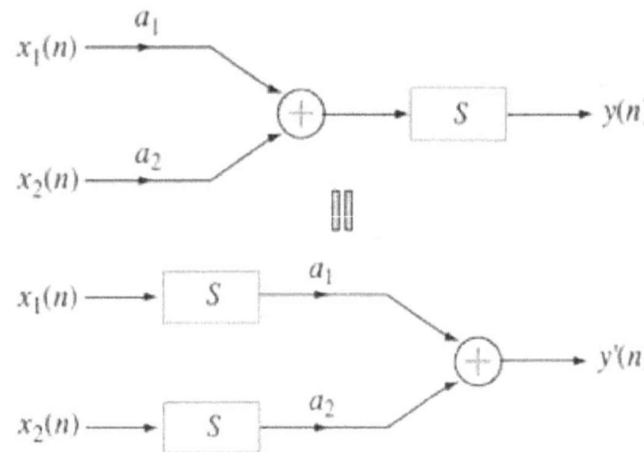

[그림 3-16] 중첩의 원리

식 (3.15)의 선형 조건을 귀납법을 이용하여 여러 신호의 가중 선형 조합에 적용할 수 있다. 즉,

$$x(n) = \sum_{k=1}^{M-1} a_k x_k(n) \rightarrow y(n) = \sum_{k=1}^{M-1} a_k y_k(n) \cdots\cdots\cdots (3.16)$$

여기서 $k = 1,2,\cdots,M-1$에 대하여 $y_k(n) = S\{x_k(n)\}$이다. 이 조건을 이요하게 되면 입력 신호가 복잡할 때 바로 시스템 출력을 구하지 않고 먼저 복잡한 입력 신호를 간단한 신호들의 가중치 합, 즉 선형 조합으로 표현하고, 간단한 신호에 대한 시스템 출력을 멈ㄴ저 구하여 가중치를 곱한 후 다 더해 주는 것이 더 용이하다. 따라서 시스템의 선형 조건은 매우 중요한 의미를 갖는다.

(2) 시변과 시불변 시스템

시스템은 시변(time-variant)과 시불변(time-invariant)으로 크게 나눌 수 있다. 시스템의 입출력 관계의 특성이 시간에 따라 변하지 않으면 시불변 시스템이라 한다. 어떤 시불변 시스템 S의 입력이 $x(n)$일 때 출력이 $y(n)$이라고 하자. 같은 입력 신호가 k만큼 시간 지연되어 $x(n-k)$가 시스템의 입력으로 인가되면 시스템의 특성은 시간에 불변이므로 출력은 $x(n)$에 대한 응답과 같고 단지 입력이 지연된 만큼 시간이 지연된 $y(n-k)$가 출력된다. 같은 입력이 지연되어 늦게 입력되더라도 시스템의 특성이 시간에 관계없이 불변하므로 출력도 불변한다는 것이다. 반대로 시간에 따라 시스템의 특성이 바뀌어 입출력 관계가 변한다면 그 시스템은 시변 시스템이 된다. 시변 시스템에서의 신호 처리는 생각보다 복잡하다.

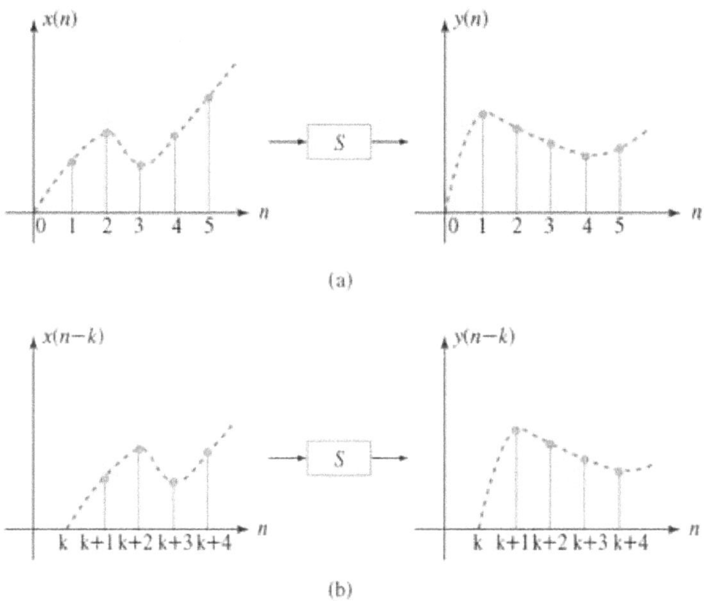

[그림 3-17] 시불변 시스템 입출력 관계

(3) 기억 시스템과 무기억 시스템

시각 n에서의 이산 시스템의 출력 $y(n)$이 현재 시각 n에서의 입력 신호 $x(n)$으로만 결정될 때 그 시스템을 무기억 시스템이라고 한다. 즉, 무기억 시스템에서는 현재의 출력은 과거나 미래의 입력 값과는 무관하게 현재의 입력 값에 의해서만 결정된다. 이와 반대로, 현재의 출력을 구하는데 현재의 입력 값뿐 아니라 과거나 미래의 입력 값이 필요한 시스템을 기억 시스템이라고 한다. 기억 시스템에서는 과거나 미래의 입력 값을 저장하기 위한 기억 장치가 반드시 필요하다. 만약 입출력 관계식이 다음과 같은 시스템이 있다고 가정하자.

$$y(n) = 3x(n) \qquad \cdots\cdots (3.17)$$
$$y(n) = nx(n) + 2x^2(n)$$

이 시스템에서는 시각 n에서의 출력이 같은 시각에서의 입력 $x(n)$에 의해서만 결정되므로 무기억 시스템이라고 할 수 있다. 즉, $y(n)$을 구하는데 과거나 미래의 입력 값이 필요 없고 따라서 과거나 미래의 값을 저장하는 기억 소자가 필요 없다는 것이다. 그러나 다음과 같이 시스템의 입출력 관계가 주어진다면 출력 $y(n)$을 구하기 위해서는 과거나 미래의 입력 값이 필요하다. 따라서 이들을 저장할 기억 장치가 필요하고 시스템은 기억 시스템이 된다.

$$y(n) = x(n-2) + 3x(n-5) + 2x(n+2) \cdots\cdots (3.18)$$

(4) 인과 시스템과 비인과 시스템

어떤 시스템에서 현재의 출력을 결정하기 위해 과거나 현재의 입력 값, 즉 $x(n), x(n-1), x(n-2), \cdots$은 필요하고 미래의 입력 값, 즉 $x(n+1), x(n+2), \cdots$은 필요하지 않을 때 이 시스템은 인과 시스템이라고 정의한다. 인과적이라는 말은 원인이 있어야 겨로가가 있다는 말로 시스템에 입력이 가해지지 않으면 출력도 발생하지 않는다는 것을 의미한다. 현재의 시각n에서 그 시각까지 입력된 신호가 있다면 출력이 발생할 수 있지만 아직 입력되지도 않은 미래의 입력 신호에 의해서 현재의 출력이 발생할 수는 없다는 의미이다. [그림 3-18]에 인과 시스템과 비인과 시스템의 입출력 관계를 보였다.

특히 실시간 처리를 요하는 응요에서는 미래의 입력 값을 현재 시점에서 관측할 수 없기 때문에 비인과 시스템을 물리적으로 구현하는 것이 불가능하다. 하지만 실시간 처리를 요하지 않는 경우에는 입력 값을 기억 장치에 모두 저장하여 현재의 출력을 구하는데 이용할 수 있으므로 비인과 시스템의 구현이 가능하다. 이 책에서 다루는 대부분의 시스템은 인과 시스템이라고 가정한다.

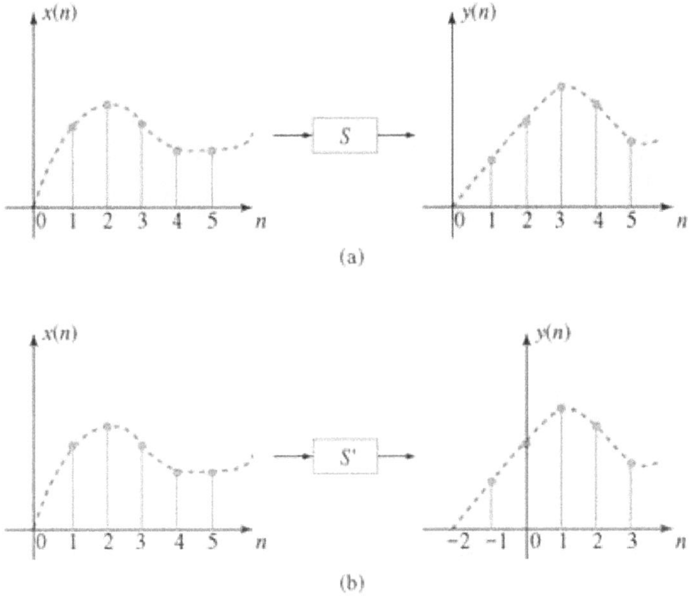

[그림 3-18] (a)인과 시스템 (b)비인과 시스템

(5) 안정 시스템과 비안정 시스템

비안정 시스템은 출력이 일정치 않고 동작이 불안하다. 따라서 시스템을 실제로 설계하는 경우 안정도는 매우 중요한 조건 중 하나이다. 안정도를 정의하는 방법은 여러 가지가 있지만 여기서는 유한 입력 유한 출력 안정 시스템(bounded input bounded output stable system, BIBO stable system)을 설명한다.

BIBO 안정도란 시스템에 인가된 입력의 크기가 유한할 때 시스템의 출력 특성을 정의한 것이다. 즉, 입력의 값이 유한할 때 출력의 값도 항상 유한하다면 시스테은 BIBO 안정하다고 말할 수 있다. 다시 말해 유한한 M_x와 M_y, 그리고 모든 n에 대하여

$$|x(n)| \le M_x < \infty \quad |y(n)| \le M_y < \infty \cdots\cdots (3.19)$$

이 만족되면 시스템은 BIBO 안정하다. [그림 3-19]에 안정 시스템과 비안정 시스템의 예를 보였다.

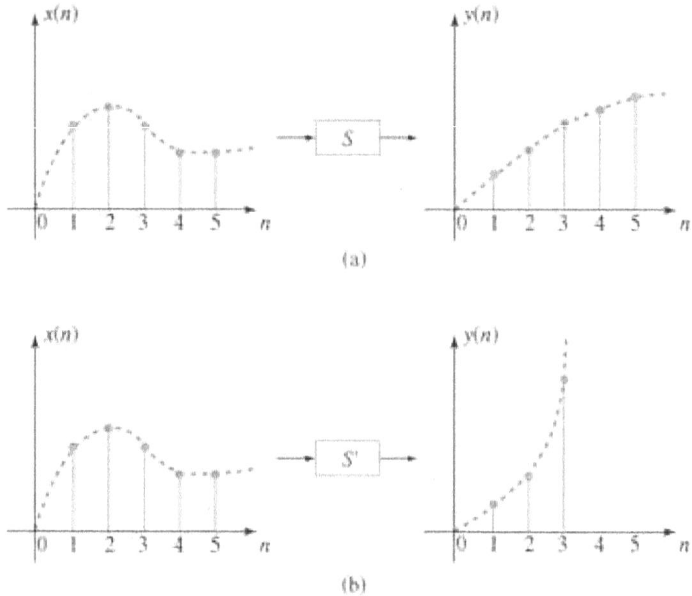

[그림 3-19] (a)안정 시스템 (b)비안정 시스템

3.4 이산 선형 시불변 시스템의 해석

3.4.1 선형 시스템의 해석

먼저 차분 방정식을 이용하여 시스템을 해석하는 방법을 살펴보자. 차분 방정식이란 일반적으로 식 (3.20)과 같이 표현된 시스템의 입출력 관계식을 의미한다. 이산 시스템의 입출력 관계를 수학식으로 모델링하면 차분 방정식으로 표현된다. 연속 시스템(아날로그 시스템)에서는 시스템의 입출력 관계가 미분 방정식으로 표현되며 시스템의 출력을 구하려면 미분 방정식을 풀어야 했다. 마찬가지로 이산 시스템에서는 주어진 차분 방정식을 직접 풀어서 출력 $y(n)$을 구할 수 있다. 이산 시스템의 출력 $y(n)$은 입력 성분과 출력의 일부가 피드백된 성분에 의해 결정되므로 일반적으로 식 (3.20)과 같이 표현할 수 있다.

$$y(n) = G\{y(n-1), y(n-2) \cdots, y(n-N), x(n), x(n-1), \cdots, x(n-M)\} \cdot \cdot \cdot \cdot \cdot \cdot \cdot \cdot \cdot \cdot (3.20)$$

여기서 G는 임의의 연산자를 의미한다.

선형 시불변 시스템에서는 식 (3.20)의 입출력 관계가 다음과 같은 N차 차분방정식으로 표현된다.

$$y(n) = -\sum_{k=1}^{N} a_k y(n-k) + \sum_{k=0}^{M} b_k x(n-k) \quad \cdots\cdots (3.21)$$

여기서 계수$\{a_k\}$와 $\{b_k\}$는 시스템의 특성에 따라 결정되는 매개 변수들이다.
식 (3.21)의 N차 차분 방정식은 시간 영역에서 이산 시간 LTI 시스템의 입출력 관계를 표현하는 방법 중 하나이다.
입력 신호가 주어졌을 때 시스템의 동작을 해석하는, 즉 시스템의 출력 신호를 구하는 또 다른 방법을 알아보자. 이 방법을 이해하기 위해서는 먼저 주어진 입력을 어떤 간단한 기본 신호의 합으로 분해하는 원리를 알아야 한다. 이 때 사용되는 기본 신호의 조건으로는 시스템 응답을 구하기 쉬워야 한다는 것이다. 만약 입력 신호 $x(n)$이 기본 신호 $x_k(n)$으로 다음과 같이 분해 가능하다고 생각해 보자.

$$x(n) = \sum_{k} c_k x_k(n) \quad \cdots\cdots (3.22)$$

여기서 $\{c_k\}$는 $x(n)$을 분해하는 과정에 생기는 가중치이다. 기본 신호 $x_k(n)$의 시스템 응답을 $y_k(x)$이라고 하면 즉,

$$y_k(n) = S\{x_k(n)\} \quad \cdots\cdots (3.23)$$

이라고 하면 시스템이 선형이라는 특성 때문에 다음 관계식을 얻는다.

$$y(n) = S\{x(n)\} = S\left\{\sum_k c_k x_k(n)\right\} \cdots\cdots (3.24)$$
$$= \sum_k c_k S\{x_k(n)\}$$
$$= \sum_k c_k y_k(n)$$

이제 기본 신호를 어떻게 선택하느냐 하는 문제가 남아 있다. 앞에서 배운 기본적인 함수들 중 단위 임펄스 함수 $\delta(n)$을 기본 신호로 선택해 보자. 단위 임펄스 함수가 시스템의 입력일 경우 그 출력을 시스템의 임펄스 응답이라고 정의 하고 $h(n)$으로 표현한다. 임펄스 응답을 알 수 있다면 시스템 해석은 다음 절에서 정의되는 컨벌루션 합의 연산을 하는 것으로 가능하다.

3.4.2 컨벌루션 합의 공식

단위 임펄스 함수에 대하여 식 (3.2)를 다시 쓰면 아래와 같다

$$x(n)\delta(n-k) = x(k)\delta(n-k) \cdots\cdots (3.25)$$

왜냐하면 $\delta(n-k)$는 $n=k$일 경우에마 1의 값을 갖고 다른 경우네는 그 값이 모두 0이기 때문이다. 따라서 $\delta(n-k)$에 $x(n)$을 곱하면 [그림 3-20]에서 보는 것과 같이 $n=k$인 경우에만 $x(k)$의 값이 되고 다른 경우네는 모두 0의 값으로 된다.

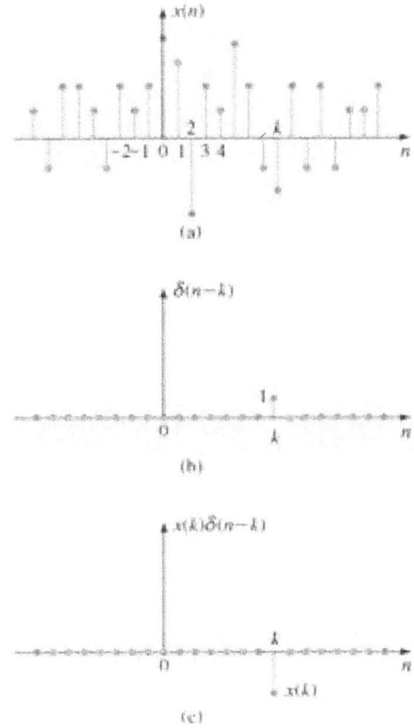

[그림 3-20] $x(n)$과 $\delta(n-k)$의 곱

이제 k를 $-\infty$부터 ∞까지의 모든 정수 범위로 확장하여 생각하면 식 (2.3)에서 정의되는 다음 관계식을 얻을 수 있다.

$$
\begin{aligned}
x(n) &= \cdots + x(-1)\delta(n+1) + x(0)\delta(n) + x(1)\delta(n-1) + \cdots \qquad (3.26) \\
&= \sum_{k=-\infty}^{\infty} x(k)\delta(n-k)
\end{aligned}
$$

이미 앞에서 단위 임펄스 함수를 소개할 때 배운 내용이지만 식 (3.26)의 우변은 신호 $x(n)$을 식 (3.25)처럼 시간 이동된 단위 임펄스 함수들을 기본 신호로 이용하여 분해한 것으로 생각할 수 있다.

지금까지 단위 임펄스 함수를 기본 신호로 이용하여 임의의 입력 $x(n)$을 분해하는 방법에 대해 설명하였다. 이제부터 분해되어 표현된 입력 $x(n)$에 대한 시스템의 응답을 구해보자. 먼저 $\delta(n-k)$에 대한 시스템 응답을 $h(n,k)$라고 정의하자. 즉,

$$h(n,k) = S\{\delta(n-k)\} \cdots\cdots\cdots\cdots\cdots\cdots\cdots (3.27)$$
$$= h(n-k)$$

시스템이 시불변이라고 가정하였기 때문에 $h(n,k) = h(n-k)$가 되고 식 (3.27)이 성립된다. 이 때 $h(n) = S\{\delta(n)\}$을 시스템의 임펄스 응답으로 정의했다. 식 (3.26)과 같이 입력 $x(n)$이 단위 임펄스 함수의 선형 조합으로 표현된다면 이 때 시스템의 응답은 다음과 같다.

$$y(n) = S\{x(n)\} = S\left\{\sum_{k=-\infty}^{\infty} x(k)\delta(n-k)\right\} \cdots\cdots\cdots\cdots\cdots\cdots (3.28)$$

$$= \sum_{k=-\infty}^{\infty} x(k)S\{\delta(n-k)\} \cdots\cdots\cdots\cdots\cdots\cdots\cdots (3.29)$$

$$= \sum_{k=-\infty}^{\infty} x(k)h(n-k) \cdots\cdots\cdots\cdots\cdots\cdots\cdots\cdots (3.30)$$

식 (3.28)에서 식 (3.29)으로 되는 것은 시스템이 선형이기 때무에 중첩의 원리에 의한 것이고, 식 (3.29)에서 식 (3.30)으로 되는 것은 시스템의 시불변 특성 때문이다. 이제 임의의 입력 $x(n)$에 대한 시스템의 출력은 시스템의 임펄스 응답만 주어진다면 식 (3.30)에 의해 구할 수 있다. 식 (3.30)을 이산 신호 $x(n)$과 시스템의 임펄스 응답 $h(n)$과의 컨벌루션 합이라고 정의하고 $y(n) = x(n) \times h(n)$으로 표현한다. 식 (3.30)에서 k를 $n-k$로 대치하면 $y(n)$은 다음과 같이 쓸 수도 있다.

$$y(n) = \sum_{k=-\infty}^{\infty} x(n-k)h(k) \cdots\cdots\cdots\cdots\cdots\cdots\cdots (3.31)$$
$$= h(n) \times x(n)$$

따라서 컨벌루션 연산은 교환 법칙을 만족한다.

일반적으로 컨벌루션 합 연산은 처음 보기와는 달리 연산 과정이 복잡한 편이다.

따라서 연산 과정을 순서에 따라 반복 연습하는 것이 필요하다.

3.4.3 컨벌루션의 성질

시간 영역에서 선형 시불변 시스템을 해석할 수 있는 컨벌루션 합의 연산은 매우 중요한 개념이다. 물론 주파수 영역에서 시스템ㅁ을 해석하는 다른 방법이 존재하더라도 컨벌루션 합의 연사은 시스템을 이해하는데 매우 중요한 역할을 하고 실제 응용에서도 많이 사용되고 있따. 이번에는 컨벌루션 합 연산의 성질을 알아보자.

(1) 교환 법칙

앞서 언급한 바와 같이 컨벌루션 합의 연사은 교환 법칙을 만족한다. 즉,

$$x(n) \times h(n) = h(n) \times x(n) \cdots\cdots\cdots\cdots\cdots\cdots\cdots\cdots\cdots (3.32)$$

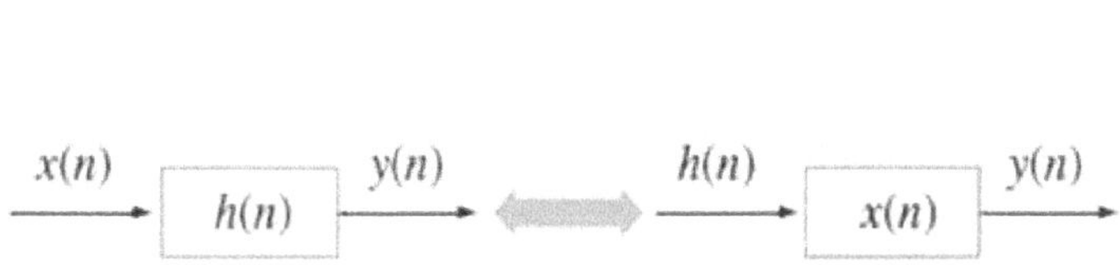

[그림 3-21] 컨벌루션의 교환 법칙

다시 말해 [그림 3-21]과 같이 입력 신호 $x(n)$과 시스템의 응답 $h(n)$의 역할을 바꾸어도 시스댐의 출력은 같다.

(2) 결합 법칙

컨벌루션 연산은 결합 법칙도 만족한다.

$$\{x(n)\times h_1(n)\}\times h_2(n)=x(n)\times\{h_1(n)\times h_2(n)\} \cdots\cdots (3.33)$$

좌변은 입력 신호가 $x(n)$이고 임펄스 응답이 $h_1(n)$인 시스템의 출력을 다시 임펄스 응답이 $h_2(n)$인 시스템에 인가하여 출력되는 신호를 의미한다. 즉, 두 개의 시스템이 종속으로 연결된 경우이다. 그러나 우변은 임펄스 응답 $h(n)=h_1(n)\times h_2(n)$을 갖는 시스템에 입력 $x(n)$이 인가되었을 경우의 출력을 의미한다.

이 관계를 그림으로 나타내면 [그림 3-22]와 같다. 두 개의 시스템이 종속으로 연결된 경우 두 시스템의 임펄스 응답을 컨벌루션 연산을 취하여 얻은 결과를 새로운 시스템의 임펄스 응답으로 생각할 수 있다.

[그림 3-22] 컨벌루션의 결합 법칙

(3) 배분 법칙

컨벌루션 연산은 합에 대한 배분 법칙도 만족한다.

$$x(n)\times\{h_1(n)+h_2(n)\}=x(n)\times h_1(n)+x(n)\times h_2(n) \cdots\cdots (3.34)$$

물리적으로 배분 법칙의 관계를 생각하면 다음과 같다. 각각의 임펄스 응답이 $h_1(n)$과 $h_2(n)$인 두 시스템에 입력 $x(n)$을 각각 인가하여 얻은 출력의 합은 임펄스 응답이 $h(n)=h_1(n)+h_2(n)$인 시스템에 입력 $x(n)$을 인가하여 얻은 출력과 같다는 것이다. 즉, 두 개의 시스템이 병렬로 연결되었을 경우 하나의 시스템으로 대체할 수 있으며 대체된 시스템의 임펄스 응답은 두 시스템의 임펄스 응답을 더한 형태가 된다. [그림 3-23]에 이 관계를 보였다.

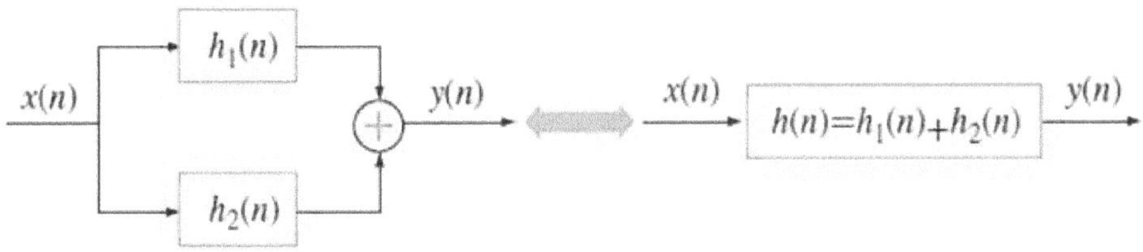

[그림 3-23] 컨벌루션의 배분 법칙

3.4.4 인과적 선형 시불변 시스템

앞에서 인과 시스템에서는 어느 시각 $n=n_0$에서의 출력이 현재와 그 이전, 즉 $n \le n_0$의 입력 신호 값에 의해서만 결정된다고 하였다. 여기서는 선형 시불변 시스템이 인과적이기 위한 임펄스 응답의 조건을 알아보자. 먼저 $n=n_0$인 경우 시스템의 출려을 컨벌루션 합의 연산으로 다시 표현해 보자.

$$y(n_0)=\sum_{k=-\infty}^{\infty} h(k)x(n_0-k) \cdots\cdots (3.35)$$

식 (3.35)를 n_0를 기준으로 미래의 입력 성분과 과거, 현재의 입력 성분으로 나누어 정리하면 다음과 같다

$$\begin{aligned} y(n_0) &= \sum_{k=-\infty}^{-1} h(k)x(n_0-k)+\sum_{k=0}^{\infty} h(k)x(n_0-k) \cdots\cdots (3.36) \\ &= \{\cdots+h(-3)x(n_0+2)+h(-1)x(n_0+1)\} \\ &\quad +\{h(0)x(n_0)+h(1)x(n_0-1)+h(2)x(n_0-2)+\cdots\} \end{aligned}$$

식 (3.36)에서 두 번째 괄호 안의 성분들은 현재나 과거의 입력 성분과 관련이 있지만 첫 번째 괄호 안을 보면 미래에 들어올 입력 값 $x(n_0+1), x(n_0+2), \cdots$ 등에 의해 출력이 결정된다. 시스템이 인과적이기 위해서는 미래의 입력 값 성분이 포함된 첫 번째 괄호 안의 항들이 없어져야 한다. 그러기 위해서는 $h(-1), h(-2), h(-3)$ 등 음의 n값에 대한 임펄스 응답의 값이 모두 0이 되어야 한

다. 즉, 임펄스 응답이 다음 관계식을 만족하게 되면 시스템은 인과적이 된다.

$$h(n) = 0, n < 0 \quad \cdots\cdots (3.37)$$

식 (3.37)은 선형 시불변 시스템이 인과적이기 위한 필요 충분 조건이다.

시스템이 인과적인 경우에는 식 (3.30)의 컨벌루션 합의 공식을 다음과 같이 다시 쓸 수 있다. 앞에서도 언급했지만, 실시간 처리가 필요한 시스템은 반드시 인과적이어야 한다.

$$\begin{aligned} y(n) &= \sum_{k=0}^{\infty} h(k)x(n-k) \quad \cdots\cdots (3.38) \\ &= \sum_{k=-\infty}^{n} x(k)h(n-k) \end{aligned}$$

시스템에 적용한 인과성을 신호에도 적용할 수 있따. 인과 신호는 음의 정수 n에 대하여 신호의 값이 모두 0인 경우, 즉 $x(n) = 0, n < 0$을 만족하는 신호로 정의가 되고, 반면에 음이 아닌 모든 정수 n에 대하여 신호의 값이 모두 0인 경우, 즉 $x(n) = 0, n \geq 0$을 만족하는 신호는 반인과 신호로 정의된다. n의 값이 음수, 양수 상관없이 0이 아닌 값을 갖는 신호는 비인과 신호로 정의한다.

만약 신호가 인과라면 식 (3.38)의 컨벌루션 공식은 다음과 같이 다시 쓸 수 있다.

$$\begin{aligned} y(n) &= \sum_{k=0}^{n} h(k)x(n-k) \quad \cdots\cdots (3.39) \\ &= \sum_{k=0}^{n} x(k)h(n-k) \end{aligned}$$

3.4.5 안정 LTI 시스템

선형 시불변 시스템인 경우 BIBO 안정하기 위한 조건도 임펄스 응답을 이용하여 다음과 같이 구할 수 있다.

$$\sum_{k=-\infty}^{\infty} |h(k)| < \infty \qquad (3.40)$$

이 관계도 컨벌루션 합의 공식으로부터 유도할 수 있다. 식 (3.31)의 양변에 절대값을 취하면

$$\begin{aligned} |y(n)| &= |\sum_{k=-\infty}^{\infty} h(k)x(n-k)| \qquad (3.41) \\ &\le \sum_{k=-\infty}^{\infty} |h(k)||x(n-k)| \\ &\le M_x \sum_{k=-\infty}^{\infty} |h(k)| \end{aligned}$$

식 (3.41)의 세 번째 부등식은 입력 신호 $x(n)$이 유한한 값 M_x보다 작은 값을 갖는다고 가정했기 때문에 성립한다. 식 (3.41)에서 출력이 유한하기 위해서는 반드시 식 (3.40)이 성립해야 한다.

3.4.6 FIR 시스템과 IIR 시스템

지금까지 우리는 임펄스 응답을 가지고 선형 시불변 시스템을 해석하는 방법을 배웠다. 시스템의 임펄스 응답의 특성에 따라 선형 시불변 시스테은 크게 유한 임펄스 응답(finite-duration impulse response, FIR) 시스템과 무한 임펄스 응답(infinite-duration impulse response, IIR) 시스템으로 분류할 수 있다. FIR 시스테은 어느 유한한 구간 외에는 임펄스 응답이 모두 0의 값을 갖는 시스템이다. 시스템이 인과적이라면 $h(n)=0, n<0$과 $n \ge M$으로 정의되고, 이 경우 식 (3.31)의 컨벌루션 연산은 다음과 같이 다시 쓸 수 있다.

$$y(n) = \sum_{k=0}^{M-1} h(k)x(n-k) \cdots\cdots (3.42)$$

다시 말해서 시스템의 출력은 유한개의 입력 샘플의 선형 조합으로 이루어진다.

반면에 IIR 선형 시불변 시스템은 무한한 구간에서 임펄스 응답이 존재하는 경우를 의미하며, 따라서 IIR 시스템의 출력은 무한개의 입력 샘플을 필요로 한다. 즉, 인과 시스템인 경우 IIR 시스템의 출력은

$$y(n) = \sum_{k=0}^{\infty} h(k)x(n-k) \cdots\cdots (3.43)$$

가 된다. 이 경우 출력을 구하기 위해서는 현재의 입력 값과 무한개의 과거 입력 값이 필요하기 때문에 시스템은 무한 기억 소자를 갖고 있어야 한다. 뿐만 아니라 출력을 구하기 위해서는 곱셈과 덧셈도 무한 번 수행해야 한다. 결국 식 (3.43)의 컨벌루션 공식을 가지고 IIR 시스템의 출력을 구한다는 것은 현실적으로 불가능하다. 따라서 컨벌루션 연산 대신 시스템의 입출력 관계를 표현할 수 있는 다른 방법을 찾아야 한다.

3.5 차분 방정식으로 표현되는 시스템

임펄스 응답과 입력 신호의 컨벌루션 합의 연산을 이용하여 다음과 같이 선형 시불변 시스템의 출력을 구할 수 있다.

$$y(n) = \sum_{k=-\infty}^{\infty} h(k)x(n-k) \cdots\cdots (3.44)$$

또한 식 (3.44)를 이용하면 시스템을 직접 구현할 수 있는 방법도 알 수 있다. 특히 FIR 시스템의 경우는 유한개의 곱셈기, 덧셈기, 그리고 유한개의 기억 소자만 가지고 시스템을 구현할 수 있다.

그러나 IIR 시스템의 경우는 식 (3.43)과 같이 컨벌루션 공식을 이용해서는 시스템을 구현하는 것이 불가능하다. 왜냐하면 앞서 설명한 바와 같이 시스템을 구현하기 위해서 무한개의 덧셈기와 곱셈기, 그리고 무한개의 기억소자가 필요하기 때문이다. 따라서 IIR 시스템에서는 컨벌루션 연산이 아닌 다른 방법으로 시스템의 입출력 관계를 모델링하는 방법을 찾아야 한다. 그 방법 중의 하나가 차분 방정식(difference equation)을 이용하는 것이다.

3.5.1 차분 방정식의 표현법

이산 선형 시불변 시스템을 식 (3.44)와 같이 컨벌루션 합의 공식으로 표현하면 출력은 입력의 선형 조합으로만 구할 수 있지만 경우에 따라서는 출력을 구하기 위해서 과거의 출력 값을 다시 이용하는 것이 편리한 경우도 있다. 예를 들어 입력 신호 $x(n)$의 $n+1$개의 평균값을 구하는 시스템이 있다고 가정해 보자. 즉, 출력이

$$y(n) = \frac{1}{n+1}\sum_{k=0}^{n} x(k),\ n = 0,1,\cdots \qquad (3.45)$$

이면 이 경우 $y(n)$을 구하기 위해서 $0 \le k \le n$에 대한 입력 값 $x(k)$가 필요하고 n의 값이 증가할수록 과거의 입력 값을 저장하는데 필요한 기억 소자는 계속 증가한다.

그러나 같은 시스템을 바로 전 출력 값 $y(n-1)$을 이용하여 다시 표현하면 식 (3.45)로부터

$$\begin{aligned}(n+1)y(n) &= \sum_{k=0}^{n-1} x(k) + x(n) \qquad (3.46)\\ &= ny(n-1) + x(n)\end{aligned}$$

이 되고 따라서

$$y(n) = \frac{n}{n+1} y(n-1) + \frac{1}{n+1} x(n) \cdots\cdots (3.47)$$

이 된다. 다시 말해서 평균 값 $y(n)$은 바로 전 출력 값 $y(n-1)$에 $\frac{n}{n+1}$을 곱하고 현재의 입력 값 $x(n)$에 $\frac{1}{n+1}$의 값을 곱해서 더하면 간단하게 구할 수 있다. 결국 평균값을 구하는 시스템을 식 (3.47)로 표현하면 두 번의 곱셈과 한 번의 덧셈, 그리고 한 개의 기억 소자만이 필요하다는 것을 알 수 있다. 이것은 시스템을 실제로 구현하는 측면에서 볼 때 식 (3.44)의 컨벌루션 연산을 수행하는 것보다 훨신 효율적이다.

이렇게 과거의 출력 값이 현재의 출력 값을 구하는데 이용되는 시스템을 재귀 시스템이라고 정의한다. 즉, 재귀 시스템은

$$y(n) = G\{y(n-1), y(n-2), \cdots, y(n-N), x(n), x(n-1), \cdots, x(n-M)\} \cdots\cdots (3.48)$$

으로 표현된다. 이 때 G는 임의의 함수 관계를 의미한다.

반면에 $y(n)$이 과거의 출력 값이 아닌 입력 값에만 의존할 경우, 즉

$$y(n) = G\{x(n), x(n-1), \cdots, x(n-M)\} \cdots\cdots (3.49)$$

인 경우, 이러한 시스템을 비재귀 시스템이라고 정의한다. FIR 시스템의 컨벌루션 연산 식을 자세히 살펴보면 식 (3.49)와 같이 과거의 출력 값이 현재의 출력 값을 구하는데 필요하지 않다는 것을 알 수 있다. 왜냐하면

$$\begin{aligned} y(n) &= \sum_{k=0}^{M} h(k) x(n-k) \cdots\cdots (3.50) \\ &= h(0)x(n) + h(1)x(n-1) + \cdots + h(n)x(n-M) \\ &= G\{x(n), x(n-1), \cdots, x(n-M)\} \end{aligned}$$

이 되기 때문이다. 따라서 선형 시불변 FIR 시스템은 비재귀 시스템이 된다. 반변에 IIR 시스템은 재귀 시스템이 된다. 재귀 시스템과 비재귀 시스템의 기본 형태를 [그림 3-24]에 보였다.

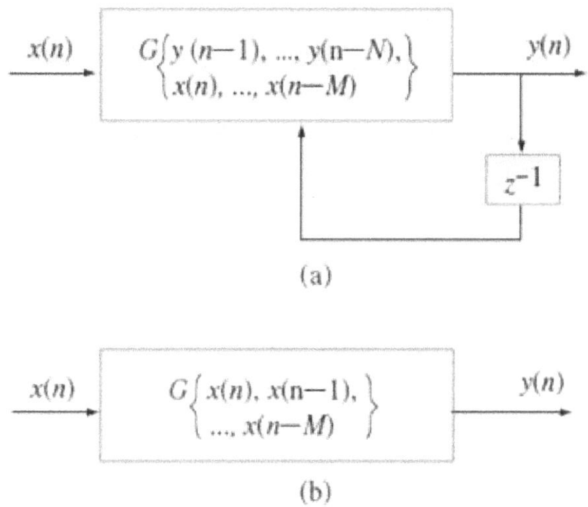

[그림 3-24] (a) 재귀 시스템 (b) 비재귀 시스템

위에서 설명한 재귀 시스템이나 비재귀 시스템은 모두 상수 계수를 갖는 차분 방정식으로 표현할 수 있으며, 따라서 모든 선형 시불변 시스템이 아래 식 (3.51)과 같이 차분 방정식 형태로 표현할 수 있다.

$$y(n) = -\sum_{k=1}^{N} a_k y(n-k) + \sum_{k=0}^{M} b_k x(n-k) \cdots\cdots \quad (3.51)$$

또는

$$\sum_{k=0}^{N} a_k y(n-k) = \sum_{k=0}^{M} b_k x(n-k),\ a_0 = 1 \cdots\cdots \quad (3.52)$$

여기서 a_k와 b_k는 시스템의 특성에 의해서 결정되는 임의의 상수이다. 이 때 정수 N은 차분 방정식의 차수를 결정한다. 식 (3.52)는 시스템의 출력이 식 (3.44)의 컨벌루션 식과는 달리 입력 값뿐만 아니라 과거의 출력 값에 의해서 결정된다는 것을 보여 준다.

N차 차분 방정식으로 표현된 선형 시불변 시스템을 해석하기 위해서는 차분 방정식을 직접 풀어서 주어진 입력 $x(n)$에 대한 출력 $y(n)$을 구하여야 한다. 앞 절에서 설명한 컨벌루션 공식과 더불어 시간 영역에서 선형 시불변 시스템을 해석할 수 있는 또 하나의 방법이 바로 차분 방정식을 푸는 것이다.

3.5.2 상계수 차분 방정식으로 표현되는 선형 시불변 시스템

상계수 차분 방정식으로 표현되는 선형 시불변 시스템의 특성에 대해 좀 더 알아보자. 재귀 시스템을 표현하는 가장 간단한 1차 차분 방정식을 생각해보자.

$$y(n) = 2y(n-1) + x(n) \qquad (3.53)$$

바로 직전의 출력 $y(n-1)$이 현재의 출력 $y(n)$을 구하는데 이용되기 때문에 이 시스템은 당연히 재귀 시스템이 된다. 식 (3.53)의 계수 2는 시스템의 특성을 결정하는 상수 계수이다. 만약 이 값이 0이라면 재귀 성분이 없어지므로 시스템은 비재귀 시스템이 될 것이다. 또한 계수가 상수이기 때문에 이 시스템은 시불변 특성을 만족한다. 계수가 시간의 변수 n의 함수가 되면 이 시스템은 시변 시스템이 된다. 신호 $x(n)$이 $n>0$일 때 시스템에 입력되고, 시스템의 초기 조건은 $y(-1)$이라고 가정하면, 이 조건을 가지고 식 (3.53)으로 표현되는 차분 방정식을 직접 풀어보자.

$$\begin{aligned}
y(0) &= 2y(-1) + x(0) \\
y(1) &= 2y(0) + x(1) = 2^2 y(-1) + 2x(0) + x(1) \\
y(2) &= 2y(1) + x(2) = 2^3 y(-1) + 2^2 x(0) + 2x(1) + x(2) \\
&\vdots \\
y(n) &= 2y(n-1) + x(n) \\
&= 2^{n+1} y(-1) + 2^n x(0) + 2^{n-1} x(1) + \cdots + 2x(n-1) + x(n)
\end{aligned} \qquad (3.54)$$

식 (3.54)에서 $y(n)$을 정리하면 다음과 같다.

$$y(n) = 2^{n+1}y(-1) + \sum_{k=0}^{n} 2^k x(n-k), n \geq 0 \cdots\cdots (3.55)$$

식 (3.55)의 해는 두 성분으로 이루어진다. 만약 $y(-1)$이 0이라면, 즉 시스템의 초기 조건이 모두 0이라면 식 (3.55)에서 첫 번째 항은 없어지므로 결국 입력 $x(n)$에 의해 생성되는 출력 성분만 남게 된다. 이와 같이 입력 신호에 의해 생성되는 출력 성분을 제로 상태 응답이라고 정의한다.

반대로 신호 $x(n)$이 시스템에 입력되지 않는다면, 즉 입력 신호가 모두 0이라면 식 (3.55)에서 두 번째 항이 0이 된다. 이 경우 시스템의 초기 조건 $y(-1)$에 의해서만 출력이 생성되고 이 출력 성분은 제로 입력 응답으로 정의된다. 식 (3.55)을 보면 결국 출력 신호 $y(n)$은 제로 상태 응답과 제로 입력 응답의 합으로 구성되는 것을 알 수 있다.

차분 방정식에 의해 표현되는 시스템이 선형 시스템이 되기 위해서는 전체해가 제로 상태 응답과 제로 입력 응답의 합으로 이루어져야 하고, 제로 상태 응답은 중첩 원리를 만족하여야 하며 제로 입력 응답도 중첩의 원리를 만족하여야 한다. 일반적으로 식 (3.48)의 상계수 차분 방정식으로 표현되는 시스템은 이 조건을 모두 만족하기 때문에 선형 시스템이다. 또한 계수가 상수라면 시스템은 시불변이 되고, 이 경우 입력이 유한하고 모든 초기 조건이 유한하다면 출력도 반드시 유한해야 하므로 BIBO 안정 시스템이다.

3.5.3 선형 상계수 차분 방정식의 해

이제 식 (3.52)의 상수 계수를 갖는 선형 차분 방정식을 풀어서 시스템의 출력 $y(n)$을 구하는 방법을 알아보자. 차분 방정식의 풀이법은 기본적으로 미분 방정식의 풀이법과 매우 유사하다. 차분 방정식의 해는 입력 $x(n) = 0$ (입력이 없는 경우)이라고 가정하고 구하는 균일해 $y_h(n)$과 주어진 입력 $x(n)$에 대한 출력 성분인 특수해 $y_p(n)$의 합으로 이루어진다.

$$y(n) = y_h(n) + y_p(n) \cdots\cdots (3.56)$$

(1) 균일해

균일해를 구하기 위해서는 먼저 입력 신호 $x(n)$이 0이라고 가정한다. 그러면 다음의 동차 차분 방정식을 얻게 된다.

$$\sum_{k=0}^{N} a_k y(n-k) = 0 \cdots\cdots (3.57)$$

미분 방정식을 풀 때와 마찬가지로 식 (3.57)에서 해가 $y_h(n) = \lambda^n$ 이라고 가정하면 다음 다항식을 얻게 된다.

$$\sum_{k=0}^{N} a_k \lambda^{n-k} = 0 \cdots\cdots (3.58)$$

식 (3.58)을 다시 쓰면 다음과 같다.

$$\lambda^{n-N}(a_0\lambda^N + a_1\lambda^{N-1} + a_2\lambda^{N-2} + \cdots + a_{N-1}\lambda + a_N) = 0 \cdots\cdots (3.59)$$

식 (3.59)를 만족하는 λ를 구하면 $\lambda = 0$이거나 또는 괄호 안의 다항식이 0이 되어야 한다. λ가 0이 되면 구하고자 하는 균일해가 0이 되므로 의미가 없다. 따라서 괄호 안의 다항식이 0이 되기 위한 λ의 값을 구해야 한다. 이 때 괄호 안의 다항식을 시스템의 특성 방정식이ㅣ라고 정의하며 이 다항식을 풀면 일반적으로 N개의 근 $\lambda_1, \lambda_2, \cdots, \lambda_N$이 존재한다. 이 경우 N개의 근의 형태는 여러 가지가 될 수 있다. N개의 근이 서로 다른 실수일 수도 있고 복소수일 수도 있고 아니면 또 중복근이 될 수도 있다. 먼저 근이 서로 다른 실수 값을 갖는다고 가정하자. 그러면 균일해는 다음과 같다.

$$y_h(n) = C_1\lambda_1^n + C_2\lambda_2^n + \cdots + C_N\lambda_N^n \cdots\cdots (3.60)$$

여기서 $C_1, C_2, \cdots, C_N$는 가중 계수이며 시스템의 초기 조건에 의해 구해진다. 만약 중복근일 경우, 예를 들어 λ_1이라는 근이 P_1개 존재하고 $N-P_1$의 나머지 근이 서로 다른 실근이면 균일해는 다음과 같이 표현된다.

$$y_h(n) = C_1\lambda_1^n \ \ C_2 n\lambda_1^n + \cdots + C_{P_1} n^{P_1-1}\lambda_1^n + C_{P_1+1}\lambda_{P_1+1}^n + \cdots \ C_N\lambda_N \cdots\cdots\cdots (3.61)$$

특성 방정식의 근이 복소수인 경우에 대한 풀이는 여기서는 생략한다.

(2) 특수해

차분 방정식의 특수해는 $y_P(n)$는 입력 $x(n)$에 대한 차분 방정식의 출력 성분이며 입력 $x(n)$의 형태에 따라 결정된다.

(3) 전체해

선형 상계수 차분 방정식의 선형성 때문에 전체해를 구하기 위해서는 앞에서 구한 균일해와 특수해를 더해 주면 된다. 즉,

$$y(n) = y_h(n) + y_P(n) \cdots\cdots\cdots (3.62)$$

균일해 안에 포함되어 있는 상수는 초기 조건을 가지고 구할 수 있다.

3.5.4 차분 방정식에서 시스템 임펄스 응답 구하기

시스템이 차분 방정식으로 표현될 때 시스템의 임펄스 응답을 구할 수 있다. 차분 방정식에서 입력 신호 $x(n)$을 단위 임펄스 함수 $\delta(n)$으로 대체하고 시스템의 모든 초기 조건을 0이라고 가정한 상태에서 차분 방정식을 풀면 된다.

식 (3.53)에 주어진 가장 간단한 재귀 시스템의 예를 들어보자.

$$y(n) = 2y(n-1) + x(n) \cdots\cdots (3.63)$$

이 시스템의 출력은 식 (3.55)와 같이 주어지고 모든 초기 조건이 0이라고 가정했으므로 해는 제로 상태 응답만으로 구성된다.

$$y(n) = \sum_{k=0}^{n} 2^k x(n-k), n \geq 0 \cdots\cdots (3.64)$$

여기에 입력 신호 $x(n)$을 $\delta(n)$으로 대입하면 다음과 같이 된다.

$$\begin{aligned} y(n) &= \sum_{k=0}^{n} 2^k \delta(n-k) \cdots\cdots (3.65) \\ &= 2^n, \qquad n \geq 0 \end{aligned}$$

결국 식 (3.63)의 1차 차분 방정식으로 표현되는 시스템의 임펄스 응답은

$$h(n) = 2^n u(n) \cdots\cdots (3.66)$$

이 된다. 식 (3.66)의 임펄스 응답을 갖는 시스템은 당연히 IIR 시스템이다. 여기서 한 가지 언급할 것은 상계수 차분 방정식으로 표현되는 재귀 시스템은 반드시 IIR 시스템이 된다는 것이다. 하지만 모든 IIR 시스템이 상계수 차분 방정식으로 표현되는 것은 아니다.

일반적으로 상계수 차분 방정식으로 표현되는 시스템의 임펄스 응답은 입력 신호 $x(n) = \delta(n)$이 n이 0인 경우에만 1의 값을 갖고 다른 n의 값에 대해서는 모두 0의 값을 가지므로 입력이 0이라고 가정하고 주어진 차분 방정식의 균일해를 구하면 된다. 이 때 $n=0$에서의 입력 성분 1의 값은 시스템의 초기 조건에 반영해 균일해의 계수를 구하는 과정에서 이용한다.

4. z-변환

4.1 개요

4장에는 z-변환이 어떻게 정의된 것인가를 생각해 보고 이산시간 신호와 시스템을 z-변환으로 표현해 본다. 그리고 입력과 시스템의 임펄스 응답이 주어졌을 때 이들 각각의 z-변환을 구하고 이들을 곱한 후 그 결과를 역변환하여 출력을 얻는 과정을 살펴본다. 유용한 몇 가지 z-변환의 특성 및 변환 결과도 마지막으로 알아보도록 한다.

4.2 z-변환

라플라스 변환의 가장 중요한 특성 중의 하나가 시간 영역에서의 중첩적분을 변환 영역에서는 곱으로 나타낼 수 있어 계산 면에서 볼 때 시간 영역에서 수행하는 것보다 유리할 뿐만 아니라 직관적으로도 주파수 분포, 시스템의 특성 등에 대한 정보를 쉽게 얻을 수 있다는 것이다. 즉, 중첩적분을 곱으로 바꾸면서도 어떤 물리적인 특성의 정보를 나타내는 것이 변환이 가져야할 기본 특성 중의 하나이다. 그럼 이산시간 영역에서 이와 같은 역할을 하는 변환은 우선 위와 같이 시간 영역에서의 중첩합을 변환영역에서는 곱으로 나타낼 수 있는 것이어야 한다. 중첩합이 변환영역에서 곱으로 표현되는 사례는 다음과 같다.
[그림 4-1]에서와 같이 계수가 $\{h_0, h_{1,} h_2\}$인 3탭 필터에 $\{x_0, x_2, x_3\}$가 입력되고 있다고 하자. 그러면 앞에서 배운 바와 같이 입출력의 관계는 다음과 같은 중첩합이 된다.

$$y[n] = \sum_{k=-\infty}^{\infty} h[k]x[n-k] \cdots\cdots\cdots\cdots \quad (4.1)$$

그림에서와 같이 탭이 3개, 입력이 3개뿐인 시스템에서는 다음과 같은 식이 된다.

$$y[n] = \sum_{k=0}^{2} h[k]x[n-k], \quad n = 0,1,\cdots,4 \quad \cdots\cdots (4.2)$$

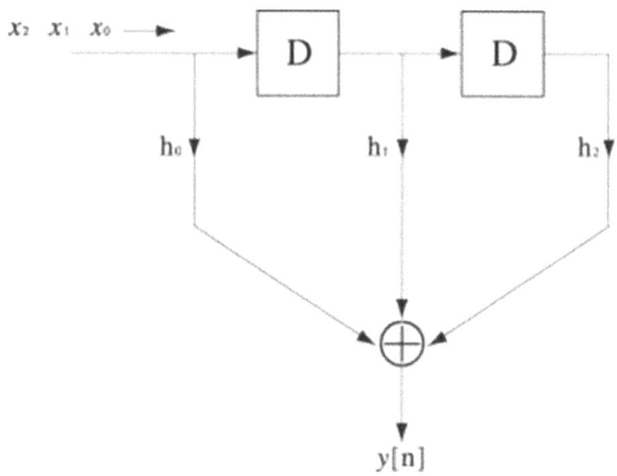

[그림 4-1] 3탭 FIR 필터

위 식으로부터 또는 [그림 4-1]에서와 같이 입력을 그려가면서 출력을 구할 수가 있다. 즉, 첫째 입력인 x_0가 첫째 탭에 있을 때 출력은 x_0h_0, 한 스텝이 지나면 x_0가 h_1위에 있고 x_1이 h_0에 있게 되므로 출력은 $x_1h_0+x_0h_1$이다. 이런 식으로 하여 결국 출력은 다음과 같이 된다.

$$\begin{aligned} y_0 &= x_0h_0 \\ y_1 &= x_1h_0 + x_0h_1 \\ y_2 &= x_2h_0 + x_1h_1 + x_0h_2 \\ y_3 &= \qquad\quad x_2h_1 + x_1h_2 \\ y_4 &= \qquad\qquad\qquad x_2h_2 \end{aligned} \quad \cdots\cdots (4.3)$$

이과 같은 중첩합을 곱으로 나타내는 변환은 어떤 것일까? 결국$x[n]$을 변환한 것과 $h[n]$의 변환을 곱하였을 때 그 결과의 역변환이 $y[n]$이 되도록 하는 변환을 정의 해야 한다.

정답은 여러 가지가 있겠지만 z-변환은 이들 중에서 단순히 어떤 신호값을 계수로 갖는 다항식으로 변환을 정의한 것이다. $x[n]$의 z-변환은 다음과 같이 정의된다.

$$X(z) = x_0 + x_1 z^{-1} + x_2 z^{-2} + x_3 z^{-3} + \cdots \quad (4.4)$$

위의 예에서 신호와 시스템을 각각 z-변환으로 나타내고 이것이 실제로 중첩합을 곱으로 바꾸어 주는가 확인해 보면 위의 예에서 신호와 시스템이 각각 3개씩으로 각각의 z-변환은 다음과 같다.

$$X(z) = x_0 + x_1 z^{-1} + x_3 z^{-2} \quad (4.5)$$

$$H(z) = h_0 + h_1 z^{-1} + h_2 z^{-2} \quad (4.6)$$

이를 곱한 결과를 $Y(z)$라 하면 다음과 같다.

$$\begin{aligned} Y(z) = x_0 h_0 + (x_1 h_0 + x_0 h_1) z^{-1} + (x_2 h_0 + x_1 h_1 + x_0 h_2) z^{-2} \\ + (x_2 h_1 + x_1 h_2) z^{-3} + x_2 h_2 z^{-4} \end{aligned} \quad (4.7)$$

z-변환이 식 (4.4)와 같이 정의 되었으므로 이의 역변환은 단순히 z^{-n}의 계수가 n번째 출력이 되는 것이다. 따라서 식 (4.7)의 역변환을 통하여 출력을 구해 보면 식 (4.3)의 출력과 일치함을 알 수 있다.

식 (4.4)~(4.6)은 신호가 시간 0이상에서만 존재하는 경우와 같은 특별한 경우에 대한 식이고, 일반적인 표현은 다음과 같이 나타낼 수 있다.

$$X(z) = Z\{x[n]\} = \sum_{n=-\infty}^{\infty} x[n] z^{-n} \quad (4.8)$$

연속시간 신호와 시스템에서 라플라스 변환의 s대신에 jw를 대입한 것이 푸리에 변환이었듯이 이산시간 시스템에서는 z대신에 e^{jw}를 대입한 것이 바로 푸리에 변환인 것이다. 이의 의미는 연속시간 시스템에서는 s라는 복소 평면에서 허수 축을 따라 라플라스 변환을 살펴 본 것이 푸리에 변환이라는 것이고, 이산시간 시스템에서는 z라는 복소평면에서 $z=e^{jw}$라는 단위원에서 z-변환을 계산한 것이 푸리에 변환이 되는 것이다. 즉, 푸리에 변환은 z-변환의 일부인 단위원 상에서의 값이며 w는 식에서 알 수 있듯이 0부터 2π까지 그 의미를 갖는 것이다.

Matlab에서 유한신호의 중첩합은 Matlab 함수 "conv" 을 사용하여 쉽게 계산할 수 있다. 만약 신호가 무한대 영역에서 값을 갖는 경우에는 Matlab에서 중첩합을 계산하는데 바로 사용될 수는 없다.

4.3 이산시간 신호의 z-변환

위에서 FIR 신호와 시스템의 z-변환의 예를 보았다. 이제 일반적인 신호의 z-변환을 구해 보자. 앞에서 언급했듯이 z-변환은 푸리에 벼환가는 달리 불안정한 신호와 시스템도 표현할 수 있다는 특징이 있다. 위에서 살펴본 FIR 신호나 시스템의 경우 식 (4.5)나 (4.6)과 같이 정의되고 IIR 신호와 시스템인 경우에는 식 (4.4)와 같이 정의되기는 하지만 보통은 가능한 한 간단히 표현하기 위하여 $h[n]$이 변하는 법칙(점화식 등으로 나타내는 $h[n]$의 관계) 등을 이용하여 유리식으로 나타내기도 한다. 구체적으로 몇 가지 신호의 z-변환의 예를 보도록 하자.

4.3.1 $x[n]=\left(\frac{1}{2}\right)^n u[n]$: 안정한 인과 신호

안정한 인과 신호의 예로 $x[n]=\left(\frac{1}{2}\right)^n u[n]$을 z-변환한 결과가 다음과 같다.

$$X(z)=1+\frac{1}{2}z^{-1}+\left(\frac{1}{2}\right)^2 z^{-2}+\left(\frac{1}{2}\right)^3 z^{-3}+\cdots \tag{4.9}$$

위 식은 잘 아는 바와 같이 초항이 1, 공비가 $\left(\frac{1}{2}\right)z^{-1}$인 무한 등비 급수이다. 따라서 이 공비의 크기가 1보다 작다면 위의 식은 다음과 같이 간단하게 된다.

$$X(z)=\frac{1}{1-\frac{1}{2}z^{-1}} \quad \cdots\cdots\cdots\cdots \quad (4.10)$$

식(4.9)가 위와 같이 표현되기 위한 조건은 위에서 언급한 바와 같이 공비의 크기가 1보다 작다는 것이며 이는 다음과 같이 표현할 수이 있다.

$$\left|\frac{1}{2}z^{-1}\right|< 1\Leftrightarrow|z|> \frac{1}{2} \quad \cdots\cdots\cdots\cdots \quad (4.11)$$

즉, 위의 영역에서 z-변환 표현이 가능하며 이를 수렴영역이라 한다. 이 예에서의 수렴영역은 식 (4.11)으로부터 알 수 있듯이 복소 평면에서 반지름이 $\frac{1}{2}$인 원의 바깥부분이다.

앞에서 푸리에 변환은 z-변환을 단위원 상에서 정의한 것이라고 하였다. 식(4.11)의 수렴영역 내에 단위원이 포함되므로 이 예에서와 같이 안정한 신호는 z-변환뿐만 아니라 푸리에 변환도 존재한다.

4.3.2 $x[n]=2^n u[n]$: 불안정한 인과 신호

불안정한 인과 신호의 예로 $x[n]=2^n u[n]$을 고려해 보자. 신호의 크기가 시간이 감에 따라 계속 증가하기 때문에 불안정한 신호임을 알 수 있다. 이 신호는 다음과 같이 주어진 수렴영역에서 z-변환 표현이 가능하다.

$$\begin{aligned} X(z) &= 1+2z^{-1}+2^2z^{-2}+\cdots \quad \cdots\cdots\cdots\cdots \quad (4.12) \\ &= \frac{1}{1-2z^{-1}}, \qquad |z|> 2 \end{aligned}$$

즉, 반지름 2인 원의 바깥에서 z-변환이 가능하다. 이 경우는 앞의 예와는 달리 수렴영역인 단위원을 포함하지 않고 있으며 따라서 푸리에 변환이 존재하지 않는다. 결국 이와 같은 불안정한 신호는 z-변환은 가능하지만 푸리에 표현은 불가능하다.

위의 두 예를 정리하면 인과 신호의 경우에 일반적으로 z-변환이 다음과 같음을 알 수 있다.

$$x[n]=a^n u[n] \qquad \cdots\cdots (4.13)$$
$$X(z)=\frac{1}{1-az^{-1}},\ ROC: |z|>|a|$$

4.3.3 $x[n]=\left(\frac{1}{2}\right)^n u[-n-1]$: 불안정한 비인과 신호

불안정한 비인과 신호의 예로 $x[n]=\left(\frac{1}{2}\right)^n u[-n-1]$을 z-변환한 결과가 다음과 같다.

$$\begin{aligned} X(z) &= \left(\frac{1}{2}\right)^{-1} z+\left(\frac{1}{2}\right)^{-2} z^2+\left(\frac{1}{2}\right)^{-3} z^3+\cdots \qquad \cdots\cdots (4.14) \\ &= 2z+2^2z^2+2^3z^3+\cdots \\ &= \frac{2z}{1-2z},\quad |z|<\frac{1}{2} \end{aligned}$$

즉, 수렴영역이 반지름 $\frac{1}{2}$인 원의 내부가 된다. 따라서 푸리에 변환은 없다. 위의 식에서 분자 분모를 모두 $2z$로 나누어 다음과 같이 쓸 수도 있다.

$$X(z)=\frac{1}{\frac{1}{2}z^{-1}-1}=\frac{-1}{1-\frac{1}{2}z^{-1}} \qquad \cdots\cdots (4.15)$$

4.3.4 $x[n]=2^n u[-n-1]$: 안정한 비인과 신호

안정한 비인과 신호의 예로 $x[n]=2^n u[-n-1]$을 z-변환한 결과가 다음과 같다.

$$X(z)=2^{-1}z+2^{-2}z^2+2^{-3}z^3+\cdots \quad (4.16)$$

$$=\frac{\frac{1}{2}z}{1-\frac{1}{2}z},\quad |z|<2$$

수렴영역이 반지름 2인 원의 내부이며 따라서 푸리에 변환이 존재한다. 즉, 안정한 신호의 z-변확의 수렴영역은 단위원을 포함하는 것을 확인할 수 있다. 위에서와 마찬가지로 다음과 같이도 표현할 수 있다.

$$X(z)=\frac{1}{2z^{-1}-1}=\frac{-1}{1-2z^{-1}} \quad (4.17)$$

위의 두 가지 예로부터 일반적인 비인과 신호의 z-변환을 다음과 같이 정리할 수 있다.

$$x[n]=b^n u[-n-1] \quad (4.18)$$

$$X(z)=\frac{-1}{1-bz^{-1}},\quad ROC: |z|<|b|$$

4.3.5 불안정한 양방향의 신호

다음과 같은 양방향 신호의 z-변환은 어떻게 되는지 알아보자.

$$x[n]=2^n \quad (4.19)$$

이의 z-변환은

$$X(z) = \cdots + 2^{-2}z^2 + 2^{-1}z + 1 + 2z^{-1} + 2^2z^{-2} + \cdots \qquad (4.20)$$
$$= (1 + 2z^{-1} + 2^2z^{-2} + \cdots) + (2^{-1}z + 2^{-2}z^2 + \cdots)$$

앞의 예에서 살펴보았듯이 위 식의 우변의 첫 번째 항과 두 번째 항은 각각 다음과 같이 수렴할 것이라 기대된다.

$$1 + 2z^{-1} + 2^2z^{-2} + \cdots = \frac{1}{1 - 2z^{-1}} \qquad (4.21)$$

$$2^{-1}z + 2^{-2}z^2 + \cdots = \frac{-1}{1 - 2z^{-1}} \qquad (4.22)$$

그러나 식 (4.21)이 성립할 조건은 $|z| > 2$ 식 (4.22)가 성립할 조건은 $|z| < 2$ 이므로 식 (4.20)의 두 항이 동시에 수렴할 수 있는 공통 조건은 없다. 따라서 이와 같은 경우에는 z-변환이 존재하지 않는다. 만찬가지로 다음과 같은 신호도 z-변환은 조재하지 않는다.

$$x[n] = \left(\frac{1}{2}\right)^n \qquad (4.23)$$

4.3.6 FIR 신호의 z-변환

FIR 신호의 경우 위에서와 같이 굳이 유리식으로 표현하지 않고 다항식으로 그대로 두어도 된다. 그리고 인과 신호인 경우에 수렴영역을 따지면, z-변환이 z^{-1}의 다항식이므로 $z=0$을 제외한 모든 영역이 된다. 마찬가지로 비인과 신호의 경우 $z=\infty$를 제외한 모든 영역, 양방향인 경우는 이 두 곳을 제외한 모든 영역이 된다. 그러나 FIR 신호인 경우 수렴영역이 의미를 주지는 않는다.

4.4 z-변환의 성질

z-변환은 그 정의에서도 알 수 있듯이 이산시간 푸리에 변환과 매우 유사한 성질을 가지고 있다. z-변환을 사용한 시스템의 해석에 유용하게 사용되는 성질들을 [표 4-1]에 정리하였다. 이를 이용하여 일반적인 수열의 z-변환쌍을 [표 4-2]에 나타내었다.

[표 4-1] z-변환의 성질

성질	신호	z-변환	수렴영역
	$x[n]$ $x_1[n]$ $x_2[n]$	$X(z)$ $X_1(z)$ $X_2(z)$	R R_1 R_2
선형성	$ax_1[n]+bx_2[n]$	$aX_1(z)+bX_2(z)$	At least $R_1 \cap R_2$
시간지연	$x[n-n_0]$	$z^{-n_0}X(z)$	R
주파수 이동	$a^n x[n]$	$X\left(\frac{z}{a}\right)$	Scaled ROC ($\|a\|R$)
공액복소수	$x^*[n]$	$X^*(z^*)$	R
중첩합	$x_1[n]\times x_2[n]$	$X_1(z)X_2(z)$	At least $R_1 \cap R_2$
z 영역에서의 미분	$nx[n]$	$-z\frac{dX(z)}{dz}$	R

[표 4-2] 기본적인 신호들에 대한 z-변환

신호	z-변환	수렴영역
$\delta[n]$	1	All z
$u[n]$	$\frac{1}{1-z^{-1}}$	$\|z\|>1$
$-u[-n-1]$	$\frac{1}{1-z^{-1}}$	$\|z\|<1$
$a^n u[n]$	$\frac{1}{1-az^{-1}}$	$\|z\|>\|a\|$
$-a^n u[-n-1]$	$\frac{1}{1-az^{-1}}$	$\|z\|<\|a\|$

신호	z-변환	수렴영역
$na^n u[n]$	$\frac{az^{-1}}{(1-az^{-1})^2}$	$\lvert z\rvert > \lvert a\rvert$
$-na^n u[-n-1]$	$\frac{az^{-1}}{(1-az^{-1})^2}$	$\lvert z\rvert < \lvert a\rvert$
$[\cos w_0 n]u[n]$	$\frac{1-[\cos w_0]z^{-1}}{1-[2\cos w_0]z^{-1}+z^{-2}}$	$\lvert z\rvert > 1$
$[\sin w_0 n]u[n]$	$\frac{[\sin w_0]z^{-1}}{1-[2\cos w_o]z^{-1}+z^{-2}}$	$\lvert z\rvert > 1$
$[a^n \cos w_0 n]u[n]$	$\frac{1-[a\cos w_0]z^{-1}}{1-[2a\cos w_0]z^{-1}+a^2 z^{-2}}$	$\lvert z\rvert > \lvert a\rvert$
$[a^n \sin w_0 n]u[n]$	$\frac{[a\sin w_0]z^{-1}}{1-[2a\cos w_0]z^{-1}+a^2 z^{-2}}$	$\lvert z\rvert > \lvert a\rvert$

4.5 이산시간 시스템의 z-변환

4.2절에서 FIR 시스템의 z-변환 표현은 이미 알아보았다. 구체적으로 [그림 4-1]과 같은 FIR 시스템은 식 (4.6)과 같이 표현하면 된다. 식 (4.6)과 같은 변환이 자연스럽게 전달함수가 되는 것이다. 식 (4.6)의 z에 e^{jw}를 대입하여 주파수 특성을 알 수 있고, 또한 시간 영역에서는 z^{-1}가 의미하는 것이 [그림 4-1]에서 D, 즉 한 샘플 지연을 뜻하는 것을 알기 때문에 $x[n]$이 식 (4.6)의 $H(z)$를 통과하여 $y[n]$이 나온다고 할 때 자연스럽게 이들 간에는 다음과 같은 관계를 있음을 쉽게 알 수 있다.

$$y[n] = h_0 x[n] + h_1 x[n-1] + h_2[n-2] \quad \cdots\cdots (4.24)$$

$H(z)$로부터 시간 영역에서도 입출력 관계가 어떠한가가 보인다.

다음은 4.2절에서 다루지 않았던 IIR 시스템의 z-변환에 대하여 알아보자. 우선 어떤 연속시간 시스템을 이산시간 시스템에서 처리하는 순서가 어떠하였는지 4.2절에서 배운 내용을 상기해보자. 원래 연속시간 시스템인 대부분의 물리 현상을 컴퓨터에서 처리 또는 분석하기 위해서는 연속시간 시스템에서 시스템의 전달함수를 주파수 영역에서 알아보고 이와 같은 모양을 갖는 이산시간 시스템을 설계한다고 하였다. 이러한 주어진 모양의 이산시간 시스템은 FIR 필터로도 만들 수 있다. FIR 필터가 IIR 필터에 비해 안정성 등의 몇 가지 장점이 있으므로 많은 응용분야에서 원하는 모양의 주파수 응답을 갖는 FIR 필터를 설계하여 사용한다. 반면에 IIR필터를 사용하는 경우는 기존의 연속시간 시스템을 주파수 응답의 모양에 큰 의미를 두지 않고 연속시간 영역 또는 주파수 영역의 식을 그대로 이산시간 영역으로 옮기는 경우에 나타나게 된다. 또는 주파수 영역에서 어떤 특별한 이유가 있고 FIR 필터로 구현하기 어려운 경우에 IIR 필터를 사용하게 된다.

연속시간 시스템을 이산시간에서 구현하고자 할 때 주파수 분석을 통한 FIR 시스템으로 구현하지 않고 시간 영역에서 바로 IIR 시스템으로 구현하는 가장 간단한 구체적인 예를 생각해 보자.

$$y'(t)+y(t)=u(t) \cdots\cdots (4.25)$$

위 식으로 모델링되는 시스템을 디지털 시스템으로 교체하고자 할 때 위의 주파수 응답을 구하여 이와 같은 모양을 갖는 디지털 FIR 또는 IIR필터를 새로이 설계하면 된다. 또 다른 방법으로는 비슷한 임펄스 응답을 갖는 시스템을 만드는 것이다. 이 방법에도 여러 가지가 있지만 가장 간단한 것은 위 식을 컴퓨터 시뮬레이션 할 때의 방법을 사용하여 그대로 시스템으로 구현하는 것이다.

$$y'(t)=\frac{dy(t)}{dt}\approx\frac{y(t+\Delta)-y(t)}{\Delta} \cdots\cdots (4.26)$$

위의 식을 (4.25)에 대입하면 다음과 같이 정리할 수 있다.

$$\frac{y(t+\Delta)-y(t)}{\Delta}+y(t)=u(t) \cdots\cdots (4.27)$$

$$y(t+\Delta)=(1-\Delta)y(t)+\Delta u(t) \cdots\cdots (4.28)$$

이것이 의미하는 바는 어떤 특정한 시각 t에서의 출력을 알고 있을 때 Δ시간 후의 출력의 근사값을 위의 식을 이용하여 구할 수 있다는 것이다. 원래 미분방정식의 경우 초기치가 주어져야 특정해를 구할 수 있으므로 $y(0)$가 주어진 상태이고 입력 $u(t)$의 식을 안다면 임의의 샘플간격 Δ에서의 출력값 $y(n\Delta)$를 구할 수 있다.

위의 컴퓨터 시뮬레이션이 바로 주어진 시스템을 이산시간 시스템으로 구현하는 방법 중의 하나가 된다. 즉, 식 (4.25)와 같이 모델링이 되는 시스템에서 입력을 Δ초 간격으로 샘플링하여 이를 $u[n]$이라 하고 출력을 $y[n]$이라 하면 식 (4.25)를 가장 간단한 방법으로 근사화한 이산시간 시스템의 점화식은 다음과 같다.

$$y[n] = (1-\Delta)y[n-1] + \Delta u[n-1] \quad \cdots\cdots (4.29)$$

편의상 $\Delta u[n-1]$을 $x[n]$, $1-\Delta$를 a라 정의하면 식 (4.28)은 다음과 같고, 이를 구현하는 회로는 [그림 4-2]과 같은 IIR 시스템이 된다.

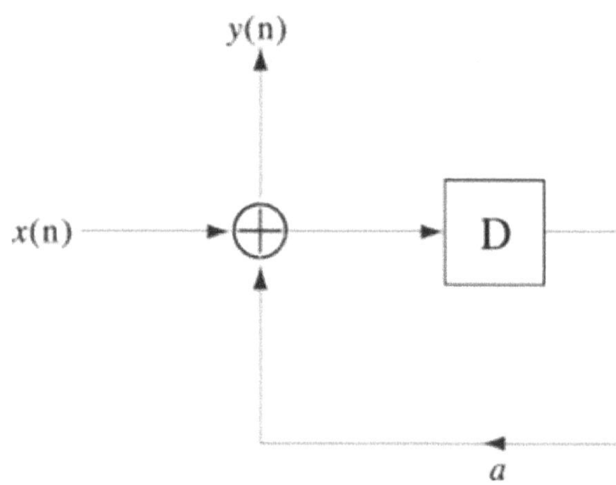

[그림 4-2] IIR 시스템

$$y[n] = ay[n-1] + x[n] \quad \cdots\cdots (4.30)$$

이의 임펄스 응답은 $h[n]=a^n u[n]$로 주어지는데, 시간이 지나도 임펄스 입력에 대한 출력응답이 0으로 되지 않기 때문에 IIR 시스템이라 부른다.

이런한 IIR 시스템의 전달함수를 z-변환 표현으로 나타내도록 하자. 첫째, 식 (4.30)과 같이 IIR 시스템을 나타내는 차분 방정식이 주어진 경우에 전달함수 $H(z)$는 주파수 응답 $H(e^{jw})$과 마찬가지로 다음과 같이 임펄스 함수 $h[n]=a^n u[n]$의 z-변환으로 주어진다.

$$H(z)=\sum_{n=-\infty}^{\infty} h[n]z^{-n} \quad \cdots\cdots (4.31)$$
$$=\sum_{n=-\infty}^{\infty} a^n u[n]z^{-n}$$
$$=\frac{1}{1-az^{-1}}$$

둘째, 시간지연된 신호의 z-변환 성질을 이용하여 전달함수를 나타내면, 어떤 신호 $x[n]$의 z-변환을 $X(z)$라 할 때 샘플 지연시킨 $x[n-1]$의 z-변환은 다음과 같이 주어진다.

$$Z\{x[n-1]\}=z^{-1}X(z) \quad \cdots\cdots (4.32)$$

이를 이용하여 식 (4.30)의 양 변을 z-변환해보면

$$Y(z)=az^{-1}Y(z)+X(z) \quad \cdots\cdots (4.33)$$

따라서 [그림 4-3]의 IIR 시스템의 전달함수는 z-변환으로는 다음과 같다.

$$H(z)=\frac{Y(z)}{X(z)}=\frac{1}{1-az^{-1}} \quad \cdots\cdots (4.34)$$

시스템이 안정한 $|a|<1$ 인 경우에 시스템의 푸리에 변혼은 당연히 FIR 시스템과 마찬가지로 z대신에 e^{jw}를 대입하여 다음과 같이 된다는 것을 알 수 있다.

$$H(e^{jw}) = \frac{1}{1-ae^{-jw}} = \frac{1}{(1-a\cos w)-ja\sin w} \quad \cdots\cdots (4.35)$$

따라서 이 시스템의 주파수에 따른 크기 응답과 위상 응답은 다음 식과 같다.

$$|H(e^{jw})| = \frac{1}{\sqrt{(1-a\cos w)^2 + a^2\sin^2 w}} = \frac{1}{\sqrt{1+a^2-2a\cos w}} \quad \cdots\cdots (4.36)$$

$$\angle H(e^{jw}) = \arctan\frac{a\sin w}{1-a\cos w} \quad \cdots\cdots (4.37)$$

4.6 z 역변환

앞에서 이산시간 신호와 시스템의 z-변환에 대하여 알아보았다. 여기서는 반대로 어떤 신호나 시스템의 z-변환이 있을 때 이를 시간영역에서 표현하는 z 역변환에 대해 알아본다. 구체적인 예로 어떤 입력의 z-변환 $X(z)$와 시스템의 전달함수 $H(z)$가 주어졌을 때 출력을 $Y(z)=H(z)X(z)$의 식에 의하여 중첩합을 곱셈으로 대치한다고 앞에서 학습하였는데 이 때 출력을 구하기 위해서는 $Y(z)$를 역변환해야 한다. 또한 $H(z)$가 주어졌을 때 임펄스 응답을 구하기 위해서도 z 역변환이 필요하다 z 역변환을 구하는 방법에는 여러 가지가 있지만 그 중에서 가장 직접적인 방법은 복소수 이론으로부터 다음과 같이 유도할 수 있다.

$$x[n] = Z^{-1}\{X(z)\} = \frac{1}{2\pi j}\oint_c X(z)z^{n-1}dz \cdots\cdots (4.38)$$

여기서 C는 $X(z)$의 수렴영역 내에서 원점을 감싸는 반시계 방향의 폐곡선 적분경로를 나타낸다. 그러나 이와 같은 직접적인 방법은 실제로 적용하기에는 쉽지 않으므로 일반적으로 다음과 같은 부분 분수 전개 방법을 사용한다.

우선 4.3절에서 학습한 z-변환의 관계식을 이용해 역변환을 구하는 방법을 생각해 보자. 4.3절에서 인과 및 비인과 신호의 z-변환 내용을 정리하면 다음과 같다.

$$x[n] = a^n u[n] \leftrightarrow X(z) = \frac{1}{1-az^{-1}},\ |z| > a \cdots\cdots (4.39)$$

$$x[n] = a^n u[-n-1] \leftrightarrow X(z) = \frac{-1}{1-az^{-1}},\ |z| < a$$

유한한 길이의 신호인 경우 z^{-n}의 계수를 그대로 n번째 신호라 하면 된다. 위의 관계를 이용하여 다음의 z 역변환을 구해보자.

$$H(z) = \frac{1}{1-\frac{5}{6}z^{-1}+\frac{1}{6}z^{-2}} = \frac{1}{\left(1-\frac{1}{3}z^{-1}\right)\left(1-\frac{1}{2}z^{-1}\right)} \cdots\cdots (4.40)$$

위의 z-변환 관계를 이용하기 위해서는 우선 이를 다음과 같은 부분 분수합으로 나타내어야 한다.

$$H(z) = \frac{c_1}{1-\frac{1}{3}z^{-1}} + \frac{c_2}{1-\frac{1}{2}z^{-1}} \cdots\cdots (4.41)$$

이 식에서 각 계수 c_1, c_2는 z^{-1}을 변수로 보아 앞의 라플라스 변환에서와 똑같은 방법으로 다음과 같이 구한다.

$$c_1 = \left| \frac{1}{1-\frac{1}{2}z^{-1}} \right|_{z^{-1}=3} = -2 \quad \cdots\cdots (4.42)$$

$$c_2 = \left| \frac{1}{1-\frac{1}{3}z^{-1}} \right|_{z^{-1}=2} = 3 \quad \cdots\cdots (4.43)$$

따라서 $H(z)$는 다음과 같은 부분 분수합이 된다.

$$H(z) = \frac{3}{1-\frac{1}{2}z^{-1}} - \frac{2}{1-\frac{1}{3}z^{-1}} \quad \cdots\cdots (4.44)$$

이제 이의 역변환은 식 (4.38)이나 식 (4.39)를 이용하여 구할 수 있는 형태가 되었다. 주의할 점은 식 (4.40)에서와 같이 $H(z)$를 표현했을 때 수렴영역이 주어지지 않은 경우 인과, 비인과 신호인 경우 모두를 고려해야 하는 것이다. 대부분의 응용분야에서는 모두 인과 신호를 가정하고 하지만 특별한 경우 비인과 신호도 고려해야 한다. 즉, 식 (4.44)에서 첫째 항은 수렴영역의 반지름이 1/2보다 큰가 작은가에 의하여 다른 신호가 되고 둘째 항은 1/3을 기준으로 서로 다른 신호가 된다. 따라서 식 (4.44)의 역 z-변환은 다음과 같이 세 가지 가능성을 모두 고려해야 한다.

(1) $|z| > \frac{1}{2}$ 인 경우

$$h[n] = 3\left(\frac{1}{2}\right)^n u[n] - 2\left(\frac{1}{3}\right)^n u[n] \quad \cdots\cdots (4.45)$$

(2) $\frac{1}{3} < |z| < \frac{1}{2}$ 인 경우

$$h[n] = -3\left(\frac{1}{2}\right)^n u[-n-1] - 2\left(\frac{1}{3}\right)^n u[n] \quad \cdots\cdots (4.46)$$

(3) $|z| < \frac{1}{3}$ 인 경우

$$h[n] = -3\left(\frac{1}{2}\right)^n u[-n-1] + 2\left(\frac{1}{3}\right)^n u[-n-1] \quad \cdots\cdots (4.47)$$

4.7 z-변환을 이용한 선형시불변 시스템의 해석

4.7.1 전달함수의 특성과 관련된 이산시간 선형시불변 시스템의 특성

라플라스 변환과 마찬가지로 z-변환의 중요한 응용들 중 하나는 이산시간 선형시불변 시스템의 해석에 있다. 보다 구체적으로 이것의 역할은 4.4절에서 정리한 중첩합의 정의에서 직접 유도된다. 다시 말해서 선형시불변 시스템의 출력의 z-변환은

$$Y(z) = H(z)X(z) \quad \cdots\cdots (4.48)$$

와 같이 임펄스 응답의 z-변환인 전달함수 $H(z)$와 입력의 z-변환을 곱한 관계로 주어진다. 이 절에서는 복소평면상에서 전달함수의 특성과 관련되 선형시불변 시스템의 특성들을 정리하기로 한다.

전달함수의 특성과 관련된 이산시간 선형시불변 시스템의 특성

(1) 인과성을 갖는 시스템의 전달함수의 수렴영역은 원의 외부를 포함해야 한다.

(2) 선형시불변 시스템이 안정성을 갖기 위한 필요충분 조건은 전달함수의 수렴영역이 단위원을 포함하고 있는 것이다.

(3) 시스템이 안정성과 인과성을 모두 갖기 위한 필요충분 조건은 전달함수의 극점들이 모두 단위원 내부에 존재하는 것이다.

첫 번째 성질은 4.4절에서 정리한 z-변환의 수렴영역에서 이미 정리한 바 있다. 이 성질을 이용하면 전달함수가 유리함수로 표현되는 시스템이 인과성을 갖기 위해서는 수렴영역이 가장 큰 극점을 포함하는 원의 밖을 포함해야 함을 알 수 있다.

두 번째 성질은 다음과 같이 설명할 수 있다. 우선 시스템이 안정하기 위해서는 임펄스응답 $h[n]$이 절대합 가능해야 한다. 이 때 임펄스응답이 절대합 가능하다는 것은 이산시간 푸리에 변환이 존재한다는 것을 의미한다. 한편, z-변환의 입장에서 보았을 때 푸리변환이 존재하기 위해서는 그의 수렴영역이 단위원을 포함하고 이어야 한다. 따라서 이를 종합하면 시스템이 안정되기 위해서는 전달함수의 수렴영역이 단위원을 포함하고 있어야 함을 알 수 있다.

세 번째 성질은 첫 째와 둘째를 종합한 것인데, 그 이유를 정리해보면 다음과 같다. 우선 인과성을 갖기 위해서는 수렴영역이 가장 큰 극점을 포함하는 원의 밖을 포함해야 한다. 다음으로 안정성을 갖기 위해서는 수렴영역이 단위원을 포함해야 한다. 이 두 가지 성질을 종합하면, 가장 큰 극점이 단위원내에 존재해야 하고 그 극점을 기준으로 원밖의 평면이 단위원을 포함할 수 있게 된다. 따라서 모든 극점들이 단위원 내부에만 존재해야 해당 시스템이 인과성과 안정성을 동시에 가질 수 있다.

4.7.2 선형 상수계수 차분 방정식에 의해 특성화되는 선형시불변 시스템

z-변환도 푸리에 변환과 마찬가지로 선형 상수계수 차분방정식에 의해 결정되는 이산시간 선형시불변 시스템의 전달함수를 구하는데 직접 사용될 수 있다.

다음과 같은 형태의 일반적인 선형 상수계수 차분 방정식을 생각해보자.

$$\sum_{k=0}^{N} a_k y[n-k] = \sum_{k=0}^{M} b_k x[n-k] \quad \cdots\cdots (4.49)$$

이 식의 양변에 z-변환을 적용하고, 선형성과 시간지연 성질을 반복적으로 적용하면

$$\left(\sum_{k=0}^{N} a_k z^{-k}\right) Y(z) = \left(\sum_{k=0}^{M} b_k z^{-k}\right) X(z) \cdots\cdots\cdots\cdots (4.50)$$

또는

$$H(z) = \frac{Y(z)}{X(z)} = \frac{\sum_{k=0}^{M} b_k z^{-k}}{\sum_{k=0}^{N} a_k z^{-k}} \cdots\cdots\cdots\cdots (4.51)$$

식 (4.51) 을 얻을 수 있다. 그러므로 차분 방정식에 의해 특성화되는 시스템의 전달함수는

$$\sum_{k=0}^{M} b_k z^{-k} = 0 \cdots\cdots\cdots\cdots (4.52)$$

의 해에서 영점을 갖고,

$$\sum_{k=0}^{N} a_k z^{-k} = 0 \cdots\cdots\cdots\cdots (4.53)$$

의 해에서 극점을 갖는다. 식 (4.51)은 $H(z)$의 수렴영역을 따로 나타내지 않고 있기 때문에 시스템의 안정성 또는 인과성에 대한 지식 같은 부가적인 정보를 가지고 수렴영역을 추론할 수 있다. 예를 들면, 만약 시스템에 대해서 초기조건을 가정한다면, 시스템이 인과적일 때, 수렴영역은 가장 큰 극점을 포함하는 원의 밖을 포함하게 된다.

4.8 단방향 z-변환

라플라스 변환과 마찬가지로 우리가 지금까지 별도의 제한 없이 사용했던 "z-변환" 이라는 용어는 엄밀하게 말해서 "양방향 z-변환" 을 의미한다. 이 절에서는 초기정지조건을 만족하지 않는 인과적인 시스템을 해석할 때 유용하게 사용되는 "단방향 z-변환" 에 대해서 정리하기로 한다.

4.8.1 단방향 z-변환의 정의와 특성

이산시간 신호 $x[n]$의 단방향의 z-변환은 아래와 같이 정의된다.

$$X^{+}(z)=Z\{x[n]u[n]\}=\sum_{n=0}^{\infty}x[n]z^{-n} \quad \cdots\cdots (4.54)$$

식 (4.8)과 식 (4.54)를 차례대로 주어진 양방향과 단방향 z-변환들을 비교해 보면, 양방향의 z-변환은 $n=-\infty$에서 $n=+\infty$까지의 범위에서 모든 신호에 의존하지만 단방향 z-변환은 단지 $n=0$에서 ∞까지의 신호에만 의존하게 된다. 단방향 z-변환과 양방향 z-변환의 가장 큰 차이점은 단방향의 경우 수렴영역이 항상 원의 바깥쪽이기 때문에 따로 수렴영역이 표기되어 있지 않다는 것이다.

단방향 z-변환은 [표 4-1]의 양방향 z-변환의 성질을 대부분 만족하지만 시간 지연은 다음과 같이 다르게 나타난다.

$$\begin{aligned}Z\{x[n-n_0]u[n]\}&=\sum_{n=0}^{\infty}x[n-n_0]z^{-n}=\sum_{m=-n_0}^{\infty}x[m]z^{-(m+n_0)} \quad \cdots\cdots (4.55)\\&=\sum_{m=-n_0}^{-1}x[m]z^{-(m+n_0)}+\sum_{m=0}^{\infty}x[m]z^{-(m+n_0)}\\&=z^{-n_0}X^{+}(z)+x[-1]z^{1-n_0}+x[-2]z^{2-n_0}+\cdots+x[-n_0]\end{aligned}$$

따라서 0이 아닌 초기조건이나 변하는 입력을 가진 차분방정식의 해를 구하는데 유용하게 사용될 수 있다.

4.8.2 단방향 z-변환을 이용한 차분 방정식의 해법

단방향의 z-변환은 초기조건을 갖는 상수계수 차분방정식의 해를 구하는데 사용할 수 있다. 예를 들어 초기조건 $y[-1]$, $y[-2]$를 갖는 차분 방정식이 다음과 같이 주어질 때,

$$y[n]+a_1y[n-1]+a_2y[n-2]=x[n],\ n\geq 0 \cdots\cdots (4.56)$$

출력 신호를 단방향 z-변환을 사용해서 구해보기로 하자. 우선 식 (4.56)에 단방향 z-변환을 적용하기 위해서 식 (4.55)에 주어진 시간지연 신호의 단방향 z-변환인

$$y[n-1] \overset{UZ}{\leftrightarrow} z^{-1}Y^{+}(z)+y[-1] \cdots\cdots (4.57)$$

와 이것을 다시 한 번 지연한 결과인

$$y[n-2] \overset{UZ}{\leftrightarrow} z^{-2}Y^{+}(z)+z^{-1}y[-1]+y[-2] \cdots\cdots (4.58)$$

을 이용하면

$$Y^{+}(z)+a_1(z^{-1}Y^{+}(z)+y[-1])+a_2(z^{-2}Y^{+(z)}+z^{-1}y[-1]+y[-2])=X^{+}(z) \cdots\cdots (4.59)$$

를 얻을 수 있다. 여기에서 $Y^{+}(z)$는 $y[n]$의 단방향 z-변환을 의미한다. 식 (4.59)를

$Y^+(z)$에 대해서 정리하면

$$Y^+(z) = \frac{X^+(z)}{1+a_1z^{-1}+a_2z^{-2}} + \frac{\left(a_1y[-1]+a_2y[-2]+a_2y[-1]z^{-1}\right)}{1+a_1z^{-1}+a_2z^{-2}} \cdots\cdots\cdots\cdots (4.60)$$
$$= Y_{zs}^{+}(z) + Y_{zi}^{+}(z)$$

가 된다. 식 (4.60) 우변의 첫째 항은 입력 $X^+(z)$에 의해서만 형성되고 둘째 항은 초기조건에 의해서 나타남을 알 수 있다. 따라서 첫째 항 $Y_{zs}^{+}(z)$와 둘째 항 $Y_{zi}^{+}(z)$는 각각 시스템의 무상태응답과 무입력응답의 변환에 해당한다. 이와 같이 z-변환은 단순한 대수방정식을 통해 차분 방정식의 무상태응답과 무입력응답을 동시에 구할 수 있는 장점을 갖고 있다.

4.9 상태방정식과 z-변환

상태변수 이론은 어떤 이산시간 선형시불변 시스템이라도 여러개의 1차 차분방정식들로 표현할 수 있다는 것이고, 이 차분방정식을 상태방정식이라 한다. z-변환의 시간영역 시간지연 성질을 상태방정식에 적용하면 상태방정식이 z-변환 영역에서 대수방정식으로 표현된다.

다음과 같은 상태방정식으로 표현된 이산시간 선형시불변 시스템을 생각해 보기로 하자.

$$v[n+1] = Av[n] + bx[n] \cdots\cdots\cdots\cdots (4.61)$$
$$y[n] = cv[n] + dx[n]$$

식 (4.61)의 양변을 단방향의 z-변환하면

$$z(V(z) - v[0]) = A\,V(z) + bX(z) \cdots\cdots\cdots\cdots (4.62)$$

를 얻게 되고, 이것을 다시 정리하면

$$(zI-A)V(z)=zv[0]+bX(z) \cdots\cdots (4.63)$$

가 된다. 이 식의 양변 좌측에 $(zI+A)^{-1}$을 곱하면

$$V(z)=z(zI-A)^{-1}v[0]+(zI-A)^{-1}bX(z) \cdots\cdots (4.64)$$

를 얻을 수 있다. 또한 출력 방정식의 z-변환은 다음과 같다.

$$Y(z)=cV(z)+dX(z) \cdots\cdots (4.65)$$

식 (4.64)를 식 (4.65)에 대입하면

$$Y(z)=cz(zI-A)^{-1}v[0]+\left(c(zI-A)^{-1}b+d\right)X(z) \cdots\cdots (4.66)$$

을 얻는다. 여기에서 우변의 첫째 항은 입력이 없을 때의 무상태응답 성분을 나타내고, 둘째 항은 초기상태가 없을 때의 무입력응답 성분을 나타낸다.

$$v[n]=\Phi[n]v[0]+\sum_{k=0}^{n-1}\Phi[n-k-1]bx[k] \cdots\cdots (4.67)$$

식 (4.67)에서 우변의 항은 신호 $\Phi[n]=A^n$과 $bx[n]$의 중첩합을 의미하기 때문에 이 식의 z-변환은

$$V(z) = Z\{A^n\}v[0] + z^{-1}Z\{A^n\}bX(z) \cdots \cdots (4.68)$$

와 같이 구할 수 있고, 이 결과를 식 (4.64)의 결과와 비교하면

$$Z\{A^n\} = z(zI - A)^{-1} = \Phi(z) \cdots \cdots (4.69)$$

가 성립함을 알 수 있고, 여기에서 $\Phi(z)$는 상태전이행렬 A^n의 z-변환을 나타낸다. 식 (4.69)를 사용하면 매우 편리하게 A^n을 결정할 수 있다. 즉 행렬 $zI - A$를 구성한 후, $z(zI - A)^{-1}$의 z-역변환을 구한 결과가 A^n이 된다.

출력방정식의 z-변환인 식 (4.66)에서 초기조건이 없다고 가정하면

$$Y(z) = \left(c(zI - A)^{-1}b + d\right)X(z) \cdots \cdots (4.70)$$

가 되고, 따라서 이 시스템의 전달함수는

$$H(z) = c(zI - A)^{-1}b + d \cdots \cdots (4.71)$$

가 된다.

4.10 요약

4장은 이산시간 푸리에 변환을 일반화시켜서 모든 종류의 신호에 적용이 가능하게 한 z-변환이 갖고 있는 기본적인 성질과 응용에 관해 살펴보았다. 이산시간 푸리에 해석은 특정한 조건, 즉 절대합가능 성질을 만족시키는 신호에만 적용이 가능하고 그 이외의 신호에 대해서는 적용이 불가능하다는 단점을 갖고 있다. 이산시간 푸리에 변환과 마찬가지로 z-변환을 이용하여 선형시불변 시스템의 해석이

가능하고 추가적으로 단방향 z-변환을 사용하면 과도상태에서 시스템의 입출력에 대한 관계도 쉽게 나타낼 수 있는 장점이 있다.

4.10.1 z-변환의 역변환

양방향 z-변환 : $X(z) = Z\{x[n]\} = \sum_{n=-\infty}^{\infty} x[n]z^{-n}$

양방향 z-역변환 : $x[n] = Z^{-1}\{X(z)\} = \frac{1}{2\pi j}\oint_c X(z)z^{n-1}dz$

단방향 z-변환 : $X^{+}(z) = Z\{x[n]u[n]\} = \sum_{n=0}^{\infty} x[n]z^{-n}$

z-변환의 성질 : 주어진 이산시간 신호와 z-변환이 $x[n] \overset{Z}{\leftrightarrow} X(z)$와 $y[n] \overset{Z}{\leftrightarrow} Y(z)$를 만족하면 다음과 같은 관계가 성립.

※ 선형성 : $ax[n] + by[n] \overset{Z}{\leftrightarrow} aX(z) + bY(z)$

※ 시간지연 : $x[n-n_0] \overset{Z}{\leftrightarrow} z^{-n_0}X(z)$

※ 주파수이동 : $a^n x[n] \overset{Z}{\leftrightarrow} X\left(\frac{z}{a}\right)$

※ z 영역에서의 미분 : $nx[n] \overset{Z}{\leftrightarrow} -z\frac{dX(z)}{dz}$

※ 중첩합 : $x[n] \times y[n] = \sum_{k=-\infty}^{\infty} x[k]y[n-k] \overset{Z}{\leftrightarrow} X(z)Y(z)$

z-변환을 통한 선형시불변 시스템의 전달함수 :

※ N차 차분방정식 : $\sum_{k=0}^{N} a_k y[n-k] = \sum_{k=0}^{M} b_k x[n-k]$

※ 전달함수 : $H(z) = \frac{Y(z)}{X(z)} = \frac{\sum_{k=0}^{M} b_k z^{-k}}{\sum_{k=0}^{N} a_k z^{-k}}$

$$H(z) = \sum_{n=-\infty}^{\infty} h[n] z^{-n}$$

※ 안정성 : 1) 안정성과 인과성을 모두 갖는 시스템에서는 모든 극점이 단위원안에 위치.

2) 일반적인 시스템에서는 수렴영역이 단위원을 포함.

z-변환을 통한 시스템 표현 사이의 관계 :

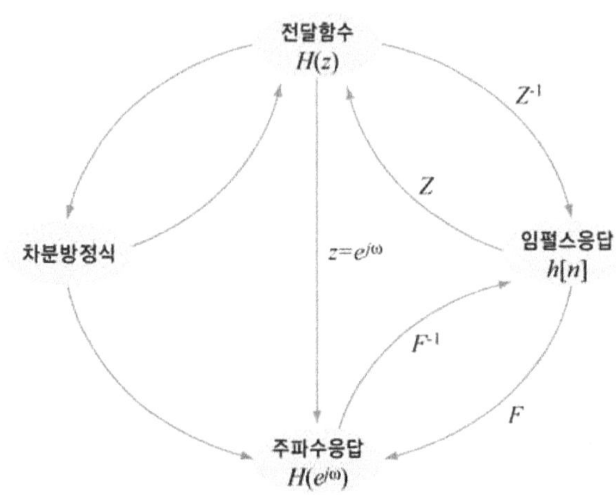

[그림 4-3] z-변환을 통한 시스템 표현 사이의 관계

5. 주파수 영역 분석

5.1 이산 푸리에 변환 (DFT)

5.1.1 개요

연속시간 신호를 샘플링하여 얻은 이산시간 신호를 푸리에 변환한 $X(e^{jw})$는 주기가 2π이고, 주파수에 대해 연속함수이다. 연속함수는 무수한 점들의 연속으로 이루어져 있으므로 모든 값을 나타내기에는 불가능하고 일정한 rksrrur으로 샘플링된 값을 취하게 된다. 따라서, 이산시간 신호를 컴퓨터를 이용해 푸리에 변환할 경우 주파수에 대해 이산함수인 이산 푸리에 변환(Discrctc Fouricr Transform)을 하게 된다. DFT를 이용하여 이산신호의 주파수 스펙트럼을 얻을 수 있고, 주파수 도면에서 필터 설계가 가능하여 선형 필터링, 상관 분석, 스펙트럼 분석 등에 사용된다.

5.1.2 이산 푸리에 변환의 정의

이산 푸리에 변환은 푸리에 급수에서 유도하는 방법과 푸리에 변환에서 유도하는 방법이 있다. 푸리에 변환에서 유도하는 것이 좀 더 쉬운 방법이므로, 본 서는 푸리에 변환에서 이산 푸리에 변환을 유도하도록 한다.

임의의 이산신호 $x(n)$의 푸리에 변환식은 주기 2π인 함수이며 식 (5.1)과 같이 표현된다.

$$X(e^{jw}) = \sum_{n=-\infty}^{\infty} x[n]e^{-jwn} \cdots\cdots\cdots\cdots (5.1)$$

여기서 이산신호 $x[n]$을 연속시간 아날로그 신호 $x(t)$의 유한 구간을 샘플링하여 얻은 N개의 유한수열로 간주하며 푸리에 변환은 식 (5.2)와 같이 나타낼 수 있다.

$$X(e^{jw}) = \sum_{n=0}^{N-1} x[n]e^{-jwn} \cdots\cdots (5.2)$$

여기서 $X(e^{jw})$dl 주기 2π인 주기함수임을 고려하여 $0 \le w \le 2\pi$인 한 주기 구간을 등간격으로 샘플링하면 아래의 수열을 얻게 된다.

$$X[k] = H(e^{jw}) \mid w = 2\pi k/N = \sum_{n=0}^{N-1} x[n]e^{-j\frac{2\pi kn}{N}} \cdots\cdots (5.3)$$

식 (5.3)에서 $N-$점 DFT를 식 (5.4)와 같이 정의한다.

$$X[k] = \sum_{n=0}^{N-1} x[n]e^{-j\frac{2\pi kn}{N}},\ 0 \le k \le N-1 \cdots\cdots (5.4)$$

$X[k]$는 이산신호 $x[n]$의 주파수 스펙트럼을 나타낸다.

역으로 이산신호의 스펙트럼 $X[k]$에서 이산수열 $x[n]$을 얻으려면 역 이산 푸리에 변환(IDFT)하면 된다.

$$x[n] = \frac{1}{N}\sum_{n=0}^{N-1} X[k]e^{j2\pi nk/N},\ 0 \le k \le N-1 \cdots\cdots (5.5)$$

DFT도 주기 2π(N샘플)인 주기함수임을 고려하여 위상인자 W_N을 다음과 같이 정의하여 사용한다.

$$W_N = e^{-j(2\pi/N)} \cdots\cdots (5.6)$$

식 (5.6)을 이용하여 DFT와 IDFT를 다음과 같이 표현할 수 있다.

$$X[k] = \sum_{n=0}^{N-1} x[n] W_N^{nk}, \quad 0 \le k \le N-1 \cdots\cdots (5.7)$$

$$x[n] = \frac{1}{N} \sum_{n=0}^{N-1} X[k] W_N^{-nk}, \quad 0 \le n \le N-1 \cdots\cdots (5.8)$$

[그림 5-1]은 유한 구간 이산신호 $x[n]$의 푸리에 변환과 이산 푸리에 변환의 관계를 보여주고 있다.

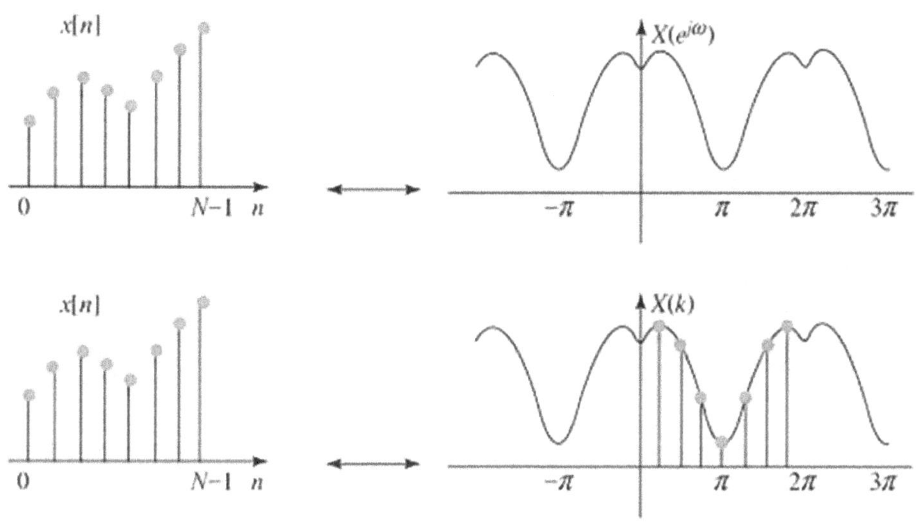

[그림 5-1] 푸리에 변환과 이산 푸리에 변화의 관계

5.1.3 이산 푸리에 변환의 계산량

8점 이산 푸리에 변환의 계산 과정을 보면,

$$X[k]=\sum_{n=0}^{7}x[n]W_N^{kn}$$

$$X[0]=\sum_{n=0}^{7}x[n]W_N^{0}=x[0]+x[1]+\cdots+x[7]$$

$$X[1]=\sum_{n=0}^{7}x[n]W_N^{n}=x[0]W_N^0+x[1]W_N^1+\cdots+x[7]W_N^7$$

$$X[2]=\sum_{n=0}^{7}x[n]W_N^{2n}=x[0]W_N^0+x[1]W_N^2+\cdots+x[7]W_N^{14}$$

$$\vdots$$

$$\vdots$$

$$X[7]=\sum_{n=0}^{7}x[n]W_N^{7n}=x[0]W_N^0+x[1]W_N^7+\cdots+x[7]W_N^{49}$$

여기서 위상인자 W_N은 다음 관계의 주기성을 갖는다.

$$W_N^{k+\in}=W_N^k \cdots\cdots\cdots\cdots\cdots\cdots (5.9)$$

식 (5.9)를 이용하면 W_N의 반복 계산을 줄일 수 있다.

8점 DFT 계산 과정에서 8×8번의 곱셈과 $8\times(8-1)$번의 덧셈이 요구됨을 볼 수 있다. 따라서 N점 DFT 계산에서는 N^2번의 곱셈과 $N\times(N-1)$번의 덧셈이 필요하기 때문에 N의 값이 커지면 많은 계산량이 문제가 됨을 알 수 있다.

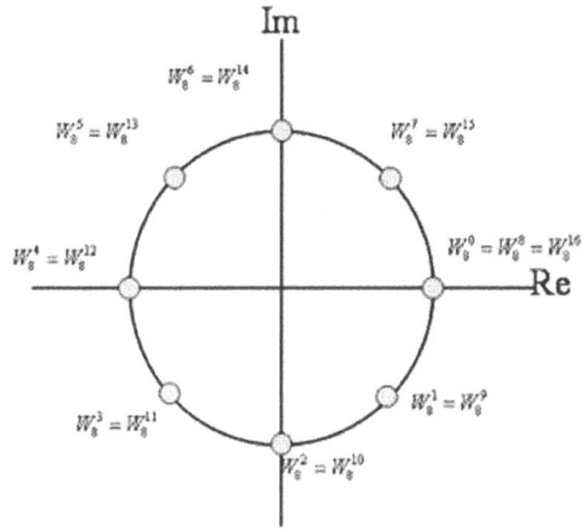

[그림 5-2] 위상인자의 주기성

5.2 고속 푸리에 변환 (FFT)

고속 푸리에 변환 (Fast Fourier Transform : FFT)은 위상인자 W_N^{kn}의 대칭성과 주기성을 이용하여 DFT의 계산량을 줄여 처리속도를 향상시킨 알고리즘으로 1965년 James Cooley와 John Tukey에 의해 처음으로 제안되었다. 이 알고리즘을 사용하면 곱셈은 $(N/2)\log_2 N$회, 덧셈은 $2\log_2 N$회로 급격히 줄어든다.

FFT 알고리즘은 위상인자의 곱셈이 있는 알고리즘과 위상인자의 곱셈이 없는 알고리즘으로 구분할 수 있다. 위상인자의 곱셈이 있는 알고리즘으로는 Cooley와 Tukey가 제안한 알고리즘이 대표적이고, 위상인자의 곱셈이 없는 알고리즘으로는 Prime factor 알고리즘과 winograd 알고리즘이 있다.

Cooley-Tukey FFT 알고리즘은 N점 길이에 수열을 작은 길이의 부수열로 연속적으로 분해하여 DFT 연산을 함으로서 연산량을 줄이는 방식으로 입력 수열 $x[n]$을 계속해서 작은 부수열로 분할하는 시간 분할 (Decimation In Time : DIT) 알고리즘과 주파수 수열 $X[k]$를 연속적으로 분할하는 주파수 분할 (Decimation In Frequency : DIF) 알고리즘이 있다.

시간 분할과 주파수 분할의 차이점은 입력 수열을 부수열로 분할하느냐, 주파수 수열을 분할하느냐의 차이이므로 본 서는 시간 분할에 대해서만 설명하기로 한다.

N점 데이터 수열 $x[n]$을 짝수 번째 수열 $x[2m+1]$로 분할한 후 2개의 부수열에 대한 $N/2$점 DFT를 실행하는 것을 시간 분할 FFT라 부른다.

이 때, 주어진 N점 데이터 수열은 2의 거듭제곱 ($N=2^r$: r은 양의 정수)으로 주어지고, $x[n]$ 수열은 주기 N인 주기 수열로 가정한다.

N점 DFT 정의식을 짝수 번째 수열과 홀수 번째 수열로 나누어 $N/2$점 DFT를 하면 다음 식과 같이 된다.

$$\begin{aligned} X(k) &= \sum_{n=0}^{N-1} x(n) W_N^{kn},\ k = 0, 1, 2, \cdots, N-1 \\ &= \sum_{n:even} x(n) W_N^{kn} + \sum_{n:odd} x(n) W_N^{kn} \\ &= \sum_{m=0}^{(N/2)-1} x(2m) W_N^{2mk} + \sum_{m=0}^{(N/2)-1} x(2m+1) W_N^{(2m+1)k} \end{aligned} \quad \cdots\cdots (5.10)$$

식 (5.10)을 위상인자의 주기성을 이용하면 다음 식을 얻을 수 있다.

$$X(k) = \sum_{m=0}^{(N/2)-1} x(2m) W_N^{2mk} + W_N^k \sum_{m=0}^{(N/2)-1} x(2m+1) W_N^{2mk} \quad \cdots\cdots (5.11)$$

여기서 식 (5.12)의 관계식을 이용하면 식 (5.13)을 얻을 수 있다.

$$W_N^2 = e^{-2j(2\pi/N)} = e^{-j2\pi/(N/2)} = W_{N/2} \quad \cdots\cdots (5.12)$$

$$X(k) = \sum_{m=0}^{(N/2)-1} x(2m) W_{N/2}^{mk} + W_N^k \sum_{m=0}^{(N/2)-1} x(2m+1) W_{N/2}^{mk} \quad \cdots\cdots (5.13)$$

식 (5.13)에서 짝수 번째 수열 $N/2$점과 홀수 번째 수열 $N/2$점의 부수열을 각각 $N/2$점 DFT하게 됨을 알 수 있다. 이제 식 (5.13)의 우변의 두 개 항을 식 (5.14)와 식 (5.15)와 같이 두면 식 (5.16)을 얻을 수 있다.

$$A(k) = \sum_{m=0}^{(N/2)-1} x(2m) W_{N/2}^{mk} \quad \cdots\cdots\cdots\cdots (5.14)$$

$$B(k) = \sum_{m=0}^{(N/2)-1} x(2m+1) W_{N/2}^{mk} \; k = 0, 1, 2, \cdots, (N/2)-1 \quad \cdots\cdots\cdots (5.15)$$

여기서 $A[k], B[k]$는 $N/2$ 주기를 갖는 주기 수열임을 알 수 있다.
식 (5.14)와 식 (5.15)를 이용하면 식 (5.13)은 아래와 같이 표현할 수 있다.

$$X(k) = A(k) + W_N^k B(k) \quad \cdots\cdots\cdots\cdots (5.16)$$

여기서 $N=8$일 때, 식 (5.16)을 이용하면 식 (5.17)의 관계식을 얻을 수 있다.

$$\begin{aligned}
&k=0, X(0) = A(0) + W_N^0 B(0) \\
&k=1, X(1) = A(1) + W_N^1 B(1) \\
&k=2, X(2) = A(2) + W_N^2 B(2) \\
&k=3, X(3) = A(3) + W_N^3 B(3) \\
&k=4, X(4) = A(4) + W_N^4 B(4) = A(0) + W_N^4 B(0) \\
&k=5, X(5) = A(5) + W_N^5 B(5) = A(1) + W_N^5 B(1) \\
&k=6, X(6) = A(6) + W_N^6 B(6) = A(2) + W_N^6 B(2) \quad \cdots\cdots\cdots (5.17) \\
&k=7, X(7) = A(7) + W_N^7 B(7) = A(0) + W_N^7 B(3)
\end{aligned}$$

식 (5.17)을 연산 흐름도로 표시하면 [그림 5-3]과 같이 표현할 수 있다. 여기서 입력 수열은 식 (5.14)와 식 (5.15)에 의해 홀수 번째 수열과 짝수 번째 수열로 나누어져 입력된다.

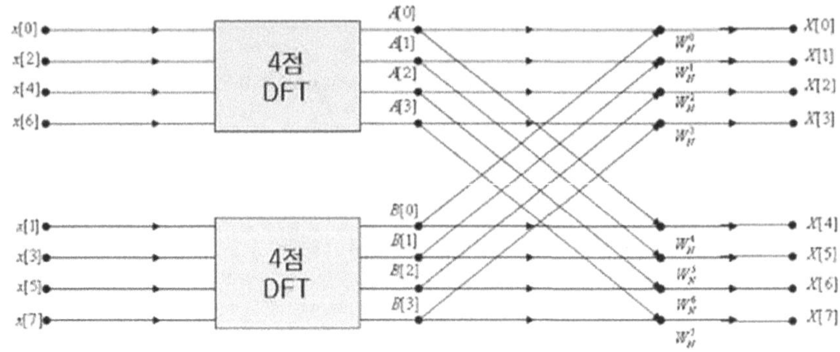

[그림 5-3] 연산 흐름도

한편, 식 (5.14)의 $A[k]$ 수열을 한 번 더 짝수 번째 수열과 홀수 번째 수열로 분리하여 $N/2$점 DFT하면 식 (5.18)과 같이 된다. 여기서 $x[2m] = a[m]$으로 두고 짝수 번째 수열은 $m = 2l$, 홀수 번째 수열은 $m = 2l + 1$로 두었다.

$$
\begin{aligned}
A(k) &= \sum_{m=0}^{(N/2)-1} a(m)\, W_{N/2}^{mk} \\
&= \sum_{l=0}^{(N/4)-1} a(2l)\, W_{N/2}^{2lk} + \sum_{l=0}^{(N/4)-1} a(2l+1)\, W_{N/2}^{(2l+1)k} \\
&= \sum_{l=0}^{(N/4)-1} a(2l)\, W_{N/4}^{lk} + W_{N/2}^{k} \sum_{l=0}^{(N/4)-1} a(2l+1)\, W_{N/4}^{lk} \quad \cdots\cdots (5.18)
\end{aligned}
$$

식 (5.18)에서 오른쪽 두 개의 항을 각각 식 (5.19)와 (5.20)으로 둔다.

$$V_{11}(k) = \sum_{l=0}^{(N/4)-1} a(2l)\, W_{N/4}^{lk} \quad \cdots\cdots (5.19)$$

$$V_{12}(k) = \sum_{l=0}^{(N/4)-1} a(2l+1)\, W_{N/4}^{lk} \quad \cdots\cdots (5.20)$$

따라서 식 (5.18)은 식 (5.21)과 같이 된다.

$$A(k) = V_{11}(k) + W_{N/2}^{k} V_{12}(k),\ k = 0, 1, \cdots, (\frac{N}{4}) - 1 \quad \cdots\cdots\cdots\cdots (5.21)$$

같은 방법으로 식 (5.15)의 $B[k]$의 수열에 대해서도 짝수 번째 수열과 홀수 번째 수열로 나누어 구분하면 식 (5.22), (5.23), (5.24), (5.25)를 얻을 수 있다.

$$\begin{aligned} B(k) &= \sum_{m=0}^{(N/2)-1} b(m) W_{N/2}^{mk} \\ &= \sum_{l=0}^{(N/4)-1} b(2l) W_{N/2}^{2lk} + \sum_{l=0}^{(N/4)-1} b(2l+1) W_{N/2}^{(2l+1)k} \\ &= \sum_{l=0}^{(N/4)-1} b(2l) W_{N/4}^{lk} + W_{N/2}^{k} \sum_{l=0}^{(N/4)-1} b(2l+1) W_{N/4}^{lk} \quad \cdots\cdots\cdots\cdots (5.22) \end{aligned}$$

$$V_{21}(k) = \sum_{l=0}^{(N/4)-1} b(2l) W_{N/4}^{lk} \quad \cdots\cdots\cdots\cdots (5.23)$$

$$V_{22}(k) = \sum_{l=0}^{(N/4)-1} b(2l+1) W_{N/4}^{lk} \quad \cdots\cdots\cdots\cdots (5.24)$$

$$B(k) = V_{21}(k) + W_{N/2}^{k} V_{22}(k),\ k = 0, 1, \cdots, (\frac{N}{4}) - 1 \quad \cdots\cdots\cdots\cdots (5.25)$$

식 (5.21)과 식 (5.25)에서 $(N/2)$점 DFT $A[k]$는 수열 $a[2l]$과 $a[2l+1]$의 $(N/4)$점 DFT를 결합하여 얻을 수 있으며, $(N/2)$점 DFT $B[k]$도 같은 방법으로 $b[2l]$과 $b[2l+1]$ 수열로부터 구해진다.

DFT의 연산 흐름도를 [그림 5-4]와 같이 나타낼 수 있다.

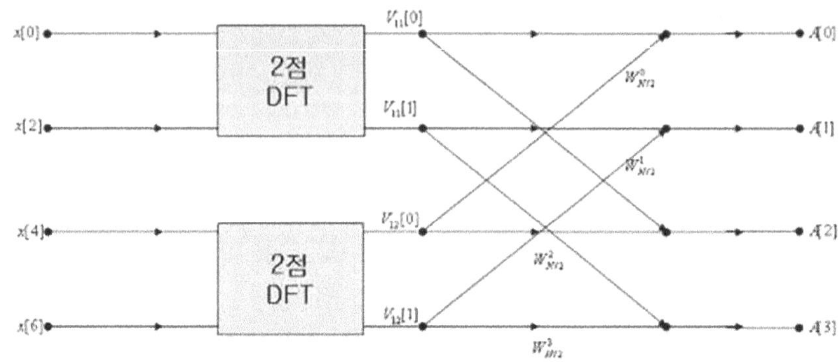

[그림 5-4] 2점 DFT의 연산 흐름도

마찬가지 방법으로 $B[k]$에 대해서도 [그림 5-4]의 형태를 얻을 수 있다. [그림 5-4]를 [그림 5-3]에 포함시켜서 다시 그리면 [그림 5-5]를 얻을 수 있다. [그림 5-5]에서는 $W_{N/2}W_N^2$을 사용하여 위상인자를 W_N의 거듭제곱으로 표시하였다.

아래는 [그림 5-5]의 2점 DFT 블록을 연산 흐름도로 표현하기 위해 나비선도를 사용한다. 먼저 주어진 수열 $x[n]$에서 $V_{11}[k]$를 얻기 위해 식 (5.19)를 $x[n]$으로 나타내면 식 (5.26)을 얻을 수 있다.

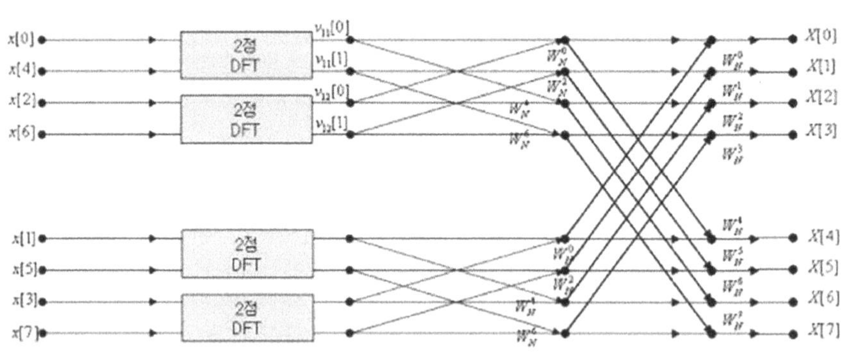

[그림 5-5] 2점 DFT에 의한 8점 FFT

$$V_{11}(k) = \sum_{l=0}^{(N/4)-1} a(2l)\, W_{N/4}^{lk}$$
$$= \sum_{l=0}^{(N/4)-1} x(4l)\, W_{N/4}^{k},\ k=0,1 \quad \cdots\cdots (5.26)$$

식 (5.26)에서 다음의 관계를 얻을 수 있다.

$$V_{11}(0) = \sum_{l=0}^{1} x(4l)\, W_{N/4}^{0}$$
$$= x(0)\, W_{N/4}^{0} + x(4)\, W_{N/4}^{0}$$
$$V_{11}(1) = \sum_{l=0}^{1} x(4l)\, W_{N/4}^{l}$$
$$= x(0)\, W_{N/4}^{0} + x(4)\, W_{N/4}^{l}$$

위의 두 식을 이용하여 나비선도를 그리면 [그림 5-6]과 같이 된다. 위상인자를 W_N의 거듭제곱으로 표시하였다.
같은 방법으로 $V_{12}[k]$에 대한 나비선도를 그릴 수 있다.

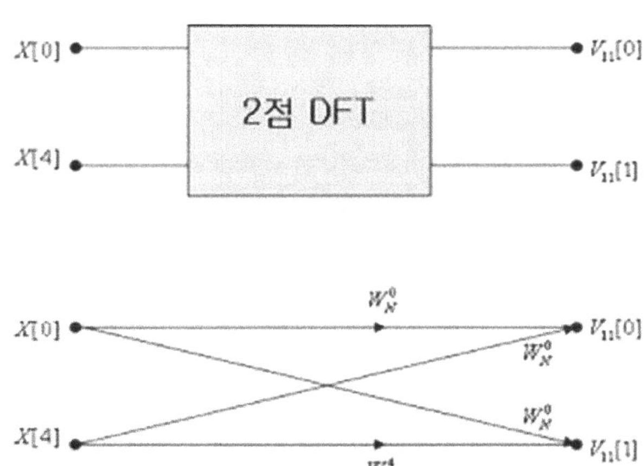

[그림 5-6] 나비선도

따라서 $V_{11}[k]$와 $V_{12}[k]$에 대한 나비선도를 [그림 5-5]에 포함시켜 그리고, 똑같은 방법으로 $B[k]$에 대해서 연산 흐름도를 그리면 최종적으로 [그림 5-7]과 같은 시간 분할 FFT의 연산 흐름도를 얻을 수 있다.

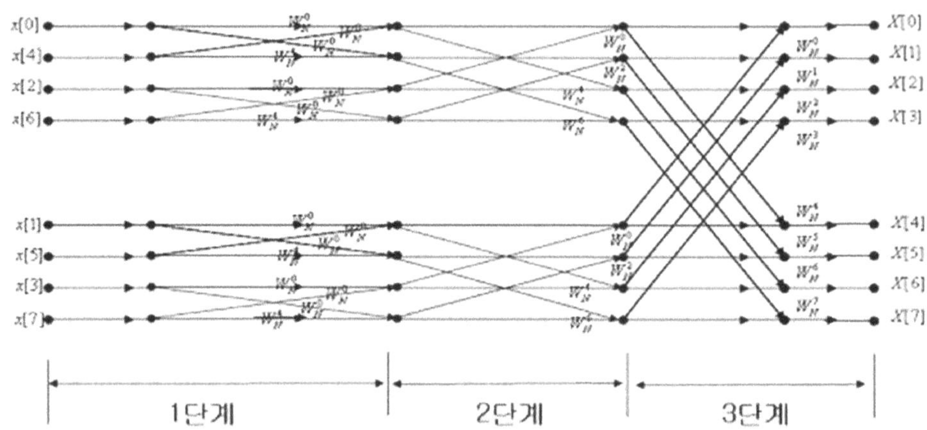

[그림 5-7] 시간분할 8점 FFT 연산 흐름도

한편 [그림 5-7]의 8점 FFT를 실행할 때 입력 수열의 순서가 데이터 수열의 순서와 다름을 알 수 있다.

따라서, FFT 실행 시 원래의 입력 데이터의 순서를 바꾸어 주어야 하는데, 이것은 데이터 수열이 저장된 이전 비트 주소를 역으로 바꾸어서 사용하면 된다. 이것을 역순서 비트라 한다.

[표 5-1]은 8점 FFT 실행 시 입력 데이터의 순서를 재배치하기 위한 비트의 역순서를 나타낸 것이다.

[표 5-1] 역순서 비트

입력 데이터	주소	역순서 비트	역순서 비트의 데이터
$x[0]$	000	000	$x[0]$
$x[1]$	001	100	$x[4]$
$x[2]$	010	010	$x[2]$
$x[3]$	011	110	$x[6]$
$x[4]$	100	001	$x[1]$
$x[5]$	101	101	$x[5]$
$x[6]$	110	011	$x[3]$
$x[7]$	111	111	$x[7]$

[그림 5-7]을 관찰하면 일반적으로 각 단계마다 $N/2$개의 나비선도가 존재한다는 것을 알 수 있다. 그런데 하나의 나비선도에는 1회의 곱셈이 필요하고, $N=2^r$이면 r단계가 존재한다. 따라서, 총 곱셈횟수는 $(N/2)\times r = N/2\times \log_2 N$ 이 됨을 알 수 있다. DFT의 경우 곱셈횟수는 N개의 결과를 얻는데 각각에 대해 N개의 곱셈이 필요하다. 따라서 N^2의 연산이 필요하다. 아래 [표 5-2]에 DFT와 FFT의 곱셈횟수에 대해 비교하였다.

[표 5-2] DFT와 FFT의 곱셈횟수의 비교

N점	DFT	FFT	연산 속도비
4	16	4	4
8	64	12	5.3
16	256	32	8
32	1,024	80	12.8
64	4,096	192	21.3
128	16,384	448	36.6
256	65,536	1,024	64
512	262,144	2,304	113.8
1024	1,048,576	5,120	204.8

5.3 영상의 주파수 영역 처리

영상의 에지 부분을 강조하든지, 잡음 성분을 억제하기 위해서는 영상 그 자체에 직접 처리하는 것보다는 영상을 푸리에 변환한 주파수 영역에서 처리하는 것이 효율적이다. 주파수 변환은 글로벌 연산(global operation)에 속한다. 글로벌 연산이란 하나의 출력 픽셀값을 계산하기 위해 모든 입력 픽셀의 값이 필요한 연산을 의미한다. 대표적인 글로벌 연산이 이번 절에서 다루는 푸리에 변환이다.

5.4 영상의 푸리에 변환

이 변환은 신호 처리 영역에서 잘 알려져 있다. 근본적으로 이산 푸리에 변환(discrete fourie transform)은 1차원의 경우와 다르지 않고 디지털 신호 처리 교과서에 설명되어 있다. [그림 5-8]은 푸리에 변환의 기본 개념을 그린 것이다.

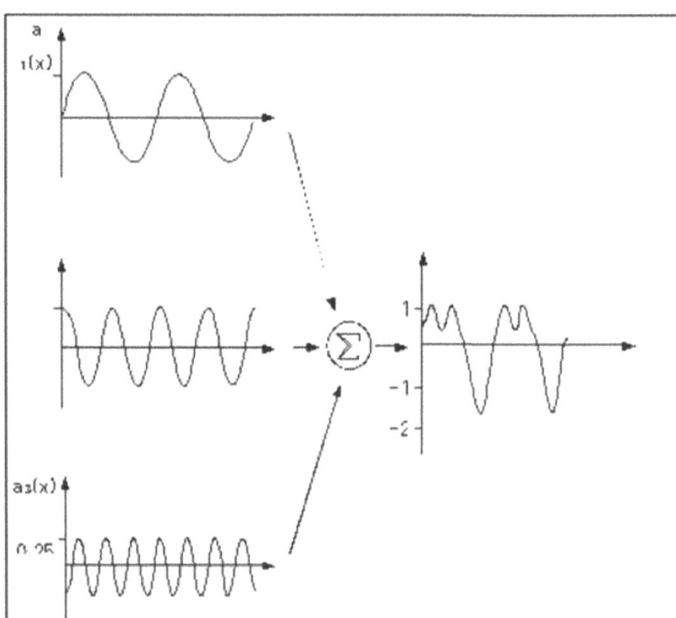

[그림 5-8] 비사인파 곡선을 3개의 사인파를 이용하여 합성하는 예

기본적인 개념은 사인파(sinusoidal signals)들을 합하여 비사인파(non-sin- usoidal signal)을 합성할 수 있고 또 반대 방향으로도 할 수 있다는 것이다. 푸리에 분석을 파형에 적용함으로써 그 파형을 이루는 각각의 사인파에 대한 정보를 얻을 수 있다. [그림 5-10]은 [그림 5-8]에서 합성된 신호와 푸리에 분석에 의해 생성된 공간 주파수 영역에서의 표현을 보여주고 있다.

일정한 주파수를 갖는 사인파는 같은 파형이 계속 되풀이되므로 파형의 진폭과 위상으로 완벽하게 사인파를 나타낼 수 있다.

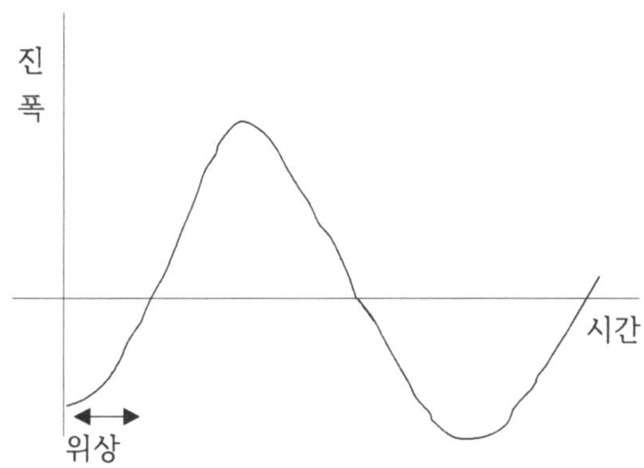

[그림 5-9] 사인파의 진폭과 위상

정리하면 일반적인 파형은 여러 개의 서로 다른 주파수를 갖는 사인파들의 집합으로 나타낼 수 있고 각각의 사인파는 주파수별로 진폭과 위상으로 나타낼 수 있다. 따라서 일반적인 신호는 각 주파수별 진폭과 위상으로 나타내는 것이 가능하다. 시간에 따라 변하는 신호를 주파수 영역으로 바꾸는 것을 다음과 같이 나타낼 수 있다.

푸리에 변환 $a(x) \rightarrow \alpha(f), \Theta(f)$

역푸리에 변환 $\alpha(f), \Theta(f) \rightarrow a(x)$

여기서 α와 Θ는 각각 진폭과 위상을 나타낸다. 1차원 신호를 푸리에 변환을 하면 [그림 5-10]과 같은 각 주파수 성분의 진폭과 위상이 생성된다.

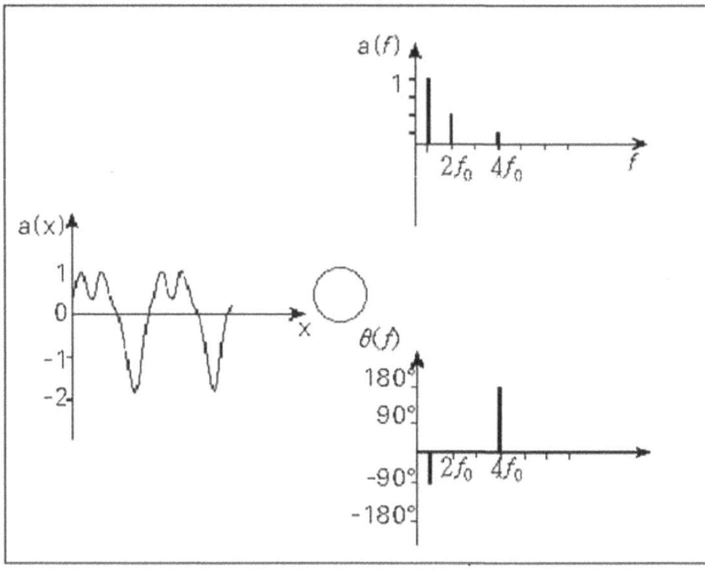

[그림 5-10] [그림 5-8]의 비사인파를 공간 영역과 공간 주파수 영역에서 표시한 예

[그림 5-10]은 주파수 영역에서는 비사인파의 사인파 성분 $f_0, 2f_0, 4f_0$을 보여주고 있다. [그림 5-8]과 [그림 5-10]은 연속적인 신호에 대한 것이다. 이산 신호의 경우(디지털 영상 같은) 푸리에 분석은 이산 푸리에 변환(Discrete Fourier Transform : DFT)에 의하여 수행된다.

푸리에 변환은 진폭과 위상을 동시에 표시해야 하므로 복소수를 사용하여 표시하면 편리하다. 복소수를 사용하면 진폭과 위상을 분리하지 않고 다루는 것이 가능해진다. 복소수는 실수부와 허수부로 이루어진 수를 말한다. 복소수는 다음과 같이 표기한다.

$$a + jb \quad (\text{단, } j = \sqrt{-1})$$

소수를 사용하면 푸리에 변환과 역 푸리에 변환을 다음과 같이 복소 함수 A로 나타내는 것이 가능해진다.

푸리에 변환 : $a(x) \rightarrow A(f)$
역푸리에 변환 : $A(f) \rightarrow a(x)$

연속적인 신호에 대한 푸리에 변환과 역 푸리에 변환은 다음 식에 의하여 이루어진다.

$$A(f) = \int_{-\infty}^{+\infty} a(x) e^{-\Omega\pi} dx \quad \cdots\cdots\cdots\cdots\cdots\cdots\cdots\cdots\cdots \quad (5.27)$$

$$a(x) = \int_{-\infty}^{+\infty} A(f) e^{-\Omega\pi} df \quad \cdots\cdots\cdots\cdots\cdots\cdots\cdots\cdots\cdots \quad (5.28)$$

그러나 우리가 취급하는 신호는 이산적인 디지털 신호이고 또 무한대의 범위가 영역으로 될 수 없다. 따라서 위의 식이 이산적인 경우에 맞도록 수정되어야 한다. 이산적인 디지털 신호를 대상으로 하는 푸리에 변환을 이산 푸리에 변환(DFT: Discrete Fourier Transform)이라고 한다.

5.5 영상의 DFT

지금부터는 약간의 수학을 사용하여 정식으로 DFT를 정의해 보자. 1차원 디지털 신호 $a(n)$에 관한 이산 푸리에 변환과 역이산 푸리에 변환은 다음과 같다.

$$A(k) = \frac{1}{N} \sum_{n=0}^{N-1} a(n) e^{\frac{-j2\pi kn}{N}} \quad \cdots\cdots\cdots\cdots\cdots\cdots\cdots\cdots \quad (5.29)$$

$$a(n) = \sum_{k=0}^{N-1} A(k) e^{\frac{j2\pi kn}{N}} \quad \cdots\cdots\cdots\cdots\cdots\cdots\cdots\cdots\cdots \quad (5.30)$$

여기에서 1차원 이산 신호의 갯수는 N개가 있다고 하자. k는 0에서 $N-1$까지의 정수값을 갖는다. 주의할 점은 푸리에 변환에서는 입력신호가 주기적인 신호인 것으로 가정된다는 점이다. 즉, $a(n)$은 주기가 N인 주기신호로 가정된다.

위의 수식에서 보면 적분기호가 합기호로 바뀌었음을 알 수 있다. 여기서 e^{jx}는 오일러 공식에 의해 다음과 같이 정의된다.

$$e^{jx} = \cos x + j\sin x$$

위의 오일러 공식을 이용하면 식 (5.29)이 삼각함수와 입력 신호값의 곱셈을 모든 신호에 대해 더한 형태가 되므로 계산이 가능하다. 따라서 컴퓨터를 이용하여 계산할 수 있지만 상당히 시간이 걸린다. 계산 시간을 줄이기 위해 FFT(Fast Fourier Transform)이 등장하게 되었다. FFT는 데이터의 갯수가 2의 제곱일 때 계산량을 줄일 수 있다. FFT를 구현하는 프로그램은 이장의 뒷부분에 실려 있다. 또 푸리에 변환이 분리 가능한(separable) 연산이기 때문에 1차원 FFT를 수평과 수직으로 2번 실행하여 2차원 FFT를 얻을 수 있다.

지금부터는 푸리에 변환의 기본 원리를 자세한 예를 통하여 설명해 보자.
[그림 5-11]에서는 DFT의 응용을 실제 입력 신호 중에서 8개의 표본 주기를 가지는 간단한 예로 설명해 보자. (신호가 허수 부분의 성분을 가지지 않음을 의미하고 입력 신호가 실제 신호인 경우 허수 성분이 존재하지 않는다.)

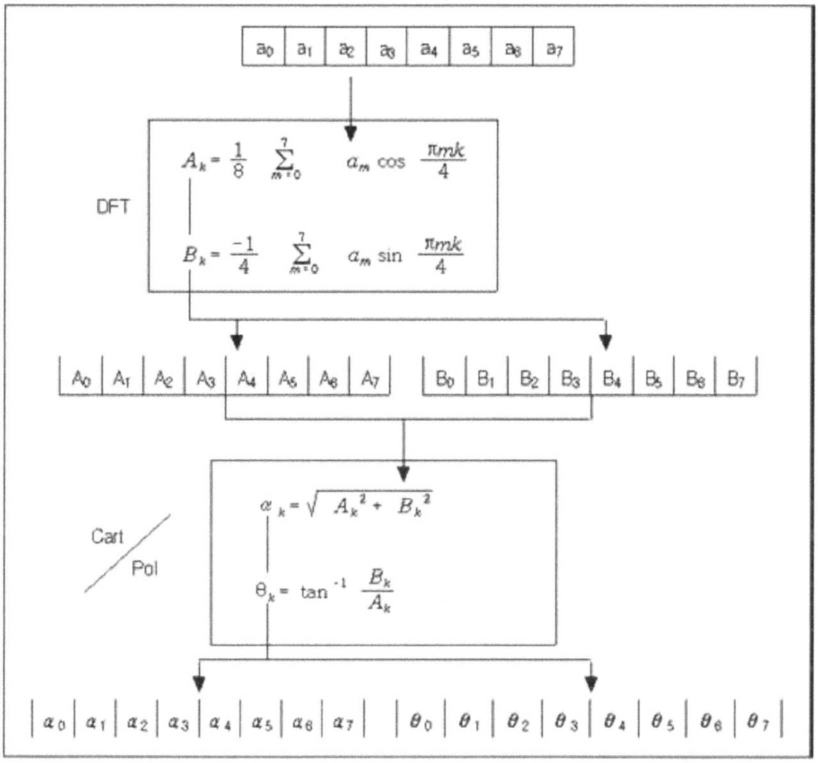

[그림 5-11] 8개의 샘플로 이루어진 입력 신호에 대한 DFT 알고리즘의 개요

DFT는 주파수 스펙트럼의 카테시안 표현을 생성한다.

실수 부분은 $A_0, A_1, \ldots, A_7$, 허수 부분은 $B_0, B_1, \ldots, B_7$으로 표시된다. 카테시안 표현은 컴퓨터에게는 편리한 방법이나 인간에게는 보기 쉬운 표현법은 아니다. 따라서 극좌표 표현으로 바꾸면 크기와 위상으로 표현된다. $\alpha_0, \alpha_1, \ldots, \alpha_7$는 크기를 나타내고 $\theta_0, \theta_1, \ldots, \theta_7$은 위상이다. 위상의 부호는 [그림 5-12]에 정의되어 있다.

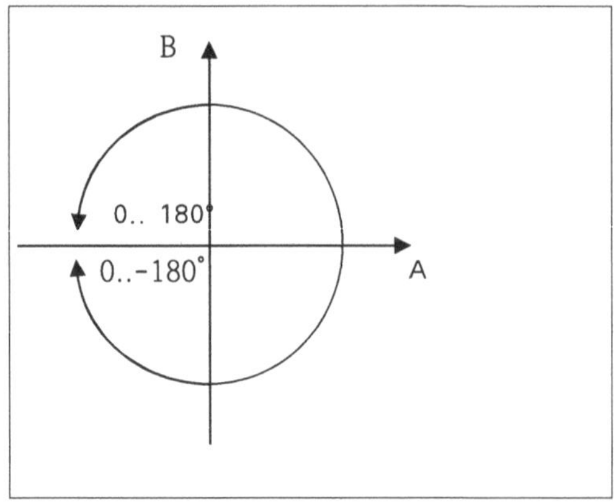

[그림 5-12] 위상의 정의

[그림 5-13]은 사인파에서 추출된 8개의 샘플에 DFT를 적용한 것을 나타낸다. 이 예제에서는 손으로만 계산해도 쉽다. [그림 5-10]에 따르면 스펙트럼은 신호 자체가 사인파이므로 크기가 1인 하나의 피크로만 이루어져 있어야 한다. 그러나 실제 스펙트럼은 각각의 크기가 0.5인 2개의 피크로 이루어져 있다. 그 이유는 무엇일까?

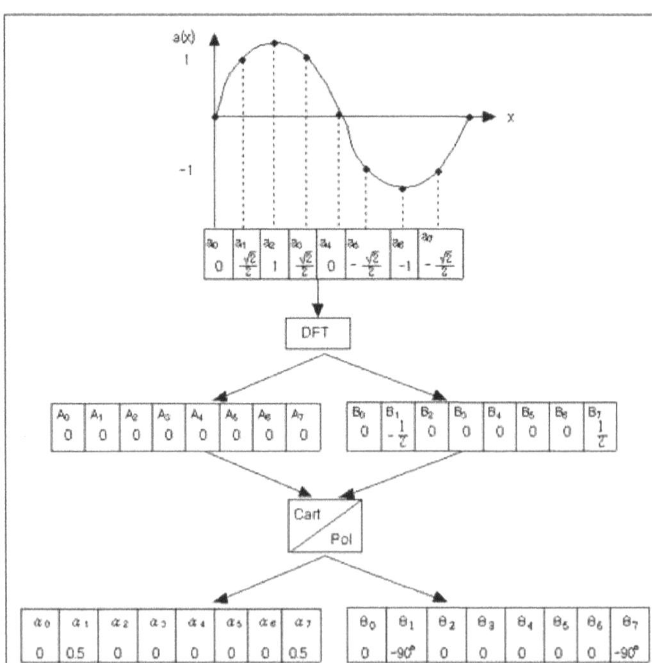

[그림 5-13] 알고리즘을 따른 간단한 예제

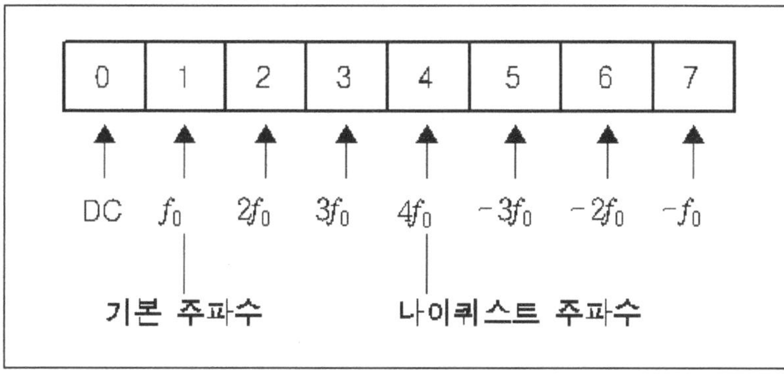

[그림 5-14] DFT 계수의 순서

8개의 샘플인 것만 제외하면 DFT의 계수 순서 구조는 일반적인 DFT에 대해서도 유효하다. 처음에는 DFT에 의해 만들어진 계수들이 이상한 방식으로 정렬되어 있는 것처럼 보인다. 이런 정렬은 특별한 중요성은 없다. 이는 DFT의 정의에 의해 나타난 것이고 그것에 익숙해지면 된다.

직류 성분 계수는 샘플 신호의 한 주기 $a_0, a_1, \ldots, a_7$의 평균값을 의미한다. 기초 주파수(fundamental frequency)는 주기($f_0 = 1/T$)의 역수이고 따라서 DFT가 생성하는 가장 낮은 주파수이다. 다른 성분은 f_0의 정수배로서 하모닉(har- monic)이라고 불린다. 나이퀴스트 주파수(Nyquist frequency)는 가장 높은 주파수이다(이 예제에서는 $4f_0$).

5.6 영상의 DFT 구현

영상 내에 픽셀 번호를 [그림 5-15]의 (a)와 같이 좌측 상단을 (0, 0)이라고 하고 푸리에 변환하여 보면, [그림 5-15]의 (b)와 같이 $(M,0)\,(0,N),(M,N)$ 번째의 공간 주파수의 섬을 중심으로한 내칭 성분이 발생된다. 즉 4개의 꼭지짐 부분에 저주파 성분이 분포하며, 고주파 성분은 중심에 존재한다. 이런 구조로 주파수 영역에서 필터 처리를 하는 것은 불편하므로 주파수 4분 면을 이동하여 [그림 5-15]의 (c)와 같이 순서를 바꾼다. 이것을 샤플링(shuffling)이라고 한다.

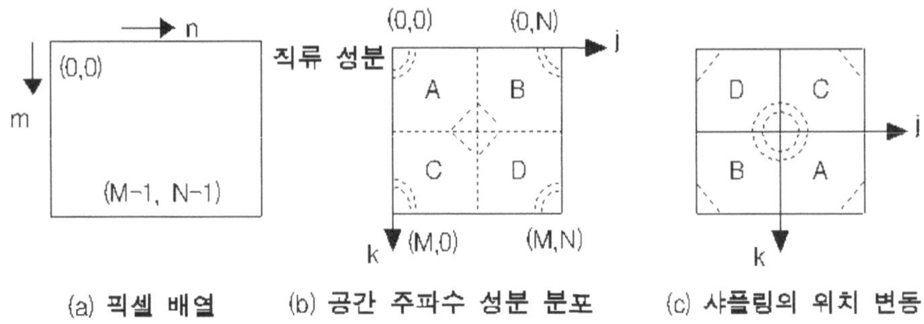

[그림 5-15] 2차원 이산 푸리에 변환

다음은 Fast Fourier Transform과 로우패스 필터, 하이패스 필터를 구현하는 프로그램이다. Fast Fourier Transform 함수에서 Forward가 0이면 역변환을 수행한다. 다음은 fft( ) 함수의 인수에 대한 설명이다.

```
Forward:  순방향 변환인지 역방향인지를 나타낸다.
Size:     벡터의 크기
VecRe:    벡터의 실수부
Veclm:    벡터의 허수부

void fft (Forward, Size, VecRe, Veclm)
int  Forward, Size;
float * VecRe, * VecIm;
{
   intLenHalf, Stage, But, ButHalf, i,j,k, ip, pot2;
   float ArcRe,Arclm, dArcRe,dArclm, ReBuf,lmBuf, ArcBuf;
   double Arc;

   pot2= 0;
   while(Size != (1 << pot2)) pot2++;
   LenHalf = Size >> 1
   j = 1;
```

```
for (i=1; i<Size; i++){
  if (i<j) (
    ReBuf = VecRe[j-1];
    ImBuf = VecIm[j-1];
    VecRe[j-1]=VecRe[i-1];
    VecIm[j-1]=VecIm[i-1];
    VecRe[i-1]=ReBuf;
    VecIm[i-1]=ImBuf;
  }
  k = LenHalf;
  while (k<j) {
    j -= k; k = k » 1;
  }
  j += k;
}
for (Stage=1; stage<=pot2; Stage++) {
  But = 1 << Stage;
  ButHalf = But » 1;
  ArcRe = (float)1;
  ArcIm = (float)0;
  Arc = (double) (PI/ButHalf);
  dArcRe = (float) cos(Arc);
  dArcIm = (float) sin(Are);
  if (Farward) dArcIm = -dArcIm;
  for (j=1; j<=ButHalf; j++)
    i = j;
    while (i<=Size) (
     ip = i + ButHalf;
     ReBuf = VecRe[ip-1]*ArcRe - VecIm[ip-1]*ArcIm;
     ImBuf = VecRe[ip-1]*ArcIm - VecIm[ip-1]*ArcRe;
     VecRetip-1) = VecRe[i-1]-ReBuf;
     VecImLip-1J = VecIm[i-1]-ImBuf;
     VecReti-1l = VecRe[i-1]+ReBuf;
     VecIm(i-13 = VecIm[i-1]+ImBuf;
     i += But;
```

```
        }
        ArcBuf=ArcRe;
        ArcRe=ArcRe *dArcRe-ArcIm*dArcIm;
        ArcIm=ArcBuf*dArcIm+ArcIm*dArcRe;
  } }
  if (Forward){
     for (j=1; j<=Size; j++) {
        VecRe[j-1] /= Size;
        VecIm[j-1] /= Size;
     }
  }
}
```

위의 프로그램에서 Size는 2의 배수여야 한다. 그리고 영상은 정사각형 영상이어야 한다. FFT알고리즘은 in-place로 동작하기 때문에 입력과 출력의 구분이 필요없다. 다음 프로그램은 앞의 fft( )를 이용하여 영상의 푸리에 변환을 얻는 프로그램이다.

```
Forward:        순방향 변환인지 역방향인지를 나타낸다.
ImSize:         영상의 크기
Reallm:         영상의 실수부
Imaglm:         영상의 허수부(입력 영상의 경우에는 0임)

void TransIm (Forward, ImSize, ReaLIm, ImagIm)
int Forward, ImSize;
float ** ReaLIm;
float ** ImagIn;
{
        int   r,c;
        float *VecRe;
        float *VecIm;
```

```
    VecRe = (float *) malloc (ImSize*sizeof(float));
    VecIm = (float *) malloc (ImSize*sizeof(float));

    for (r=0; r<ImSize; r++){
        for (c=0; c<ImSize; c++){
            VecRe[c] = RealIm[r][c];
            VecIm[c] = ImagIm[r][c];
        }
        fft (Forward, ImSize, VecRe, VecIm);
        for (c=0; c<ImSize; c++){
            RealIm[r][c] = VecRe[c];
            ImagIm[r][c] = VecIm[c];
        }
    }
    for (c=0; c<ImSize; c++) (
        for (r=0; r<ImSize; r++) (
            VecRe[r] = RealIm[r][c];
            VecIm[r] = ImagIm[r][c];
        }
        fft (Forward, ImSize, VecRe, VecIm);
        for (r=0; r<ImSize; r++){
            RealIm[r][c] = VecRe[r];
            ImagIm[r][c] = VecIm[r];
        }
    }
    free(VecRe);
    free(VecIm);
}
```

위의 프로시저는 먼저 VecRe와 VecIm 배열에 메모리를 할당한다. 이들은 행과 열 버퍼의 역할을 한다. 먼저 행에 대해서 변환을 시작한다. 현재 행의 인덱스는 r이다. 준비단계에서 VecRe과 VecIm 버퍼에 현재 행의 명도로 채워진다. fft( )를 호출한 다음 변환 결과는 FFT가 in-place로 진행되기 때문에 동일한 버퍼에 저장된다. 마지막 단계에서 변환 결과는 입력 영상 버퍼에 다시 기록된다. 열에 대해서도 비슷한 방식으로 진행된다.

(a) 사인파의 푸리에 변환

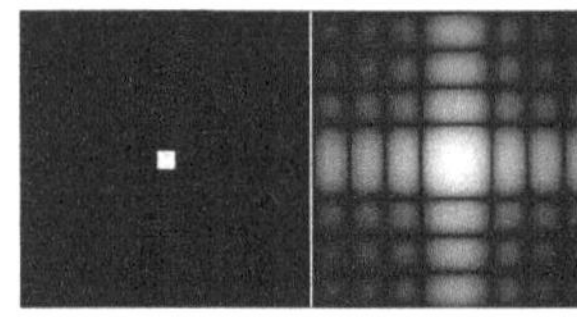

(b) 사각형의 푸리에 변환

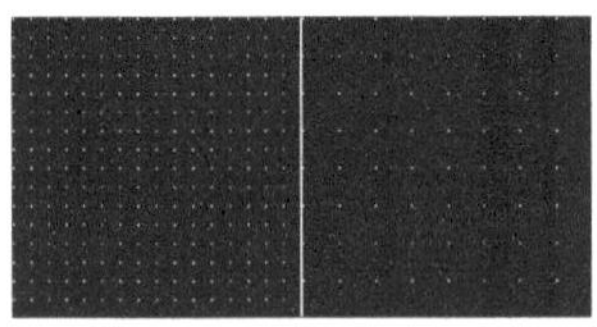

(c) 충격 잡음의 푸리에 변환

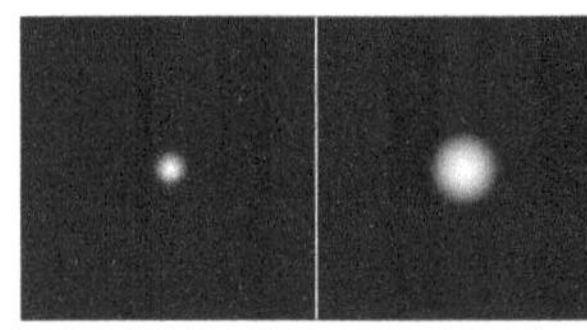

(d) 가우시안의 푸리에 변환

(e) 바코드 영상의 푸리에 변환

[그림 5-9] 푸리에 변환의 예

5.7 푸리에 변환을 이용한 주파수 필터링

스펙트럼의 전형적인 조작은 고주파 억제나 저주파 억제이다. 이 연산들은 다음 프로그램을 이용하여 구현될 수 있다. 공간 고주파 억제는 원점을 중심으로 하는 원의 바깥에 있는 스펙트럼 실수부나 허수부를 0으로 만듦으로서 가능하다. 공간 저주파 억제는 반대 절차에 의해 수행된다. 로우 패스(LowPass)와 하이 패스(HighPass) 함수의 인수에 대한 설명은 다음과 같다.

```
Rad:    조작 영역의 반지름
ImSize:   영상의 크기
Image: 조작되는 스펙트럼의 부분을 나타내는 배열(실수부나 허수부)

void LowPass (Rad, ImSize, Image)
int  Rad, ImSize;
float ** Image;
{
  int r,c, Bot,Up;
  long rr,cc;

  Bot = ImSize/2 -1;
  Up = ImSize/2 +l;
  for (r=-Bot; r<Up; r++)
  for (c=-Bot; c<Up; c++)
    if (Rad < (int) sqrt ((double) r*r+c*c))
      Image [r+Bot][c+Bot] = (float)0;
}
```

(a) 원 영상　　(b) 원 영상의 스펙트럼　　(c) 필터의 스펙트럼

(d) 로우패스 필터를 거친 스펙트럼 (e) 역변환을 통해 얻은 영상

[그림 5-10] 로우 패스 필터의 예

```
void HighPass (Rad, ImSize, Image)
int   Rad, ImSize;
float ** Image;
{
        int r,c, Bot,Up;
        long rr,cc;

        Bot = ImSize/2 -1;
        Up = ImSize/2 +1;
        for (r=-Bot; r<Up; r++)
                for (c=-Bot; c<Up; c++)
                        if (Rad > (int) sqrt ((double) r*r+c*c))
                                Image [r+Bot] [c+Bot] = (float)0;
}
```

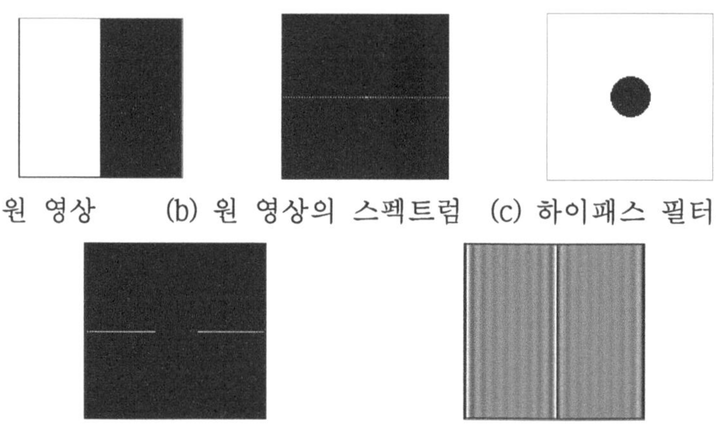

(a) 원 영상 (b) 원 영상의 스펙트럼 (c) 하이패스 필터의 스펙트럼

(d) 하이패스 필터를 거친 스펙트럼 (e) 역변환을 통해 얻은 영상

[그림 5-11] 하이 패스 필터의 예

6. 필터링

6.1 개요

화소의 영역 처리는 출력 영상의 새로운 화소 값을 결정하려고 해당 화소는 물론 그 주위 화소도 함께 고려하는 공간 영역의 연산으로, 평활화, 샤프닝, 에지 검출, 잡음제거 등에 사용된다. 또한 회선이나 컨벌루션 처리로돈 수행된다. 필터를 이요한 영상처리는 화소의 영역 처리에 해당하며, 당연히 컨벌루션으로 수행된다. 9장에서는 영상을 처리하는 필터와 회선이 무엇인지 좀 더 자세히 알아보도록 한다.

6.1.1 필터

컴퓨터는 시스템 중 사람과 가장 친근한 시스템이다. 키보드로 명령을 입력하면 컴퓨터에서는 이 입력 신호를 사용자가 원하는 신호로 가공한다. 그런 뒤 가공한 신호를 모니터나 프린터 등의 출력장치로 출력한다. 모든 시스템의 경로는 가은데, 시스템을 일련의 입력 신호를 처리하여 또 다른 일련의 출력 신호를 만들어 내는 실체로 정의할 수 있다. [그림 6-1]은 입력 x[n]이 시스템 h[n]을 이용하여 출력 y[n]으로 변환되는 것을 나타낸다.

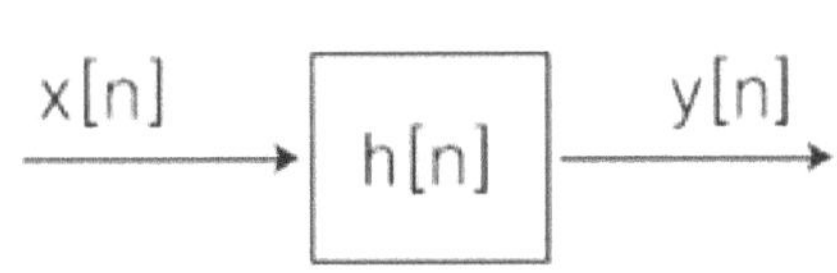

[그림 6-1] 시스템의 개념

시스템의 종류는 다양하다. 우선, 사용되는 신호의 형태에 따라 아날로그 시스템과 디지털 시스템으로 분류할 수 있다. 영상처리는 디지털 신호만 처리하므로 디지털 시스템만 고려한다. 시스템의 성격에 따라 그 종류가 다양한데, 시스템을 설계하는데 가장 적합한 것은 선형 시불변 시스템(LTI)이다. 이는 선형이라는 특성과 시간에 따라 변하지 않는다는 특징을 만족하는 시스템이다.

우리가 관심을 가져야 할 필터는 입력되는 신호의 일부 성분을 제거하거나 일부 특성을 변경하려고 설계된 하나의 시스템이다. 필터는 두 종류로 분류된다. 첫 번째 필터의 길이가 하정된 유한임펄스응답 (FIR, Finite Impulse Response) 필터다. 또 다른 하나는 필터의 길이가 무한정한 무한임펄스응답 (IIR, Infinite Impulse Response) 필터다. FIR 필터는 필터를 설계하기가 쉽고, 이를 이용하여 신호도 쉽게 처리할 수 있는 장점이 있다. 반면, IIR 필터는 설계하기가 어렵고 이를 처리하는 것도 힘드나, 필터의 특성은 더 우수하다. 디지털 영상처리에서는 효과적인 필터링의 특성을 만족하면서 선형 시불변 시스템의 특성도 만족하는 FIR 필터를 많이 사용한다.

6.1.2 컨벌루션

임의의 디지털 신호 x[n]이 선형 시불변 시스템인 FIR 필터에 입력되어 원하는 출력 y[n]을 만드는 과정을 생각해 보자. 값 세 개의 평균을 구하는 입, 출력 관계식은 다음과 같이 표현된다.

$$y[n] = \frac{1}{3}(x[n] + x[n-1] + x[n-2]) \quad \cdots\cdots\cdots\cdots (6.1)$$

[표 6-1]은 주어진 입력 x[n]에서 출력 y[n]을 구하는 과정을, [그림 9-2]는 x[n]과 y[n]을 나타낸다.

[표 6-1] 값 세 개에서 평균을 구하는 과정

n	···	-2	-1	0	1	2	3	4	5	6	7	···
x[n]	0	0	0	2	4	6	4	2	0	0	0	0
y[n]	0	0	0	2/3	2	4	14/3	4	2	2/3	0	0

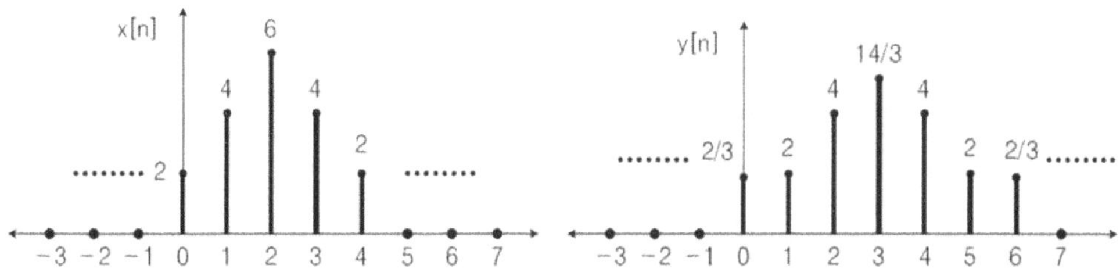

[그림 6-2] 입력 x[n]과 출력 y[n]

이 과정에서 출력을 얻으려고 사용한 선형 시불변 시스템 FIR 필터는 다음과 같이 표현된다. [그림 6-3]은 이를 그림으로 표현한 것이다.

$$h[n] = \frac{1}{3}\delta[n] + \frac{1}{3}\delta[n-1] + \frac{1}{3}\delta[n-2] \quad \cdots\cdots\cdots (6.2)$$

여기서 $\delta[n] = \begin{cases} 1, n=0 \\ 0, n \neq 0 \end{cases}$ 으로 정의 된다.

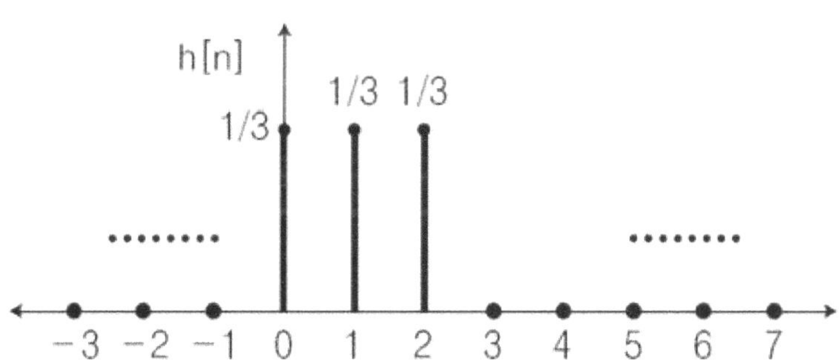

[그림 6-3] FIR 필터의 h[n]

[그림 6-2]와 [그림 6-3]의 입력 x[n]과 FIR필터 h[n]과의 관계에서 다음과 같은 출력 y[n]을 얻을 수 있다.

$$y[n] = \sum_{k=0}^{M} h[k]x[n-k] \quad \cdots\cdots \quad (6.3)$$

여기서 M은 필터의 길이를 나타내는데, 현재 사용되는 필터의 길이는 2다. 이 식을 컨벌루션이라고 한다. 이것은 선형 시불변 시스템에 입력되는 신호가 어ㄸ ㄴ 신호를 출력하는지 결정한다.

6.1.3 회선 처리를 이용한 영상의 필터링

영상처리는 가로 방향과 세로 방향의 처리가 필요한 2차원 처리임을 이미 앞에서 설명한 바 있다. 필터링을 이용한 디지털 영상처리는 2차원의 컨벌루션을 수행하게 된다.

영상의 공간 필터링은 다음과 같이 크기가 $M \times N$인 FIR 필터 마스크 h[x, y]와 크기가 $M \times N$인 영상 간에 2차원 컨벌루션을 수행하는 것이다.

$$y[x, y] = \sum_{k=0}^{M} \sum_{l=0}^{N} h[k, l]x[x-k, y-l] \quad \cdots\cdots \quad (6.4)$$

이 때, 사용되는 필터 마스크를 컨벌루션 마스크 또는 회선 마스크라고 한다.

$N \times M$ 회선 마스크는 폭이 N이고 서로 직교하는 1차언 마스크 두 개를 곱하여 생성된다. FIR 필터의 계수가 [1 -2 1]이라고 가정하면, 다음과 같이 3×3의 2차원 회선 마스크를 생성할 수 있다.

$$\begin{bmatrix} 1 & 0 & 1 \\ -2 & 0 & 0 \\ 1 & 0 & 0 \end{bmatrix} \begin{bmatrix} 1 & -2 & 1 \\ 0 & 0 & 0 \\ 0 & 0 & 0 \end{bmatrix} = \begin{bmatrix} 1 & -2 & 1 \\ -2 & 4 & -2 \\ 1 & -2 & 1 \end{bmatrix}$$

실제적인 영상처리에서 수행되는 회선 처리는 이웃 화소 각각에 회선 마스크의 가중치를 곱하여 더한 값으로 현재 화소를 변경하는 것이다. [그림 6-4]가 이 과정을 나타낸다.

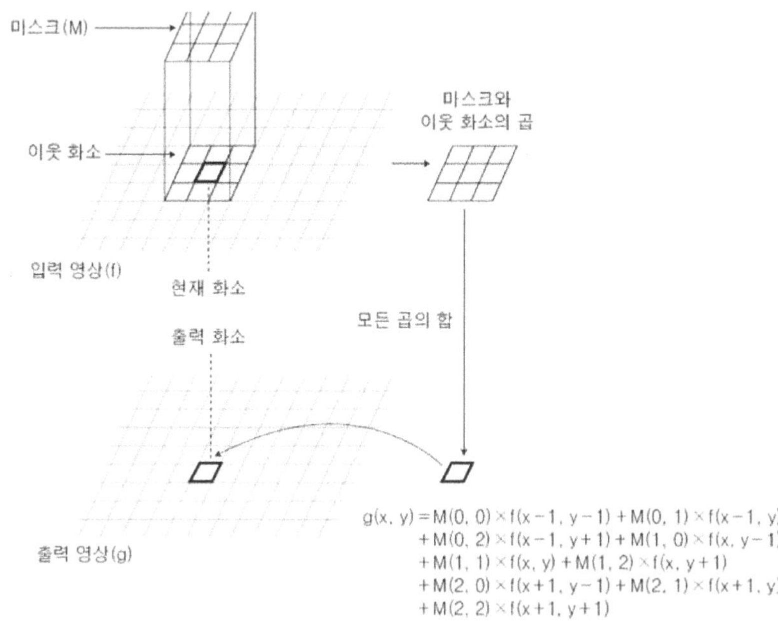

[그림 6-4] 영상처리를 위한 2차원 컨벌루션의 동작 과정

6.2 선형 공간 영역의 필터링

영상에서 공간 주파수란 단위 공간에서 같은 화소 값이나 같은 색이 반복되는 횟수를 말한다. 밝기 변화가 빠르거나 색의 변화가 급격한 곳을 고주파라고 하며, 밝기 변화가 늦거나 색의 변화가 적은 고을 저주파라고 한다.

공간 필터링(Space Filtering)은 영상에 있는 공간 주파수 대역을 제거하거나 강조하는 필터 처리다. 사용되는 피럴의 계수에 따라 특정 주파수를 제거하거나 강조하므로, 필터 마스크 또는 회선 마스크의 가중치 선택이 공간 필터의 행동을 결정한다. 디지털 영상처리에서 사용되는 회선 맛크는 홀수 차원의 정방형 마스크다. [그림 9-5]는 3×3의 회선 마스크를 나타낸 것으로 각 요소인 a-i는 필터의 계수를 나타내며 필터의 행동을 결정한다.

a	b	c
d	e	f
g	h	i

[그림 6-5] 2차원 필터의 계수 또는 회선 마스크

보통, 공간 필터링 연사은 저주파 성분을 남기고 고주파 성분을 제거하는 저주파 통과 필터링, 반대로 고주파 성분을 남기고 저주파 성분을 제거하는 고주파 통과 필터링, 경계선을 검출하는 에지 강화 필터 등으로 분류된다.

6.2.1 저주파 통과 필터링

신호 성분 중 저주파 성분은 통과 시키고 고주파 성분은 차단하는 필터로, 잡음을 제거하나 흐릿한 영상을 얻을 때 주로 사용하는게 저주파 통과 필터(LPF)다. 고주파 성분을 제거하므로 고주파 차단 필터라고도 한다.

영역 처리에서 공부한 블러링 처리는 서서히 변하는 영역은 바뀌지 않거나 약간 변하고, 급격하게 변하는 영역은 단지 서서히 변하도록 하는 것이었따. 이것은 필터링 관점에서는 저주파 통과 필터링의 결과로 볼 수 있다.

저주파 통과 필터링의 마스크는 모든 계수가 양수이고 전체 합이 1인 마스크가 사용된다. [그림 6-6]은 여러 가지 저주파 통과 필터 마스크를 나타낸다.

$$\frac{1}{9}\times\begin{bmatrix}1 & 1 & 1\\ 1 & 1 & 1\\ 1 & 1 & 1\end{bmatrix} \quad \frac{1}{12}\times\begin{bmatrix}1 & 1 & 1\\ 1 & 4 & 1\\ 1 & 1 & 1\end{bmatrix} \quad \frac{1}{18}\times\begin{bmatrix}1 & 1 & 1\\ 1 & 10 & 1\\ 1 & 1 & 1\end{bmatrix}$$

[그림 6-6] 저주파 통과 필터 마스크

가우시안 필터는 가우시안 함수를 표본화하여 마스크의 계수를 결정한다. 가우시안 함수를 사용하므로 다음과 같이 수학적으로 잘 정의되어 있다.

$$h(x,y)=\exp\left(-\frac{x^2+y^2}{2\sigma^2}\right) \quad \cdots\cdots\cdots\cdots \quad (6.5)$$

가우시안 함수를 2차원으로 확장하여 그림으로 표현하면 [그림 6-7]과 같다. (a)는 $\sigma=4$ 일 때, (b)는 $\sigma=9$ 일 때이다. 넓게 퍼진 (b)는 많은 저주파 성분을 통과시키고 적은 고주파 성분을 차단한다. 반면, 좁게 퍼진 (a)는 적은 저주파 성분을 통과시키고 많은 고주파 성분을 차단한다. 두 함수 모두 방향에 따라서 그 모양이 달라지지 않아 흐림 정도도 달라지지 않는다.

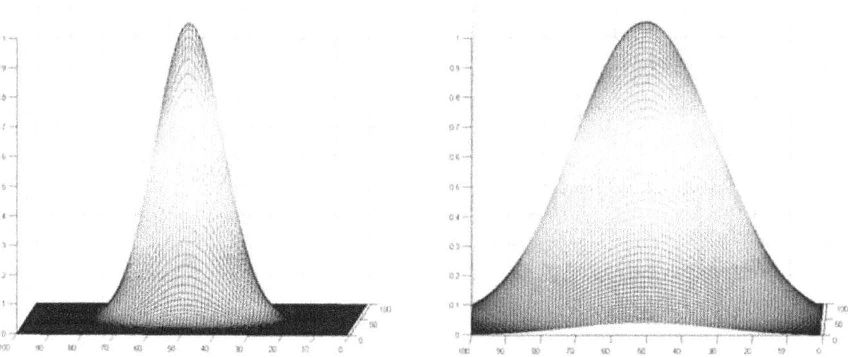

$\delta=4$ $\delta=9$

[그림 6-7] 2차원 가우시안 함수

분리 가능한 2차원의 가우시안 마스크는 [그림 6-8]과 같다. 저주파 통과 필터마스크의 특징을 잘 만족한다.

(−1, 1)	(0, 1)	(1, 1)
(−1, 0)	(0, 0)	(1, 0)
(−1, −1)	(0, −1)	(1, −1)

1/16 ×

1	2	1
2	4	2
1	2	1

[그림 6-8] 가우시안 마스크

[그림 6-9]는 화소 값의 변화가 커서 고주파 성분이 많은 영상에 저주파 통과 필터를 적용하여 고주파 부분을 제거하는 과정을 나타낸 것이다. 입력 영상은 화소 값의 변화가 크지만, 출력 영상은 화소 값의 변화가 작다.

170	240	10	80	150
230	50	70	140	160
40	60	130	200	220
100	120	190	210	30
110	180	250	20	90

(a) 입력 영상

저주파 통과 필터

77	86	66	68	59
88	111	109	129	106
67	110	130	150	107
68	131	151	149	86
57	106	108	88	39

(b) 출력 영상

[그림 6-9] 저주파 통과 필터링을 이용한 화소 값의 변화

6.2.2 고주파 통과 필터링

신호 성분 중 고주파 성분은 통과시키고 저주파 성분은 차단하는 필터를 고주파 통과 필터(HPF)라고 한다. 저주파 성분을 차단하므로 저주파 차단 필터라고도 한다. 고주파 통과 필터링은 영역 처리에서 배운 샤프닝과 같은 처리 방법이다. 흐려진 영상을 개선하여 첨예화하는 결과 영상을 생성한다.

[그림 6-10]은 고주파 통과 필터 마스크를 나타낸다. 고주파 통과 필터 마스크의 계수 합은 0이므로 일정하거나 서서히 변하는 밝기 영역에서 마스크 응답이 0에 가깝다. 결과 영상에서는 저주파 성분의 화소를 검은색으로 출력하게 된다. 마스크가 중앙의 큰 양수 값과 주위의 작은 음수 값으로 구성되어 경계선이 더욱 두드러진다. 따라서 경계선은 흰색에 가까운 밝은 색으로 나타낸다.

$$\frac{1}{9}\times\begin{bmatrix}-1 & -1 & -1\\ -1 & 8 & -1\\ -1 & -1 & -1\end{bmatrix}$$

[그림 6-10] 고주파 통과 필터 마스크

[그림 6-11]은 낮은 공간 주파수가 있는 영상에서 고주파 통과 필터를 적용한 결과를 화소값으로 나타낸 것이다. 왼쪽의 입력 영상에서는 화소값의 차이가 작다. 고주파 통과 필터를 통과한 오른쪽 영상에서는 화소값의 차이가 커져 고주파 부분이 강조되었다.

10	10	10	10	10
10	20	20	20	10
10	20	30	20	10
10	20	20	20	10
10	10	10	10	10

(a) 입력 영상

→ 고주파 통과 필터 →

30	10	10	10	30
10	40	20	40	10
10	20	70	20	10
10	40	20	40	10
30	10	10	10	30

(b) 결과 영상

[그림 6-11] 고주파 통과 필터링을 이용한 화소값의 변화

고주파 통과 필터 영상은 직접적으로 고주파 통과 필터를 이용하지 않고 저주파 통과 필터를 이용하여 얻을 수 있다. 저주파 통과 필터링으로 얻은 영상에는 저주파 성분만 있으므로 이것을 원본 영상에서 빼면 차 영상은 고주파 성분만 남게 된다. 이 과정은 다음과 같이 표현할 수 있다.

$$f_H(x,y) = f(x,y) - f_L(x,y) \qquad (6.6)$$

여기서 $f_H(x,y)$는 고주파 영상, $f(x,y)$는 원본 영상, $f_L(x,y)$는 저주파 영상을 나타낸다.

고주파 통과 필터는 고주파에 해당하는 세부 정보를 강조하는 반면, 영상에서 중요한 부분인 낮은 주파수의 성분은 손실시킨다. 그래서 저주파에 해당되는 부분을 모두 검정색으로 나타낸다. 고주파 강조 필터는 이런 문제를 해결해 준다. 저주파 영역의 상쇄에 해당하는 부분에 일정량의 이득을 주어 낮은 공간 주파수에 해당하는 성분의 손실을 어느 정도 보상할 수 있다. 다음은 고주파 강조 필터를 생성하는 방법이다.

$$\begin{aligned} g(x,y) &= Af(x,y) - f_L(x,y) \\ &= (A-1)f(x,y) + f(x,y) - f_L(x,y) \\ &= (A-1)f(x,y) + f_H(x,y) \end{aligned} \qquad (6.7)$$

[그림 6-12]는 고주파 강조 필터의 마스크다. 앞의 식처럼 (A-1)만큼 보상된 원본 영상에 고주파 통과 필터된 결과 영상을 더하는 효과를 얻게 된다.

$$\frac{1}{9} \times \begin{bmatrix} -1 & -1 & -1 \\ -1 & \alpha & -1 \\ -1 & -1 & -1 \end{bmatrix} \quad \alpha = 9A - 1$$

[그림 6-12] 고주파 강조 필터 마스크

영역 처리에서 공부한 샤프닝 필터는 고주파 통과 필터에서 발생하는 낮은 공간 주파수의 성분이 손실되는 문제점을 보완해 주는 회선 마스크다. 샤프닝 필터링된 영상은 원본 영상에 고주파 통과 필터링된 영상을 합한 것과 비슷한 결과를 얻는다. [그림 6-13]은 여러 샤프닝 필터 마스크를 보여 준다. 마스크의 모든 계수 합은 1이고, 저주파 부분이 유지되면서 고주파 부분이 강조되는 특징이 있다.

$$\begin{bmatrix} 1 & -2 & 1 \\ -2 & 5 & -2 \\ 1 & -2 & 1 \end{bmatrix} \quad \begin{bmatrix} 0 & -1 & 0 \\ -1 & 5 & -1 \\ 0 & -1 & 0 \end{bmatrix} \quad \begin{bmatrix} -1 & -1 & -1 \\ -1 & 0 & -1 \\ -1 & -1 & -1 \end{bmatrix}$$

[그림 6-13] 샤프닝 필터 마스크

6.3 선형 공간 필터링을 이용한 잡음제거

저주파 통과 필터는 영상 내에 있는 고주파 성분을 제거한다. 고주파 성분은 밝기의 값이 급격하게 변하는 부분으로, 자연스런 영상은 밝기의 변화가 영상 내의 객체 경계에 있다. 그 밖의 급격한 변화가 있는 곳은 자연스럽지 못한 곳으로, 아마도 잡음일 것이다. 저주파 통과 필터를 이용하면 잡음에 해당하는 고주파 성분을 제거할 수 있다.

저주파 통과 필터를 이용하는 방법을 선형 공간 필터링을 이용한 잡음제거 기법이라고 한다. 이는 그 처리가 회선 마스크의 계수와 곱한 화소의 선형 합으로 연산을 수행하기 때문이다.

저주파 통과 필터의 동작은 영상을 흐리게 하는 블러링 처리다. 저주파 통과 필터가 영상을 흐리게 하는 방법은 주변 화소를 평균하기에 가능하다. 그래서 저주파 통과 필터를 평균 필터라고도 한다.

[그림 6-14]는 평균 필터의 원리를 보여준다. 기준 화소 주변의 이웃 화소를 참조하여 평균값으로 기준 화소값을 변경한다.

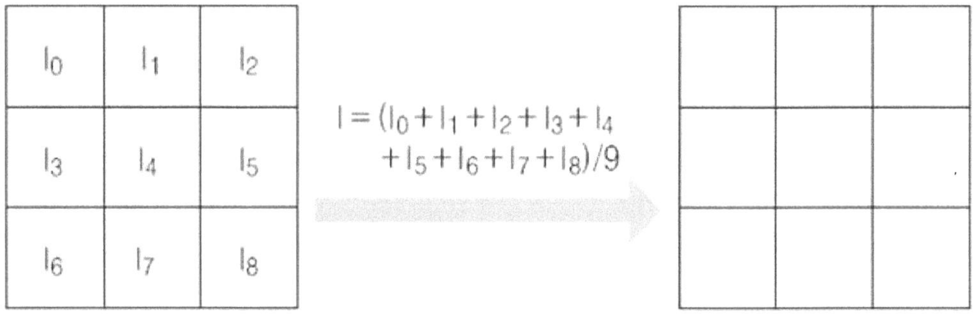

[그림 6-14] 평균 필터의 원리

이 방법은 영상 내의 급격한 변화를 나타내는 임펄스 잡음을 잘 제거하는 장점이 있다. 그러나 영상 전체에 블러링이 수행되어 원하지 않는 부분까지 흐려진다는 단점이 있다.

6.4 비선형 공간 필터링을 이용한 잡음제거

잡음을 제거하는 방법 중에서 형태학적 처리의 침식 연산은 일반적인 필터링 처리와는 달리 잡음을 제거할 수 있다.

비선형 공간 필터링은 필터 마스크의 상수 가중치를 곱한 화소의 선형적인 합으로 계산할 수 없는 방법이다. 즉, 이웃의 화소를 포함하는 비선형 연산을 바탕으로 공간 필터링한 침식연산이 여기에 속한다. 대표적인 비선형 공간 필터링으로 잡음을 제거하는 방법인 중간값 필터링과 최소/최대 필터링이 있다.

6.4.1 중간 값 필터링으로 잡음제거

중간 값 필터는 이웃 화소의 값을 오름차순으로 정렬한 뒤 가운데 있는 값을 출력 값으로 선택한다.

제거하려는 잡음에 따라 중간 값 필터의 마스크도 결정된다. [그림 9-15]는 여러 종류의 중간 값 필터 마스크다. 수직(수평) 방향의 필터는 수평적(수직적)으로 관련된 잡음을 제거하는데 사용된다.

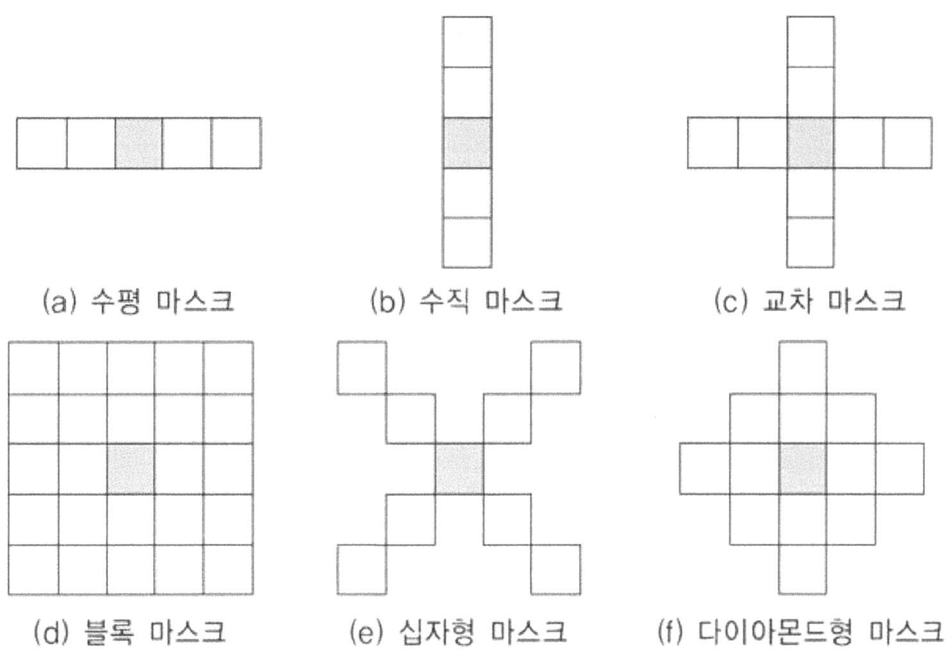

[그림 6-15] 다양한 중간 값 필터 마스크

중간 값 필터의 잡음제거 동작

중간 값 필터는 영상에 스파크처럼 급격한 색 변화가 있는 임펄스 잡음을 제거하는데 사용된다. 기존의 평균 필터를 이용한 서형 공간 필터링 방법에 비해 블러링 현상이 적고 객체의 경계를 잘 보존한다는 장점이 있다. 즉, 평균 필터를 이용한 방법의 단점을 보완한 방법이다. 그러나 중간 값으로 구하려고 비교하는 과정에서 많은 시간이 소모된다는 단점이 있다.

[그림 6-16]은 중간 값 필터의 회선 마스크를 이용하여 임펄스 잡음을 제거하는 과정이다. 입력 영상에서 필터 윈도우에 포하되는 화소의 크기를 비교한 뒤 오름차순으로 정리하고, 그 중에서 중간 순위에 해당하는 값을 출력 화소로 결정한다. 필터 윈도우 한 가운데에 임펄스 잡음이 있었다면, 그 값은 윈도우 내의 중간 값으로 대체되므로 임펄스 잡은 제거된다.

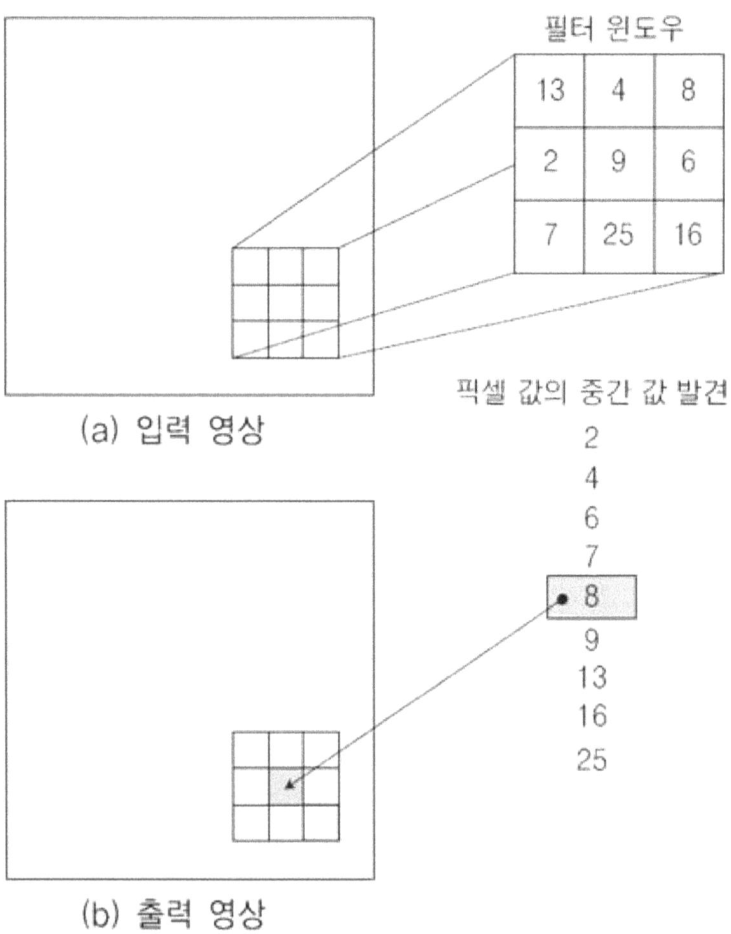

[그림 6-16] 중간 값 필터 회선 마스크의 원리

가중 중간 값 필터

중간 값 필터는 경계 부분을 잘 보존하는 편이지만, 좀 더 세부적인 경계 영역까지도 보존할 수 있는 방법이 필요하다. 이를 위해 표준 중간 값 필터를 확장한 가중 중간 갓 필터가 제안 되었다. 이 방법은 가중치를 설정하여 영상 내의 세부 정보인 경계 영역을 보존하면서 동시에 잡음을 제거하는 특성이 있다.

[그림 6-17]은 가중 중간 값 필터의 원리를 보여 준다. 필터 윈도우의 가운데 값이 3인데, 이것은 해당 화소를 세 번 반복하라는 의미다. 이 때, 반복하는 횟수는 필터의 합이 홀수가 되도록 해야 정확한 중간 값을 얻을 수 있다. 오른쪽에 나열된 화소 값을 보면, 필터 윈도우 가운데에 해당되는 화소 값 9가 세 번 반복되었다. 그 다음 화소 값을 비교하여 오름차순으로 정렬을 수행하고, 데이터 11개중에서 여섯 번째에 해당하는 중간 값 9를 선택하여 새로운 화소값으로 정하게 된다.

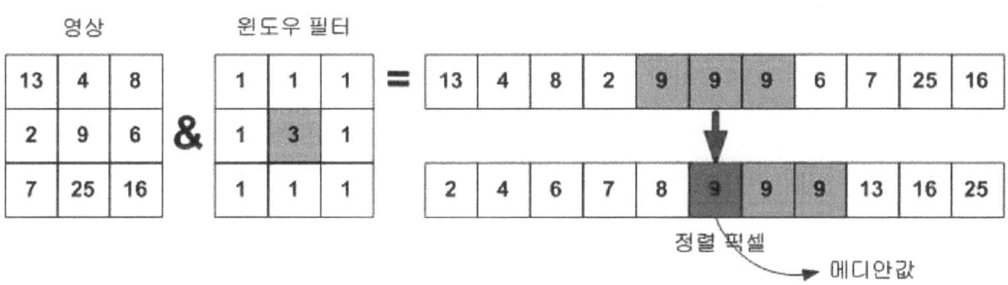

[그림 6-17] 가중 중간 값 필터의 원리

6.4.2 최소/최대 필터링으로 잡음제거

중심 화소를 이웃 화소의 중가 값으로 치환하는 대신 최소값이나 최대값으로 치화하는 방법을 최소/최대 필터링이라고 한다. 이것은 중간 값 필터링과 비슷한 방법이다. 영상에 있는 극단적인 임펄스 값을 제거하는데 사용되는 필터링 기법으로, 의료 영상에 주로 사용된다. 그러나 혼합된 임펄스 잡음을 제거하기는 어렵다.

정렬된 값 중에서 최소값을 선택하는 최소값 필터링은 밝은 임펄스 값을 제거한다. 그래서 출력 영상의 전체 발기가 감소하는 것이다. 반대로 정렬된 값 중에서 최대값을 선택하는 최대값 필터링은 어두운 임펄스 값을 제거하여 출력 영상의 전체 밝기는 증가한다.

7. 음성 신호처리

7.1 개요

우리는 앞서 신호와 시스템의 성질 분석, 시스템의 출력 신호 계산, 원하는 성질을 가지는 시스템의 설계 등을 시간 영역과 주파수 영역에서 수행하는 다양한 디지털 신호 처리 이론들을 배웠다. 디지털 신호 처리의 대표적인 응용 분야중에 하나가 멀티미디어 분야이며, 방송, 통신, 엔터네인먼트, 의료기기 등에서 음성, 오디오, 영상, 비디오 신호에 대한 처리를 통하여 원하는 서비스를 제공하고 있다. 이 장에서는 앞에서 배운 디지털 신호 처리 이론들을 적용할 수 있는 대표적인 멀티미디어 신호처리를 간단히 소개하고, 이를 통하여 앞에서 배운 이론의 역할과 의미를 배울 수 있을 것이다.

7.2 음성 및 오디오 신호처리

7.2.1 음성 신호의 스펙트럼 포락선

음성신호(speech signal)는 통신 및 방송에서 가장 기본적으로 다루는 신호이며, 음성신호의 압축, 인식, 합성 등의 응용 분야에서 다양한 신호 처리 기술이 사용되고 있다. 음성 신호가 포함하는 핵심 정보는 음의 높낮이를 결정하는 피치 주파수(pitch frequency)와 발음을 결정하는 스펙트럼 포락선(spectral envelope)이다. 따라서 음성 신호의 분석을 통하여 피치 주파수와 스펙트럼 포락선을 구하거나, 원하는 피치 주파수와 스펙트럼 포락선을 가지는 신호를 생성하면 음성 신호의 압축, 인식, 합성 등을 수행할 수 있다.

인간이 음성 신호를 생성하는 일반적인 과정을 간단히 나타내면 [그림 7-1]과 같다. 폐에서 백색잡음 성질을 가지는 공기가 일정 에너지를 가지고 출력되고, 이 신호가 성대에 입력되면 성대의 주기적 떨림에 따라 주기 성질을 가지는 신호로 출력된다. 즉, 성대에 의하여 신호의 피치 주파수가 결정된다. 물론 폐의 출력 신호가 성대의 떨림 영향을 받지 않고 그대로 통과하는 경우도 있으며, 음성은 발성 과정에서 성대 떨림의 유무에 따라 유성음과 무성음으로 구분된다. 이상적인 성대 출력 신호는 유성음에서는 주기적인 펄스열이고 무성음에서는 백색 잡음이다. 성대의 출력 신호는 구강 내의 복잡한 관구조의 기관을 통과하여 입과 코로 출력되며, 성대 이후부터 출력까지의 모든 기관을 하나로 통합하여 성도라 한다. 성도에 입력된 신호는 성도의 공명 동작에 의하여 특정 주파수 성분이 강화되어 특정 발음을 나타내는 음성 신호로 출력되며, 성도의 공명 주파수를 해당 음성 신호의 포먼트 주파수라 한다.

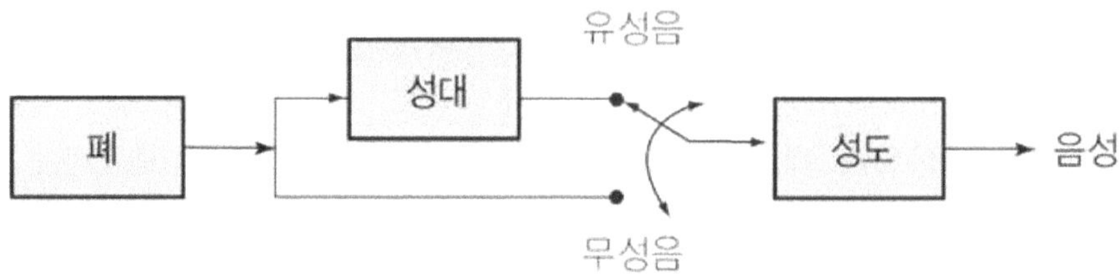

[그림 7-1] 음성 신호의 생성 모델

성도는 단면적이 변하는 복잡한 관 모양인데, 간단한 구조로 근사화시켜 내부에서 공기 흐름을 수학적으로 구하면

$$H(z) = \frac{G}{1 - \sum_{k=1}^{P} a_k z^{-k}} \quad \cdots\cdots (7.1)$$

와 같은 P차 IIR 시스템으로 모델링된다. 여기서 G는 시스템의 총 이득을 결정하는 값이다. [그림 7-2]는 간단한 신호를 이용하여 식 (7.1)로 모델링된 성도의 동작을 주파수 영역에서 설명해준다. 성도의 입력신호 $x(n)$는 유성음 또는 무성음에 관계없이 일정한 높이의 스펙트럼 $X(f)$를 가진다.

$H(z)$ 출력의 스펙트럼 $S(f)$의 포락선은 $H(z)$의 주파수 응답에 따라 결정되며, 이 과정에서 특정 주파수 성분은 증폭되고 특정 주파수 성분은 감소한다. 결국 $H(z)$에 의하여 특정 주파수 성분이 증폭되는 과정이 곧 성도의 공명 동작에 해당한다. 따라서 $H(z)$의 주파수 응답이 성도의 포먼트 주파수와 발음을 결정하는 핵심 역할을 하고, P개의 계수 값 a_k만으로 성도의 동작을 효과적으로 표현할 수 있다. 이와 같은 $H(z)$의 역할에 따라 $H(z)$를 포먼트 필터라고 한다.

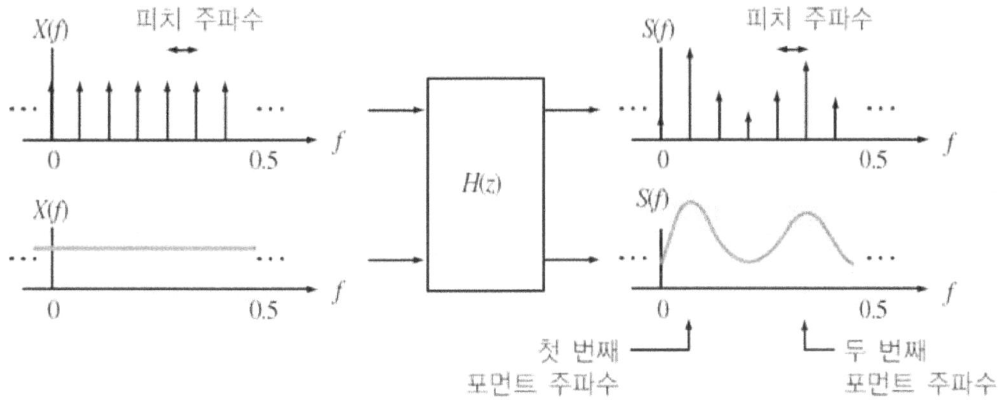

[그림 7-2] 성도의 동작을 주파수 영역에서 설명하는 그림

성도에 의하여 결정되는 음성의 스펙트럼 포락선이 음성의 발음을 결정하는 핵심 특성이다. 이를 역으로 정리하면, 음성 신호의 주파수를 분석하여 스펙트럼 포락선을 구하면 해당 신호가 생성된 성도 모델과 신호에 해당하는 발음 정보를 구할 수 있다. 음성 신호의 스펙트럼 포락선을 구하는 과정을 설명하기 위하여 식 (7.1) 시스템의 입력과 출력을 각각 $x(n)$과 $s(n)$이라 하고, 두 신호 사이의 관계를 구하면

$$s(n) = x(n) + \sum_{k=1}^{P} a_k s(n-k) \cdots \cdots (7.2)$$

또는

$$x(n) = s(n) - \sum_{k=1}^{P} a_k s(n-k) \cdots \cdots (7.3)$$

이다. 우리에게 주어진 과제는 $s(n)$이 주어질 때 식 (7.2) 또는 식 (7.3)을 만족하는 a_k를 구하는 것인데, $x(n)$이 주어지지 않으므로 a_k의 해는 무수히 많다. 그러나 음성 모델에서 $x(n)$이 평탄한 스펙트럼을 가져야 하는 조건이 주어지므로, 이 조건을 만족하는 최적의 a_k를 구해야 한다.

한편, 식 (7.3)은 $s(n)$에 대하여 과거 P개가 값의 선형 합으로 현재 값을 예측하는 선형 예측(linear prediction) 동작을 나타내고, $x(n)$이 예측 오차가 된다. 예측 이론에 의하면 최적 선형 예측의 예측 오차가 평탄한 스펙트럼을 가지게 되므로 원하는 해를 구하게 된다. 최적 예측은 $x(n)$의 평균 제곱 오차(mean square error : MSE)를 최소로 하는 것이므로 $0 \le n < N$ 구간에 대하여

$$MSE = \sum_{n=0}^{N-1} \left\{ s(n) - \sum_{k=1}^{P} a_k s(n-k) \right\}^2 \cdots\cdots (7.4)$$

를 정의하고 각 a_k에 대하여 $\frac{MSE}{a_k} = 0$식에 따라 P차 연립 방정식을 정의하여 해를 구하면 된다. 이와 같이 선형 예측의 관점에서 a_k를 구하게 되며, 따라서 a_k를 LPC (linear predictive coding) 계수라 하고 식 (7.1) 시스템을 LPC 필터라고도 부른다.

[그림 7-3]의 (a)와 (b)는 동일한 사람이 /i/와 /a/를 발음하는 음성 신호이다. 연속 신호를 8000Hz로 샘플링 하여 320 길이의 $x(n)$를 구하였으며, 40msec 길이에 해당한다. 각 신호에 대하여 LPC 계수 a_k를 구하고 스펙트럼 포락선을 구하여 차이점을 살펴보자.

8000Hz 샘플링에서는 일반적으로 $P = 10$을 사용하며, 각 신호에 대한 a_k를 구하면 (c)와 (d)이다. 다음 식 (6.1) 시스템의 진폭응답 $|H(f)|$ 를 구하면 되는데, 앞에서 설명하였듯이 $\{1, -a_1, -a_2, \cdots, -a_{10}\}$ 에 대한 DFT 크기 $|A(k)|$ 를 구하여 역수를 취하면 되고, 충분한 주파수 해상도를 확보하기 위해 $N = 1024$를 사용하도록 한다. 즉, (c)와 (d)의 a_k가 길이 1024가 되도록 0 값으로 확장한 후 1024-포인트 DFT를 적용하였다.

[그림 7-3]의 (e)와 (f)는 LPC 계수 a_k로부터 구한 스펙트럼 포락선을 스펙트럼과 함께 보여준다. 여기서, 주파수 축을 Hz 단위의 F로 변환하여 표시하였다. 먼저, 10개의 a_k 값으로부터 구한 스펙트럼 포락선이 실제 스펙트럼의 윤곽을 정확히 표현하는 것을 알 수 있다. /i/ 신호의 첫 번째 공명은 250Hz 정도의 매우 낮은 주파수에서 발생하고, 두 번째 공명은 상대적으로 높은 주파수인 2800Hz 부근에서 발생한다. 반면, /a/ 신호의 첫 번째 공명은 850Hz 정도로 약간 높은 주파수에서

발생하지만 두 번째 공명이 곧이어 1700Hz에서 발생하는 특징을 가진다.

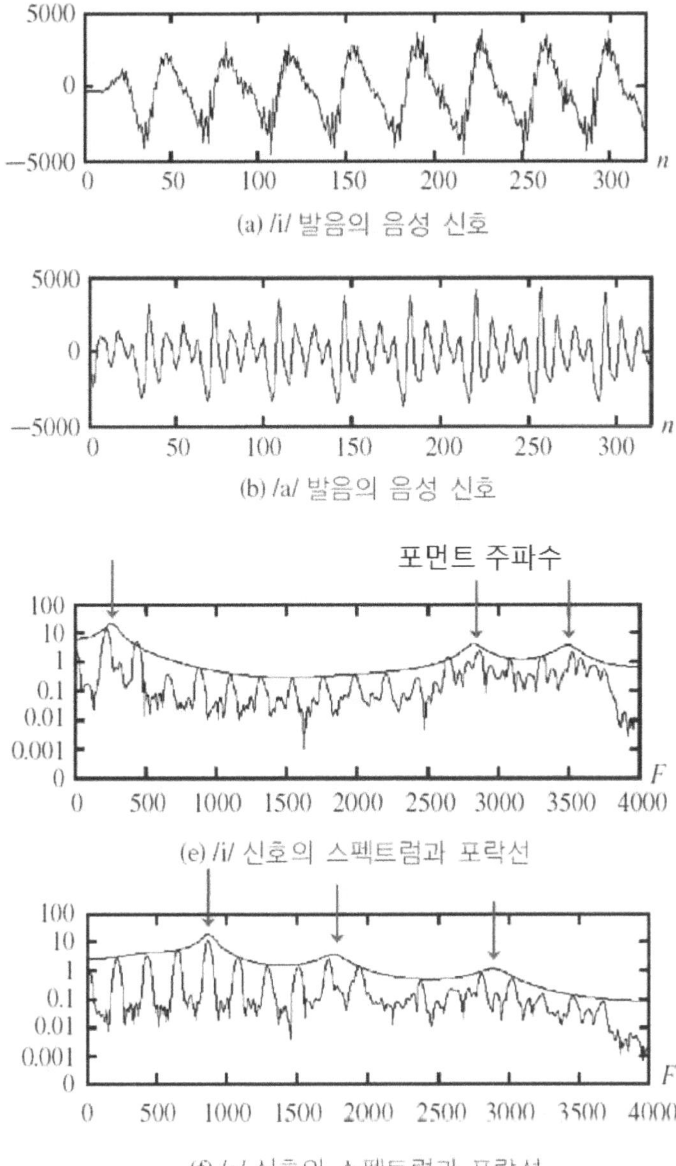

[그림 7-3] 음성 신호의 스펙트럼 포락선을 구하는 예

[그림 7-3]의 예에서 보듯이 음성 신호의 핵심 특징이 10개의 계수 값 a_k만으로 효과적으로 표현되므로 a_k는 음성 신호를 압축할 때 음성의 모델 파라미터로 널

리 사용된다. 이를 기반으로 음성 신호를 압축하는 기법을 LPC 기반의 음성 압축이라 한다. 현재 전 세계 디지털 이동 통신과 인터넷 전화에서 가장 널리 사용하는 음성 압축 기술이다.

7.2.2 오디오 신호의 압축

MP3(MPEG-1 Layer 3)로 대표되는 오디오 신호의 압축 기술은 오디오 시장을 기존의 CD 시장에서 오디오 파일 시장으로 이동 시켰다.

초소형 디지털 음악 재생기, 이동 디지털 방송, 인터넷 방송 등이 가능하도록 하였다. 오디오 신호의 압축은 오디오 신호 $x(n)$을 주파수로 변환하여 스펙트럼 $X(k)$를 구하고 $X(k)$값을 양자화하는 과정으로 진행된다. 특히 $X(k)$ 값을 양자화할 때, 양자화 오차(Quantization error)의 영향을 인간의 청각이 느끼지 못하도록 최선의 방법으로 양자화를 하는 것이 핵심 주안점이다. 즉, 양자화의 영향을 수학적으로 정의되즌 양자화 오차가 아니라, 청각적으로 인지하는 왜곡의 정도로 측정하여 양자화를 진행한다. 따라서 오디오 신호의 압축에는 주파수별로 $X(k)$값 양자화에 의한 청각적 영향을 분석하는 과정이 필요하고, 이는 심리 음향 모델(psycho acoustic mode : PAM)에 따라 신호의 주파수 특성을 분석하여 구현할 수 있다.

MP3는 입력 신호를 일정한 대역폭을 가지는 32개의 대역 통과 필터를 사용하여 대역별 신호를 구하고, 각 대역 신호를 MDCT(modified discrete cosine transform)하여 더 높은 해상도의 주파수 정보를 구하여 양자화 한다. 또한 MPEG(moving picture experts group)의 또 다른 압축 기술인 MPEG-2/4 AAC(advanced audio coding)은 입력 신호를 직접 MDCT하여 스펙트럼을 구하고 양자화 한다. 즉, MPEG의 오디오 압축에서는 앞에서 배운 DFT나 DCT를 사요하지 않고 MDCT를 사용하여 스펙트럼을 구한다.

길이 $2N$인 $x(n)$에 대한 MDCT와 IMDCT는

$$\text{MDCT} : X_{MDCT}(k) = 2\sum_{n=0}^{2N-1} x(n)\cos\left\{\frac{\pi}{N}\left(n+\frac{N+1}{2}\right)\left(k+\frac{1}{2}\right)\right\}, 0 \le k \le N \cdots\cdots (7.5)$$

$$\text{IMDCT} : \tilde{x}(n) = \frac{1}{N}\sum_{k=0}^{N-1} X_{MDCT}(k)\cos\left\{\frac{\pi}{N}\left(n+\frac{N+1}{2}\right)\left(k+\frac{1}{2}\right)\right\}, 0 \le n \le 2N \cdots\cdots (7.6)$$

로 정의된다. 가장 큰 특징은 $x(n)$의 길이는 $2N$이지만 $X_{MDCT}(k)$의 길이는 N인 것과 $X_{MDCT}(k)$를 IMDCT를 하면 $x(n)$이 아니라 다른 신호 $\tilde{x}(n)$을 얻는 것이다. 즉, MDCT와 IMDCT는 역 관계가 아니다. 그러나 [그림 7-4]와 같이 길이 $2N$의 $x_1(n), x_2(n), x_3(n)$을 시간 순서대로 처리할 때, 이웃한 신호가 N 샘플씩 겹치도록 하면서 (즉, $x_1(n)$의 뒤 N개 샘플과 $x_2(n)$의 앞 N개 샘플을 동일하게 하면서) 각각에 MDCT를 적용하면, 각 IMDCT 결과인 $\tilde{x_1}(n)$로부터 정해진 추가 동작을 적용하여 $x_1(n)$을 구할 수 있다. 이를 TDAC(time domain aliasing cancellation) 과정이라 한다. 또한 시간 진행에 따라 N 샘플씩 겹치면서 압축을 하면 각 신호 $x_1(n), x_2(n), x_3(n)$의 양자화 오차의 영향이 완만하게 연결되어 경계에서 불연속을 최소화시킬 수 있는 장점을 가진다.

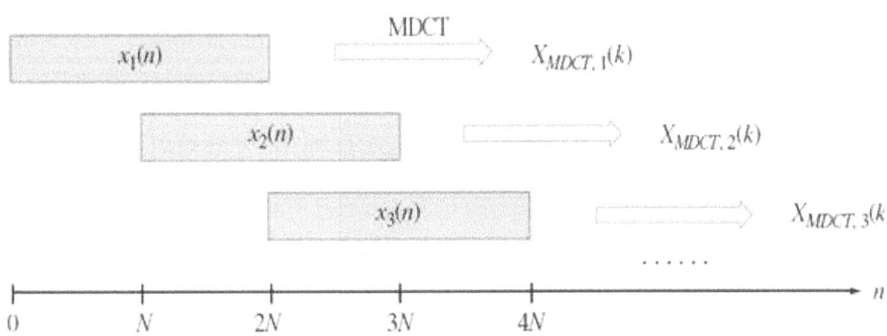

[그림 7-4] 완전 복구를 위하여 길이 $2N$인 신호 $x_i(n)$을 겹치도록 진행하여 MDCT를 적용하는 과정

[그림 7-5]는 오디오 압축 과정의 예를 보여준다. [그림 7-5]의 (a)는 48kHz로 샘플이하여 구한 $x(n)$이고, 길이는 2048 샘플, 42.67msec에 해당한다. (b)는 2048-포인트 MDCT로 구한 $X_{MDCT}(k)$에서 $0 \le k \le 512$, 즉 주파수 12kHz까지를 보여주고, (c)는 청각적으로 왜곡이 없도록 양자화된 MDCT 계수이다. (d)는 MDCT 계수의 양자화 오차이며, 주파수 영역에 따라 양자화 오차 크기에 큰 편차가 있는 것을 보여준다. 이는 주파수 영역별로 양자화 오차를 인지하는 정도가 다르기 때문에 나타나는 것이다. 예로, $k < 50$ 영역에서는 청각이 작은 양자화 오차도 잘 인지하여 오차가 작게 양자화 되었으며, $k = 120$영역에서는 청각이 양자화 오차를 잘 인지하지 못하여 큰 양자화 오차가 허용되었다. 특히, 두 주파수 영역에서 신호가 비슷한 에너지를 가지므로 단순히 신호의 주파수 영역별 에너지에 따라 양자화 오차 크기를 결정한 것이 아닌 것을 알 수 있다. 주파수 영역별로 양자화 오차를

인지하는 정도는 청각의 특성과 신호의 주파수 특성에 의하여 복합적으로 결정되므로 신호의 스펙트럼 특성에 따라 가변적으로 변한다. 따라서 신호의 스펙트럼 분석을 통하여 각 주파수 영역에서 청각적으로 인지 못하는 양자화 오차 레벨을 정하고, 이를 기준으로 최적의 양자화를 진행해야 한다.

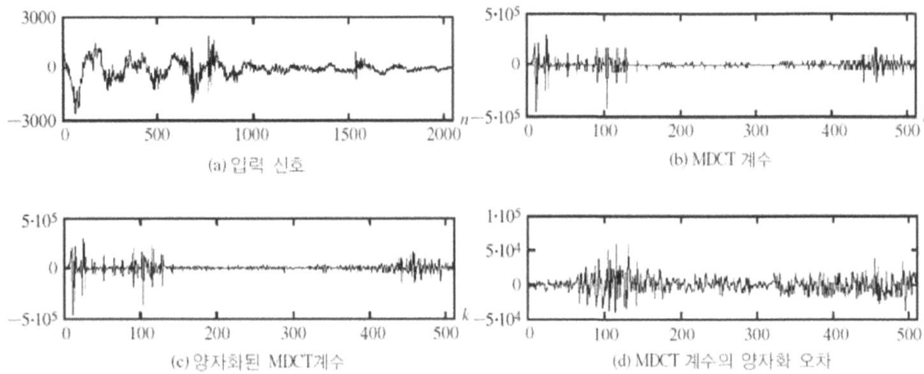

[그림 7-5] 오디오 신호에 대한 MDCT 계수 양자화의 예

7.2.3 스펙트로그램(spectrogram)

(1) 정의

앞에서 배운 모든 주파수 분석 도구는 전체 시간에 대한 평균적인 주파수 성질만을 주로 보여줄 뿐이다. 예로, 길이 N인 $x(n)$의 스펙트럼 $X(f)$를 구하면 $0 \le n < N$ 구간에서의 평균적 주파수 성질을 보여주며, 만일 $0 \le n < N$ 구간에서 시간 진행에 따라 주파수 성질이 변할 경우 이를 확인하기 어렵다. [그림 7-6]이 이 문제에 대한 대표적인 예를 보여준다. [그림 7-6]의 (a)와 (b)는 각각

$$x(n) = \begin{cases} \cos\frac{2\pi}{100}n, 0 \le n < 500 \\ \cos\frac{2\pi}{50}n, \ 500 \le n \le 1000 \end{cases} \qquad (7.7)$$

$$y(n) = \cos\frac{2\pi}{100}n + \cos\frac{2\pi}{50}n, \; 0 \le n < 1000$$

· (7.8)

신호이고, 분명 두 신호는 완전히 다른 주파수 성질을 가진다. 그러나 두 신호의 스펙트럼 크기를 구하면 [그림 7-6]의 (c)와 (d)가 되는데, 두 스펙트럼이 모두 $f=0.01$과 $f=0.02$ 성분을 포함하고 있다는 정보는 줄 수 있지만, (a)와 (b)에서 볼 수 있는 두 신호의 명백한 주파수 특성의 차이를 구분하지는 못한다. (일반적으로 (c) 또는 (d) 스펙트럼이 주어진 시간 영역에서 (b) 신호의 모양을 상징하는 경향이 있음) 물론 $X(f)$와 $Y(f)$의 위상이 주파수 성질의 시간적 변화를 포함하지만, 위상으로부터 이 정보를 얻는 과정이 직관적이지 못하여 널리 사용되지는 못한다.

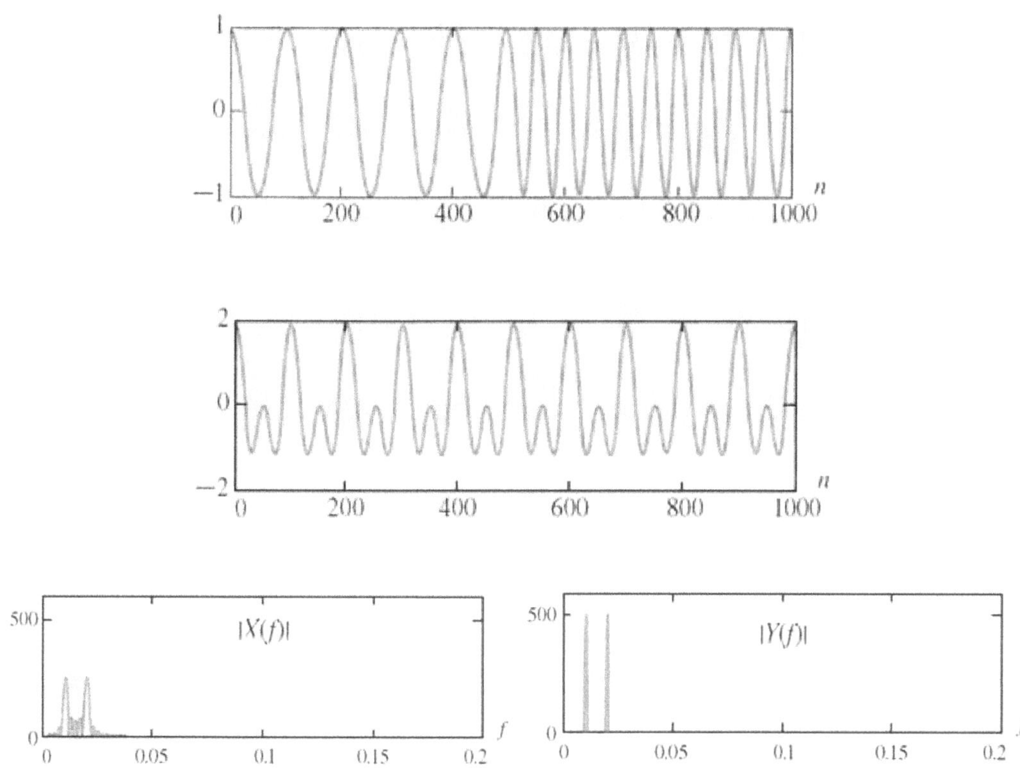

[그림 7-6] 시간에 따라 주파수 성질이 변하는 신호에 대한 스펙트럼 분석

따라서 시간에 따라 주파수 성질이 변하는 신호를 기존의 주파수 분석 방법으로

분석하면 정확한 특성을 구하지 못한다. 음성과 오디오 신호는 시간 진행에 따라 주파수 성분이 변하는 대표적인 신호이고, 시간에 따른 주파수 성질의 변화가 음성과 오디오 신호가 표현하려는 핵심 정보이기도 하다. 예를 들어 음악에서의 멜로디는 시간에 따라 기본 주파수가 변함에 따라 정의되고, 음성에서 시간에 따라 스펙트럼 포락선이 변해야 특정 언어가 표현된다. 따라서 음성과 오디오 신호에 포함된 정보를 정확히 분석하기 위하여 새로운 주파수 분석 도구가 필요하고, 이를 위하여 시간-주파수 스펙트럼 또는 스펙트로그램을 사용한다.

스펙트로그램은 시간 진행에 따라 짧은 길이의 DFT를 반복적으로 구하여 시간축으로 나열한 것으로서, [그림 7-7]이 스펙트로그램을 구하는 과정을 간단히 보여준다. 시간 영역에서 N 샘플을 취하여 $x_1(n)$을 정의하고 N-포인트 DFT로 $x_1(k)$를 구한다. 다음 시간 영역에서 L 샘플만큼 이동한 후 다시 N 샘플을 취하여 새로운 $x_2(n)$을 정의하고 N-포인트 DFT를 구하고, 그 결과를 (n,k)-축을 가지는 2차원 공간에서 함수 $X(n,k)$로 표시하면 그펙트로그램이 완성되고, 3차원 그래프가 된다. 예로 식 (7.7)과 (7.8) 신호의 스펙트로그램을 도식적으로 표현하면 [그림 7-6]의 (e)가 된다.

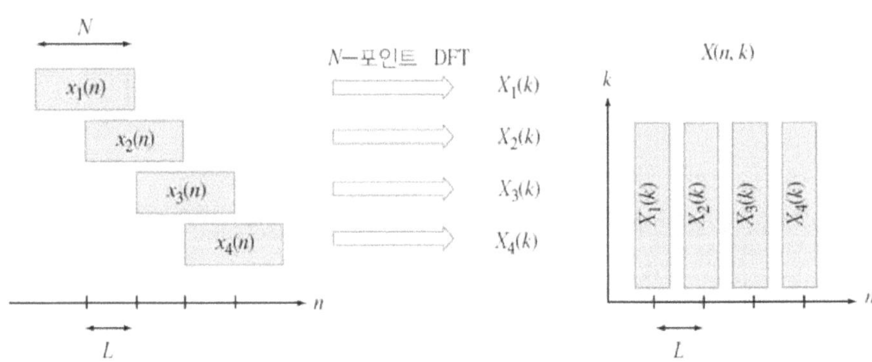

[그림 7-7] 스펙트로그램을 구성하는 구성도

L은 각 DFT를 구하는 시간 간격을 의미하고, 만일 $L=1$로 하면 시간 영역의 각 샘플에서 계속 새로운 주파수를 구하므로 시간 영역에서 가장 세밀하게 구한 스펙트로그램을 얻는다.

N은 주파수 영역 해상도를 결정한다. DFT 이론에 따라 N이 크면 스펙트럼을 높은 해상도로 매우 정확하게 표시할 수 있다. 그러나 N이 크면 각 DFT가 긴 시간 구간에서의 평균적인 주파수 성질을 구하므로 시간 영역에서의 변화를 자세히 분석하지 못한다. 따라서 스펙트로그램에서 N값이 시간 영역과 주파수 영역의 해상

도를 모두 결정하는 매우 중요한 변수이고, 주파수 영역 해상도는 N에 비례하고 시간 영역 해상도는 N에 반비례하므로 두 영역의 해상도는 서로 역 관계를 가진다.

(2) DTMF 신호 분석

스펙트로그램을 사용하여 전화 통신에 널리 사용하는 DTMF(dual tone multi frequency) 신호를 분석하는 예를 살펴본다. DTMF는 PSTN(public switched telephone network, 일반 유선 전화망)에서 음성 채널을 토하여 디지털 정보를 전송하기 위해 사용하는 신호이다. 전화기의 자판을 누르면 [표 6-1]과 같이 각 자판에 할당되어 있는 주파수를 가지는 신호를 송신하며, 주파수 차이를 이용하여 디지털 정보를 전송한다. 예를 들어 자판 '1'을 누르면 $x(t) = A\{\cos(2\pi \times 697t) + \cos(2\pi \times 1209t)\}$ 신호가 출력되고 교환기에서 8000Hz로 샘플링하여 수신단으로 전달하고, 수신단은 DTMF 신호를 받아 주파수 분석을 통하여 697Hz와 1209Hz 성분이 포함된 것을 확인하여 송신단이 '1'을 보낸 것을 알게 된다.

[표 7-1] DTMF 신호의 주파수 할당

	1209Hz	1336Hz	1477Hz
697Hz	1	2	3
770Hz	4	5	6
852Hz	7	8	9
941Hz	*	0	#

통신 수단이 [그림 7-8] (a)의 DTMF 신호를 수신할 경우, 이 신호가 전달하는 정보를 구해보자. 당연히 자판은 순차적으로 입력되므로 시간 진행에 따른 주파수 분석이 반드시 필요하다. 참고로 전체 신호에 대한 스펙트럼을 구하면 (b)이며, 5개의 주파수 성분이 나타나므로 3개 이상의 자판이 입력되었고 어떤 주파수 성분들이 포함되었는지 알 수 있다. 하지만 이로부터 언제 어느 자판이 입력되었는지는 알 수 없다. 여기서 8000Hz 샘플링 주파수를 이용하여 주파수 축을 Hz 단위의

F로 변환하여 보여준다. 각 시간 n에서 512-포인트 DFT를 구하여 스펙트로그램을 완성하면 (c)를 얻는다.

시간 영역에서 첫 800 샘플동안 두 개의 주파수 성분이 지속되는 것이 보이고, 각 주파수에 해당하는 512-포인트 DFT의 k값을 구하면 45와 78이고, 이를 주파수로 변환하면 각각 $8000/512 \times 45 = 703.125Hz$ 와 $8000/512 \times 78 = 1218.75Hz$ 이다. 이 값을 [표 7-1]과 비교하면 697Hz와 1209Hz에 해당하므로 이 신호는 '1' 이라는 것을 알 수 있다.

512-포인트 DFT 주파수 해상도가 $8000/512 = 15.626Hz$ 이므로, 계산한 주파수가 [표 7-1]의 주파수와 정확하게 일치하지는 않으며, 가장 근접한 주파수를 찾으면 된다.

동일한 방법으로 이후의 100msec 길이의 두 구간에 대한 주파수 값을 구하면 '3' 과 '0' 이 전송된 것을 알 수 있다. 697Hz 성부은 '1' 과 '3' 에 모두 포함되므로 $0 \le n < 1600$ 동안 계속 나타난다. 따라서 전체 시간 영역 $0 \le n < 2400$ 을 기준으로 보면 697Hz 성분은 다른 4개의 주파수 성분에 비하여 더 큰 값을 가지고, (b)의 스펙트럼에서 피크값이 다른 주파수에 비하여 크게 나타난다.

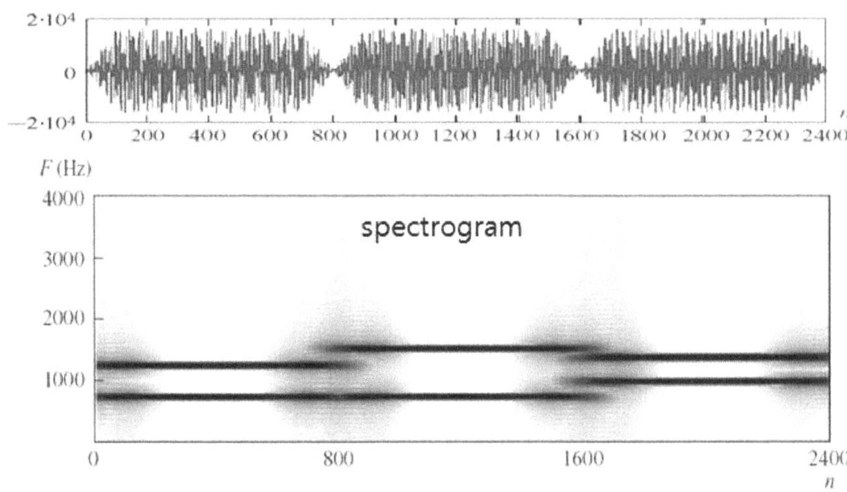

[그림 7-8] DTMF 신호의 주파수 분석 예

(3) 음악 신호 분석

음악 신호의 스펙트로그램은 음악 악보와 유사한 정보를 제공한다. 음악 악보는 시간 진행에 따라 음 높이를 음표로 표시하고, 각 음표는 정해진 규칙에 따른 기본 주파수를 나타낸다. 음악 악보를 보면 음의 진행으로 정의되는 멜로디를 알 수 있듯이, 음악 신호의 스펙트로그램을 보면 음악 신호가 나타내는 멜로디를 구할 수 있다.

이를 위하여 머저 표주 12음계에서 사용하는 각 음의 기본 줖수를 정리하면 [그림 7-9]와 같다.

기본 A음(또는 기본 '라' 음, 표준 88건반 피아노의 49번째 건반)의 기본 주파수를 440Hz로 맞추고, 이를 기준으로 나머지 모든 음의 기본 주파수를 정한다. 기본 주파수 2배 차이를 가지는 두 음의 간격을 옥타브(octave)라 하고, 옥타브 관계의 두 음은 같은 음 이름을 가진다. 한 옥타브 간격을 일정한 지수 비율로 12등분하여 12개의 반음을 정의하고, 그에 따라 한 음의 기본 주파수가 F_1일 때, 반음 위 음의 기본 주파수는 $F_1 \times 2^{1/12}$이다. 예로 기본 A보다 반음 높은 A#은 $440 \times 2^{1/2} = 466.16Hz$, 한 음 높은 B는 $440 \times 2^{2/12} = 493.88Hz$, 기본 A보다 한 옥타브 높은 A는 $440 \times 2 = 880Hz$의 기본 주파수를 가진다.

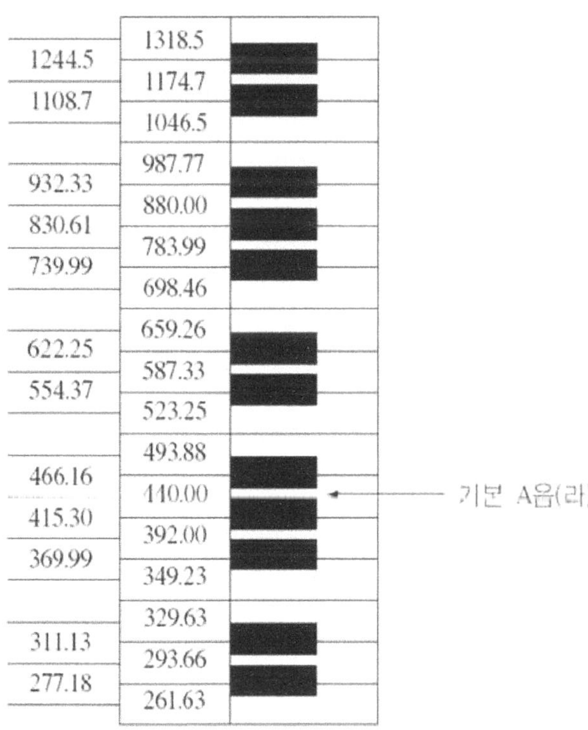

[그림 7-9] 표준 12 음계의 음별 기본 주파수

음악 신호의 스펙트로그램 분석을 통하여 멜로디를 구하는 예를 살펴본다. [그림 7-10]의 (a)는 피아노 연주 소리를 녹음한 파형을 $8000Hz$로 샘플링한 신호를 보여준다.

피아노의 소리는 건반을 누르는 동작으로 인해 해머가 현을 때려 소리를 만들고, 건반들 누르고 있는 상태에서는 추가적으로 현을 때리는 동작 없이 음이 지속된다. 따라서 피아노 신호는 건반을 누르는 순간에 파형이 크고 그 이후에는 파형 크기가 점차 감소하여 [그림 7-10]의 (a)와 같은 모양의 파형을 가진다.

[그림 7-10]의 (a)의 음을 분석하기 위하여 각 시간 n에서 512-포인트 DFT를 구하여 스펙트로그램을 완성하면 (b)를 얻는다. 여기서 $8000Hz$ 샘플링 주파수를 이용하여 주파수 축을 F로 변환하여 보여준다.

첫 번째 음 구간(약 0.5초)에 일정한 패턴이 계속되는데, 주기 신호는 기본 주파수 F_0이고 그 위로 일정한 간격마다 큰 값이 나타난다. 512-포인트 DFT의 k축에서 화살표에 해당하는 값을 찾으면 $k=36$이고, 이를 F축으로 다시 변환하면 $F=\frac{8000}{512}k$로부터 $562.5Hz$이고, [그림 6-8]로부터 첫 음 '도#' 이다. DTMF 예에서와 같이 신호의 기본 주파수를 계산하고 표준 음계에서 가장 근접한 주파수를 찾으면 된다.

두 번째 음 구간의 스펙트로그램은 앞 구간에 비하여 복잡한 형태를 가진다. 첫 번째 음 구간의 스펙트럼 패턴이 두 번째 음 구간에서 완전히 사라지지 않고 계속 나타나는데, 이는 첫 건반을 누른 채 두 번째 건반을 눌러 두 음이 동시에 나타나기 때문이다. 물론, 첫 음의 에너지가 많이 감소한 이후이므로 두 번째 건반에 대한 특징이 더 뚜렷하게 보인다. 따라서 두 번째 음 구간에서의 기본 주파수는 스펙트로그램에서 보이는 가장 나은 주파수 성분이 아니라, 그림에 화살표로 표시한 위치이다. 이는 $k=60$에 해당하고 주파수는 $937.5Hz$이므로 두 번째 음은 '라#' 이다.

세 번째 음 구간에서도 이전 두 음의 영향이 계속 진행되는 것이 보이고, 세 번째 음의 기본 주파수는 화살표롤 표시한 위치이다. 이는 $k=45$에 해당하고 주파수는 $703.125Hz$이므로 세 번째 음은 '파' 이다. 마지막으로 스펙트로그램에서 각 음의 시간 간격이 일정한 것을 볼 수 있으며, 따라서 이 신호가 나타내는 멜로디는 일정한 박자를 가지는 세 음 '도# - 라# - 파' 이다.

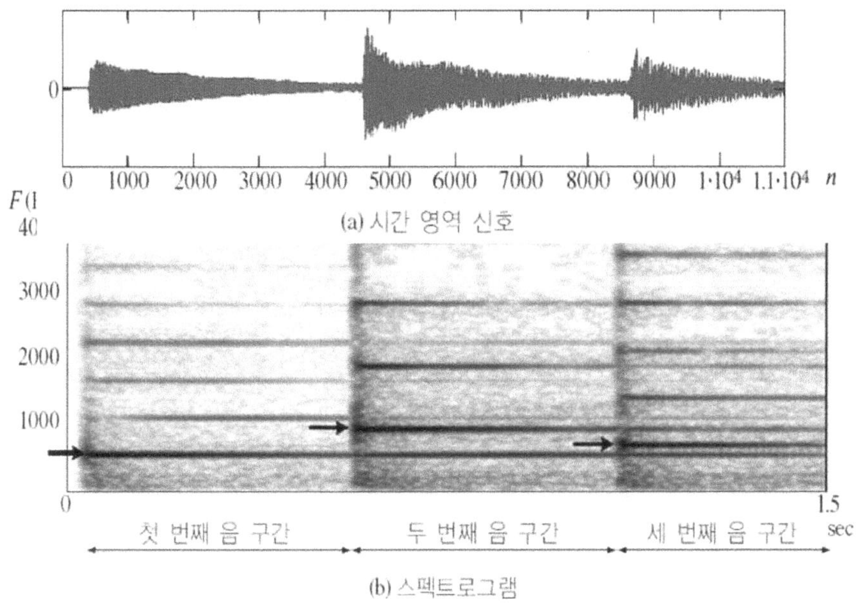

[그림 7-10] 피아노로 연주한 음악 신호의 예

8. 영상 신호처리

8.1 픽셀 점 처리

디지털 영상은 화소의 집합으로 표현된다. [그림 8-1]의 디지털 영상에서 병아리를 표현하는 아주 작은 노란색 점이 화소이다. 그런데 영상을 자세히 살펴보니 노란색이 한 가지 종류만 있는게 아니다. 아주 밝은 노란색에서 부드러운 밝기의 노란색, 어두운 노란색까지 다양하다. 이 사실에서 우리는 디지털 영상을 구성하는 화소가 색의 밝기를 나타냄을 알 수 있다. 화소의 밝기는 디지털 데이터 형태의 값으로 수치화된다. 다시 말해, 화소는 색의 밝기 값을 디지털로 표현한 데이터로, 이 디지털 데이터를 바탕으로 디스플레이 장치는 화소색의 밝기를 결정한다.

[그림 8-1] 병아리 디지털 영상

그레이 레벨 영상을 구성하는 화소는 밝기의 정도, 즉 명도 값만 있으며, 디스플레이 장치에서 이 디지털 데이터를 바탕으로 화소의 밝기를 표현한다. [표 8-1]은 양자화 비트수가 8비트인 그레이 레벨 영상의 화소가 표현하는 밝기 값을 나타낸다.

[표 8-1] 8비트 그레이 레벨 영상 데이터의 밝기 정도

화소의 십진수 값	화소의 이진수 값	표현되는 밝기
0	0000 0000	검정색
⋮	⋮	⋮

63	0011 1111	어두운 회색
⋮	⋮	⋮
127	0111 1111	회색
⋮	⋮	⋮
191	1011 1111	밝은 회색
⋮	⋮	⋮
255	1111 1111	흰색

양자화 비트수가 8비트이므로, 화소가 모두 이진 데이터 8비트로 표현된다. 값이 가장 작은 00000000_2은 가장 어두운 새긴 검정색을, 가장 큰 값인 11111111_2은 가장 밝은 색인 흰색을, 중간 값인 01111111_2은 회색을 나타낸다. 즉, 화소의 이진 데이터 값이 증가할수록 색은 밝아진다.

화소 점 처리는 원 화소의 값이나 위치를 바탕으로 단일 화소 값을 독립적으로 변경하는 기술이다. 다른 화소의 영향을 받지 않고 단순히 화소 점의 값만 변경하므로 포인트 처리라고도 한다. 대표적인 화소 점 처리 기법에이는 산술연산, 논리연산, 반전, 광도 보정, 히스토그램 평화화, 명암 대비 스트레칭 등이 있다.

디지털 영상의 각 화소 값에서 임의의 상수 값으로 덧셈, 뺄셈, 곱셈, 나눗셈을 수행하는 것을 디지털 영상의 산술연산이라고 한다. 그레이 레벨 영상에서 화소의 값이 작으면 영상이 어둡고, 화소의 값이 크면 영상이 밝다. [그림 8-2]처럼 밝기 조정과 관련된 작업을 수행한다.

[그림 8-2] 밝기 변화를 준 디지털 영상

논리연산은 참과 거짓을 판별하는 연산이다. 화소의 상수 값에서 AND, OR, XOR, NOT 등의 연산을 수행하여 디지털 영상에서 차폐, 특징추출, 형태분석을 한다. 이 밖에 화소의 점 처리 기법에는 영상 반전, 이진화, 명암 대비 변환, 로그 변환, 광도 보정 등 다양한 방법이 있다.

히스토그램은 기둥그래프나 기둥 모양 그림이라고도 하며, 관측한 데이터가 분포된 특징을 한눈에 볼 수 있도록 기둥 모양으로 나타낸 것이다. 가로축에는 레벨을, 세로축에는 각 레벨의 빈도수를 표시한다. 즉, 영상의 밝기 값을 가로축으로, 가로축의 밝기 값에 대응하여 디지털 영상 내의 화소수가 몇 개인지 나타낸 빈도수를 세로축으로 한다.

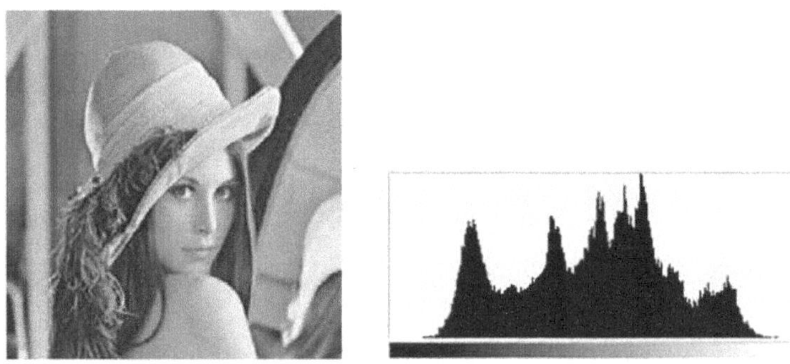

[그림 8-3] 디지털 영상의 밝기 히스토그램

디지털 영상의 히스토그램을 이용한 화소의 점 처리 기술은 보통 명암의 대비를 조정하는데 사용한다. 디지털 영상의 선명도를 제어하는 대표적인 기술이다.
히스토그램 평활화 기술은 편중된 디지털 영상의 히스토그램을 골고루 분산시켜 영상 전체의 명암 대비를 높여준다. 히스토그램 명세화 기술은 디지털 영상이 원하는 히스토그램을 갖게 해주는 기술로, 특정 부분의 명암 대비를 높일 수 있다.

[그림 8-4] 명암 대비에 따른 디지털 영상

8.2 산술연산과 논리연산

리모컨으로 텔레비전의 화면 밝기를 조정하거나 컴퓨터 모니터의 설정 버튼으로 화변의 밝기를 조절한 적이 대부분 있을 것이다. 또 촬영한 디지털 영상을 영상 편집 프로그램을 이용해 밝기를 조정한 뒤 웹에 올린 적도 있을 것이다. 이런 작업을 가능하게 하는 기술이 바로 디지털 영상의 산술연산이다. 디지털 영상 내의 특정 모양을 추출하거나 특정 모양을 제거하거나, 영상 내 특정 화소의 밝기 값을 변경할 때 논리연산 기술을 사용한다.

8.2.1 화소의 밝기 값과 명암 대비

디지털 영상의 산술연산은 화소의 밝기와 대비를 변경하는 작업이다. 먼저, 화소의 밝기 값과 명암의 대비가 무엇인지 확실히 알아보자.

화소의 밝기 값

밝기의 단계 수는 화소를 표현하는 양자화 비트수가 결정한다. 그레이 레벨 영상에서는 색은 없고 밝기만 있다. 보통, 화소는 밝기를 나타내는데, 주로 양자화 비트수를 8비트로 표현한다. [표 4-1]처럼 화소의 밝기 단계는 총 256개로, 0번의 검정색부터 시작해 그 값이 증가할수록 밝혀져 255번이 되면 가장 밝은 흰색이 된다.

컬러 영상에는 색 정보가 들어 있어 화소는 색의 밝기를 표현하는 RGB 영상에서는 빨간색의 R채널, 초록색의 G채널, 파란색의 B채널 영상이 각 화소를 8비트로 표현한다. 따라서 빨간색, 초록색, 파란색의 밝기 등급이 각각 256단계씩 있는 것이다. 빨간색은 0번이 가장 어두운 빨간색이고, 255번이 가장 밝은 빨간색이다. 초록색과 파란색도 마찬가지다. 결국, 디지털 컬러 영상의 화소는 R, G, B 채널의 각 밝기 단계가 서로 조화를 이뤄서 여러 가지의 총 천연색을 표현하는 것이다.

명암 대비

최고 밝은 값인 흰색과 최고 어두운 값인 검정색은 디지털 영상에 항상 들어 있지는 않은데, 이것 때문에 밝기의 차이가 일정하지 않다. 영상 내에 있는 가장 밝은 값과 가장 어두운 값의 차이인 대비는 영상의 품질을 결정하는 중요한 요소다.

높은 대비를 보이는 디지털 영상은 어두운 명도와 밝은 명도의 차이가 너무 커서 시각적으로 좀 더 명확하게 보인다. 반면, 낮은 대비를 보이는 디지털 영상은 밝기의 차이가 크지 않아 시각적으로 명확하지 못하다. 명암 대비가 무작정 높다고 시각적으로 좋은 것은 아니다. 오히려 눈에 거슬릴 수가 있다. 적절하게 명암 대비를 조정해야 시각적으로 좋은 품질을 얻을 수 있는 것이다.

8.2.2 디지털 영상의 산술연산

화소 값을 변화하여 밝기를 조절해 주는 가장 간단한 산술연산은 덧셈과 뺄셈이다. 이 방법은 주로 텔레비전이나 모니터의 밝기를 조절하는데 사용한다. 영상 내의 밝기 차를 조절할 때는 주로 곱셈과 덧셈연산을 사용한다. 텔레비전이나 모니터에서 콘트라스트 조정이라는 메뉴를 본 적이 있을 것이다. 이 기능이 영상 내의 밝기 차를 조정하는 역할을 한다. 보통, 영상을 조정할 때 밝기보다는 명암 대비를 조정하면 시각적으로 더 좋은 효과를 얻을 수 있다. 이는 인간의 눈이 밝기의 차이에 더 민감하게 반응하기 때문이다.

화소 값의 덧셈연산

화소의 밝기 값에 특정한 상수 값을 더하는 덧셈연산은 화소의 밝기 값을 증가시켜 영상을 밝게 하는 처리 기술이다.

$$\text{화소} + \alpha \ : \text{영상의 밝기 증가} = \text{밝아짐}$$

[그림 8-5]는 화소의 비트수가 8비트인 그레이 레벨 영상에서 임의의 상수 값을 더했을 때 나타나는 영상이다. 임의의 상수 값이 클수록 밝기가 더 밝아지는 것을 알 수 있다.

(a) 원본 영상

(b) 상수 값 10을 더한 영상

(c) 상수 값 50을 더한 영상

(d) 상수 값 100을 더한 영상

[그림 8-5] 덧셈 상수의 변화에 따른 디지털 영상의 밝기 증가

화소의 값에 임의의 상수를 더하면 화소의 최대값을 넘기도 한다. [그림 8-5]에서 화소는 최대값인 255를 넘는 값은 모두 255로 처리한다.

(화소 값 + α) > 255이면, (화소 값 + α) = 255

화소 값의 뺄셈연산

화소의 밝기 값에 특정한 상수 값을 배는 뺄셈연산은 화소의 밝기 값을 감소시켜 영상의 밝기를 어둡게 하는 처리 기술이다.

화소 - α : 영상의 밝기 감소 = 어두워짐

[그림 8-6]은 화소의 비트수가 8비트인 그레이 레벨 영상에서 임의의 상수 값을 뺐을 때 나타나는 영상이다. 임의의 상수 값이 커질수록, 즉 빼는 수가 커질수록 영상의 밝기가 더 어두워짐을 알 수 있다.

화소 값에서 임의의 상수를 뺄 때 화소의 최소값 0보다도 작은 음수가 발생할 수 있다. [그림 8-6]에서 화소의 최소값인 0보다 작은 음수 값은 모두 0으로 처리된다.

$$(\text{화소 값} - \alpha) < 0 \text{ 이면, } (\text{화소 값} + \alpha) = 0$$

(a) 원본 영상

(b) 상수 값 10을 뺀 영상

(c) 상수 값 50을 뺀 영상

(d) 상수 값 100을 뺀 영상

[그림 8-6] 뺄셈 상수 변화에 따른 디지털 영상의 밝기 감소

화소 값의 곱셈연산

화소의 밝기 값에 특정 상수 값을 곱하면 전체적으로 화소의 밝기 값이 증가해

더 밝아진다. 기존의 밝은 부분은 더욱 밝아지고, 어두운 부분은 약간 밝아진다. 이 때문에 영상 내의 ㅂ락기에 커다란 차이가 생기는 것이다. 영상에서 화소의 최대값이 45이고, 최소값이 5라면 밝기의 차이는 40이 된다. 이 영상의 각 화소 값에 2를 곱하면 최대값이 90이 되고, 최소값은 10이 된다. 밝기의 차이는 80이 되므로, 그 차이만큼 더 커지게 된다. 밝기의 차이가 커지므로 영상의 선명도 또한 증가한다.

화소 * α : 영상의 밝기 차이 증가 = 뚜렷해짐

[그림 8-7]은 그레이 레벨 영상에 임의의 상수 값을 곱했을 때 나타난 결과 영상이다. 곱하는 임의의 상수 값이 클수록 밝기의 차이도 커져서 선명도가 높아진다. 그러나 임의의 상수값이 너무 크면 영상이 너무 밝아져 시각적으로 눈에 거슬린다.

(a) 원본 영상 (b) 상수 1.3을 곱한 영상

(c) 상수 1.5를 곱한 영상 (d) 상수 1.7을 곱한 영상

[그림 8-7] 곱셈 상수 변화에 따른 디지털 영상의 명도 대비 향상

화소 값의 나눗셈연산

화소 값을 임의의 상수 값으로 나누면 전체적으로 화소의 밝기 값은 감소하고, 최대 밝기와 최소 밝기의 차이는 작아진다. 즉, 밝은 부분은 많이 어두워지고, 어두운 부분은 약간 어두워진다. 화소의 최대값이 45이고, 최소값이 5라면 밝기의 차이는 40이 된다. 이 영상의 각 화소 값을 5로 나누면, 최대값은 9가 되고 최소값은 1이 된다. 밝기의 차이가 8이 되어, 차이가 더 작아지므로 밝기의 차이도 역시 작아져 오히려 선명도는 떨어진다.

화소 / α : 영상의 밝기 차이 감소 = 희미해짐

[그림 8-8]은 그레이 레벨 영상을 임의의 상수 값으로 나누었을 때 나타나는 결과 영상이다. 나눈 임의의 상수 값이 클수록 밝기의 차이가 작아져 영상이 전체적으로 희미해짐을 알 수 있다. 너무 큰 상수 값으로 나누면 밝기가 너무 어두워져 영상을 판단하기가 어렵다.

(a) 원본 영상

(b) 상수 1.3으로 나눈 영상

(c) 상수 1.5로 나눈 영상 (d) 상수 1.7로 나눈 영상

[그림 8-8] 나눗셈 상수 변화에 따른 디지털 영상의 명도 대비 향상

산술연산의 문제점과 해결 방법

산술연산의 결과 값은 화소의 최대값과 최소값을 넘을 수 있다. 예를 들어, 8비트 그레이 레벨 영상은 최대값이 255이고 최소값이 0인데, 연산의 결과로 256이상의 값이나 음수 값이 나오기도 한다. 이 때는 연산 결과 값에 클램핑 기범이나 랩핑 기법을 적용한다.

클램핑 기법

클램핑 기범은 연산의 결과 값이 최소값보다 작으면 그 결과 값을 최소값으로, 최대값보다 크면 결과 값을 최대값으로 한다. 8비트 그레이 영상의 최소값은 당영히 0이고, 최대값은 255이다. 음수는 0으로 설정하고, 255보다 큰 값은 255로 설정한다.

랩핑 기법

랩핑 기법은 연산의 결과 값이 최소값보다 작으면 그 결과 값을 최소값으로 하고, 최대값보다 크면 최소값부터 최대값까지를 한 주기로 해서 이를 반복하는 기법이다. 따라서 최대값 + 1은 최소값이 되고, 연산의 결과값이 최대값 + 상수값일 때는 상수값 -1로 설정한다. 8비트 그레이 영상의 최소값은 당연히 0이고, 최대값은 255가 된다. 음수는 0으로 설정하고, 255보다 큰 결과 값 256은 0으로, 257은

1로 설정한다. 이런 방식으로 주기를 계속 반복한다.

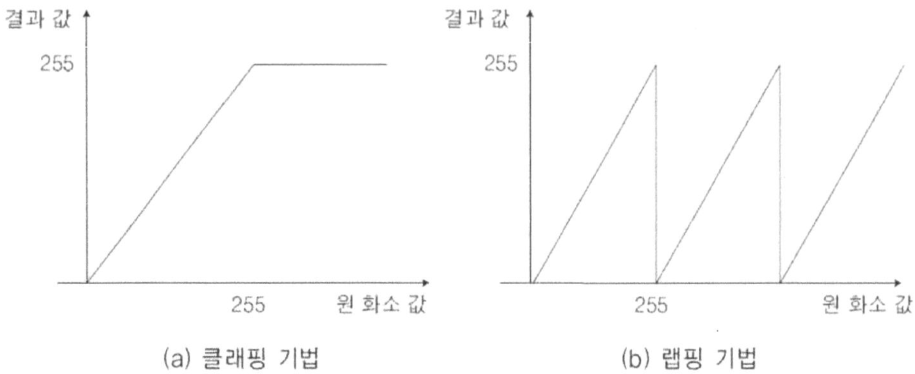

[그림 8-9] 클래핑 기법과 랩핑 기법

8.2.3 논리연산

[표 8-2]는 기본적인 논리연산의 진리표를 나타낸 것이다. AND 연산은 두 이진 데이터의 입력 값이 모두 1일 때만 1을 출력하고, 나머지는 0을 출력한다. OR 연산은 두 이진 데이터의 입력 값에서 하나만 1이면 1을 출력하고, 두 입력이 모두 0 일 때는 0을 출력한다. 배타적 OR(XOR) 연산은 두 입력이 같으면 0을, 다르면 1을 출력한다. NOT 연산은 입력한 값과 반대로 출력한다.

[표 8-2] 기본적인 논리연산의 진리표

X	Y	X AND Y	X OR Y	X XOR Y	NOT X	NOT Y
0	0	0	0	0	1	1
0	1	0	1	1	1	0
1	0	0	1	1	0	1
1	1	1	1	0	0	0

화소 값의 AND 연산

AND 연산은 원하는 비트를 선택적으로 0으로 만드는 기능이 있어서 마스크 연산이라고도 한다. 그래서 영상의 특정 화소 비트에서 0으로 구성된 이진 데이터와 AND 연산을 수행한다. 다음은 영상 화소의 8비트에서 상위 4비트를 0으로 구성하려고 이진 데이터를 0000 1111로 하여 AND 연산을 수행하는 예이다.

화소 비트 : 1 0 1 1 0 1 0 1 연산 전
이진 데이터 : 0 0 0 0 1 1 1 1 마스크(AND) 연산
마스크 결과 : 0 0 0 0 0 1 0 1 연산 후

[그림 8-10]은 일반 영상에 바탕이 검정색이고 내부의 원이 흰색인 마스크 영상과 AND연산을 수행한 결과를 나타낸 것이다. 마스크 영상에서 검정색에 해당하는 화소의 모든 비트는 0이며, 흰색의 원에 해당하는 화소의 비트는 모두 1이다. 따라서 AND 연산을 수행하면 검정색 부분은 마스킹되고, 흰색 부분은 그대로 유지되는 영상을 얻는다.

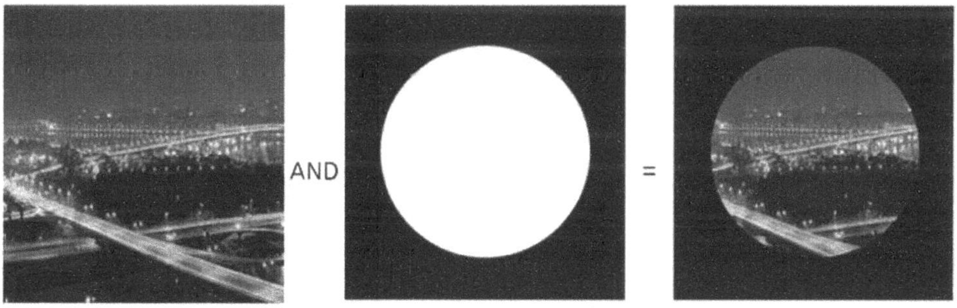

[그림 8-10] 영상에서 AND 연산 수행

화소 값의 OR 연산

OR 연산은 특정 비트를 선택적으로 1로 구성할 수 있어 선택적-세트 연산이라고도 한다. 화소의 특정 비트를 1로 만들려고 원하는 비트 위치가 1로 구성된 이

진 데이터와 OR연산을 수행한다. 다음은 화소 비트가 1001 0010 일 때 하위 4비트를 모두 1로 만드는 예이다. 이진 데이터를 0000 1111로 하여 화소 비트와 OR 연산을 수행한 결과는 다음과 같다.

화소 비트 :	1 0 0 1 0 0 1 0	연산 전
이진 데이터 :	0 0 0 0 1 1 1 1	선택적-세트(OR)연산
선택적 세트 결과 :	1 0 0 1 1 1 1 1	연산 후

[그림 8-11]은 [그림 4-10]과 똑같은 영상과 마스크 영상으로 OR 연산을 수행한 결과를 나타낸 것이다. 마스크 영상의 흰색 원 부분은 모두 비트가 1인 화소이므로, OR 연산을 수행한 결과도 이 부분의 비트가 모두 1인 화소로 구성되었다.

[그림 8-11] 영상에서 OR 연산 수행

화소 값의 XOR 연산

XOR은 입력이 서로 다를 때만 1을 출력하는 연산으로, 두 데이터를 비교하므로 비교 연산이라고도 한다. 다음은 화소 비트와 비교 데이터를 비트별로 비교하여 정리한 것이다. 같은 비트에서만 0을 출력함을 확인할 수 있다.

화소 비트 : 1110 0001 연산 전
비교 데이터 : 0101 1001 비교(XOR)연산
비교 결과 : 1011 1000 연산 후

XOR 연산은 일반 영상에서 특정 화소 값을 찾는데 이용한다. 8비트 그레이 레벨 영상에서 상수 값 128로 XOR 연산을 수행하면 영상 내에 있는 화소 값 128의 이진수 값이 모두 0으로 바뀐다. 그래서 해당 부분의 색상이 검정색으로 바뀌는 것이다. [그림 8-12]는 그레이 영상에서 상수 128로 XOR 연산을 수행하는 것이다.

[그림 8-12] 그레이 영상을 상수 값 128로 XOR 연산 수행

화소 값의 NOT 연산

NOT 연산은 화소 비트를 반전시키는 일을 한다. 그래서 영상에서는 검정색이 흰색으로, 흰색이 검정색으로 반전되는 것이다. 다음은 화소 비트 1001 0010이 NOT연산으로 반전된 것을 보여 준다.

화소 비트 : 1001 0010 연산 전
반전 화소 비트 : 0110 1101 반전(NOT)연산

[그림 8-13] 영상에서 NOT 연산 수행

8.3 다양한 화소 점 처리 기법

화소 점 처리를 일반화된 식으로 표현하면 다음과 같다.

$$\text{Output}(q) = T[\text{Input}(p)]$$

여기서 p는 입력 영상의 화소 값이고, T로 화소 값을 변환한다. q는 값을 변환하여 얻은 출력 화소 값이다.

8.3.1 명암 변환

밝기를 변경하는 명암 변환은 미리 지정된 변환 함수를 바탕으로 입력 영상의 이전 화소를 새로운 화소로 변화하는 점 처리 기법이다.

널 변환

널 변환은 입력 영상을 출력 영상으로 변환해도 변화가 없는 것을 말한다. 단순히 입력 화소를 출력 화소로 바꾸는 변환이다. 널 변환의 변환 함수는 다음과 같이 정의한다.

Output(q) = Input(p)

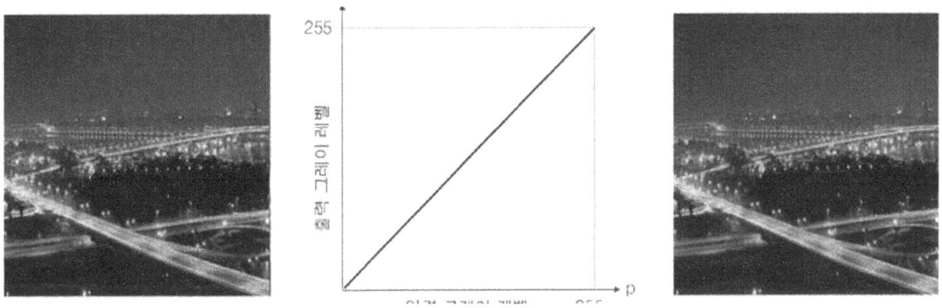

[그림 8-14] 8비트 그레이 레벨 영상에서의 널 변환 함수 그래프와 출력 영상

영상 반전 변환

영상의 반전 변환은 사진학적 역변환을 말한다. 각 화소의 값이 영상 내에 대칭이 되는 값으로 변환된다. 8비트 그레이 레벨의 영상을 반전시키면 화소 값이 0번은 255번으로, 화소 값 1번은 254번으로 변환된다. 반대도 마찬가지다. 8비트 그레이 영상의 반전 함수는 다음과 같다.

Output(q) = 255 - Input(p)

[그림 8-15]는 영상 반전에서의 그래프와 출력 영상이다.

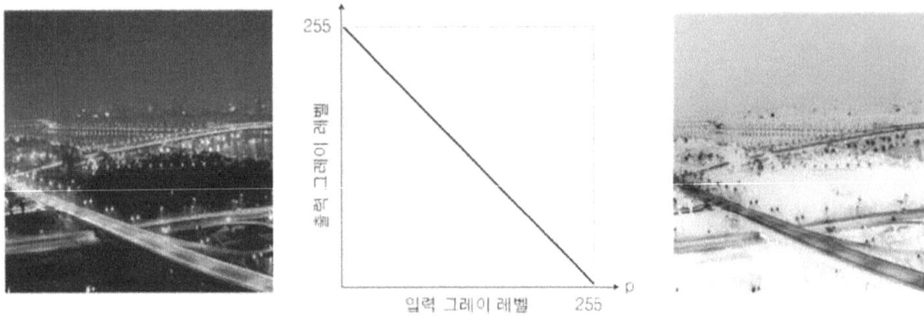

[그림 8-15] 8비트 그레이 레벨 영상에서의 반전 변환 함수 그래프와 출력 영상

감마 보정

CRT모니터는 비선형 소자여서 디지털 영상 신호의 값이 정확하면 영상을 모니터에 적절하게 표시하지 않는다. 비선형 소자는 입력 신호를 같은 크기의 출력 신호로 생성하지 못한다. 영상 센터에서 입력된 빛의 양에서 발생하는 출력 신호는 지수 함수와 비선형적 관계에 있다. 모니터와 영상 센서처럼 입, 출력 관계가 선형적이지 못할 때 보정이 필요하다. 감마 보정은 입력값을 조정하여 출력을 제대로 만드는 과정을 말한다. 감마 보정의 함수는 다음과 같다.

$$\text{Output(q)} = [Input(p)]^{(1/n)}$$

함수의 감마 값에 따라 영상을 밝게 하거나 흐리게 조절할 수 있다. 감마 값이 1보다 크면 영상이 어두워지고, 1보다 작으면 영상이 밝아진다. [그림 8-16]은 감마 보정의 결과 영상과 감마 함수의 그래프를 나타낸다.

[그림 8-16] 감마 보정 영상과 감마 함수의 그래프

감마 함수의 그래프를 보면, 비선형인 모니터는 감마 보정 함수를 이용하여 선형 특성을 만족시키는 그래프가 되었다. 따라서 원래의 신호가 모니터에 정확하게 반영된다.

8.3.2 명암 대비 변환

명암 대비 스트레칭은 밝기의 차이를 크게 하여 가장 밝은값을 최대 밝게, 가장 어두운 값을 최대 어둡게 설정한다. 즉, 높은 명암 대비를 보이는 여상을 생성하는 것이다. 반면, 명암 대비 압축은 가장 어두운 값을 밝게, 가장 밝은 값을 어둡게 해서 밝기 차이를 줄여 낮은 명암 대비를 보이는 영상을 생성한다. [그림 8-17]은 명암 대비 변환 함수 그래프, [그림 8-18]은 명암 대비 변환으로 생성한 영상이다.

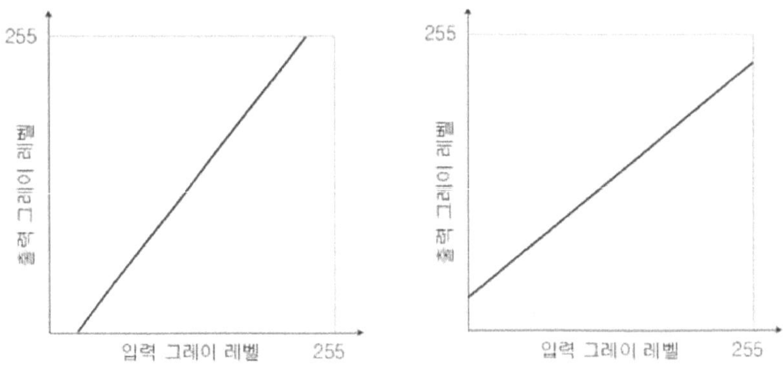

(a) 명암 대비 스트레칭 (b) 명암 대비 압축

[그림 8-17] 명암 대비 변환 함수 그래프

(a) 입력 영상 (b) 명암 스트레칭된 영상 (c) 명암 대비가 압축된 영상

[그림 8-18] 명암 대비 변환 결과 영상

8.3.3 경계 값을 이용한 처리

경계값을 이용한 처리는 디지털 영상의 화소 값을 주어진 경계값으로 그룹화하여 결국 화소값의 수를 감소시키는 처리 방법이다.
포스터라이징

영상에서 화소에 있는 명암값의 범위를 경계값으로 축소하는 기법을 초스터라이징이라고 한다. 경계값 여덟 개로 8비트 그레이 레벨 영상을 포스터라이징 처리하면, 명암값 256개가 명암값 여덟 개로 변경된다. [그림 8-19]는 명암값이 256개 있는 영상을 명암값 여덟 개로 축소한 영상과 변환 함수의 그래프를 보여 준다.

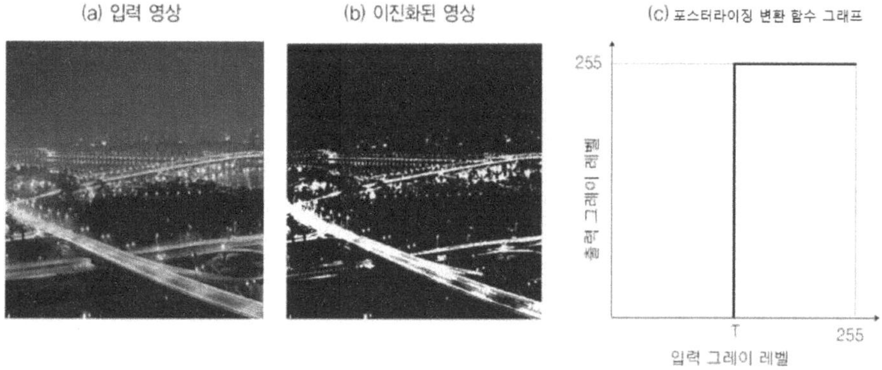

[그림 8-19] 포스터라이징의 결과 영상과 함수 그래프

이진화

이진화는 영상의 화소값을 경계값을 이용해 값이 두 개만 있는 영상으로 변환해 주는 것을 말한다. 보통, 그레이 레벨 영상을 이진 영상으로 변환할 때 사용한다. 값이 두 개 뿐이라서 영상을 쉽게 분석할 수 있고, 명암 대비가 매우 낮은 영상에서는 배경과 물체를 확실하게 구분할 수 있게 해준다. 8비트 그레이 레벨 영상의 이진화 함수를 나타내면 다음과 같다.

$$Output(q) = \begin{cases} 255 & Input(p) \geq T \\ 0 & Input(p) < T \end{cases}$$

[그림 8-20]은 경계값 T가 128일 때 8비트 그레이 레벨 영상을 이진화한 영상과 함수 그래프이다.

[그림 8-20] 이진화 함수 그래프와 이진화 영상

8.3.4 범위 강조 변환

범위 강조 변환은 영상에서 한 부분의 화소는 원 상태를 그대로 유지한 채 일정 범위의 화소만 강조하는 변환을 말한다. 원하는 부분의 화소값이 더 커지거나 작아져 다른 부분과 비교해서 더욱 도드라져 보인다. [그림 4-21]은 범위를 강조하여 변환된 영상과 함수 그래프를 나타낸 것이다. 그래프를 보면, 8비트 그레이 레벨 입력 영상의 화소값 중 128부터 192ㄲ、지 강조되어 모두 255로 출력되었음을 볼 수 있다.

[그림 8-21] 범위 강조 변환된 영상과 함수 그래프

8.4 단일 영상의 화소 점 처리

단일 영상에 대하여 점 처리 연산을 하는 것이다. 이는 영상의 각 픽셀값을 변환 함수를 이용하여 바꾸는 것을 의미한다. 이는 변환 함수에 의하여 정의된다.

8.4.1 슬라이딩(Sliding)과 스트레칭(Stretching)

슬라이딩과 스트레칭은 모두 콘트라스트 향상 연산에 속한다. 이는 영상의 각 픽셀에 상수값을 더하거나 빼거나 곱하거나 나누는 점 처리이다. 이런 종류의 연산에서는 영상 히스토그램이 아주 유용하게 쓰인다. 2가지의 흔히 쓰이는 연산은 히스토그램 슬라이딩과 스트레칭이다. 이들 연산들은 영상 안의 픽셀을 재분배하여 콘트라스트 특성을 향상시킨다.

히스토그램 슬라이딩 연산은 간단히 설명하면 영상내의 모든 픽셀에 상수 값을 더하거나 빼는 연산이다. 히스토그램 스트레칭은 모든 픽셀값을 상수값으로 곱하거나 나누는 연산이다. 슬라이딩과 스트레칭을 히스토그램 매핑 함수로 표현하면 [그림 8-22]와 [그림 8-23]과 같이 된다.

일반적으로 슬라이딩과 스트레칭이 합쳐질 수 있고, 그림 5.4에 있어 W는 입력 명도값의 신축(스트레칭) 조작이며, L은 입력값에는 의존하지 않는 평행 이동 조작(슬라이딩)이다. 변환 직선 기울기가 1보다 큰 경우는 명도의 확대를 나타내며, 1보다 작은 경우에는 압축이 된다.

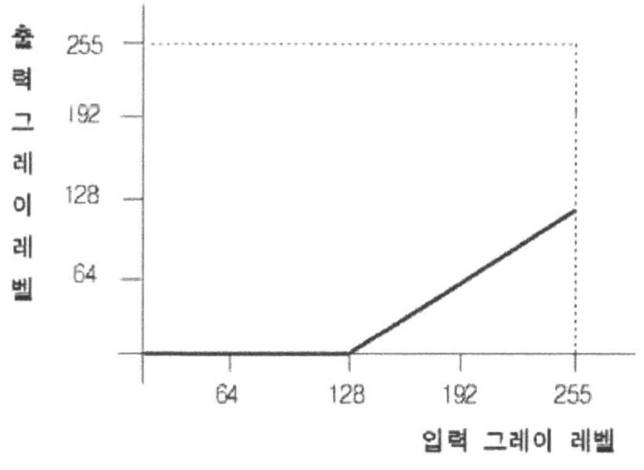

[그림 8-22] 히스토그렘 슬라이딩

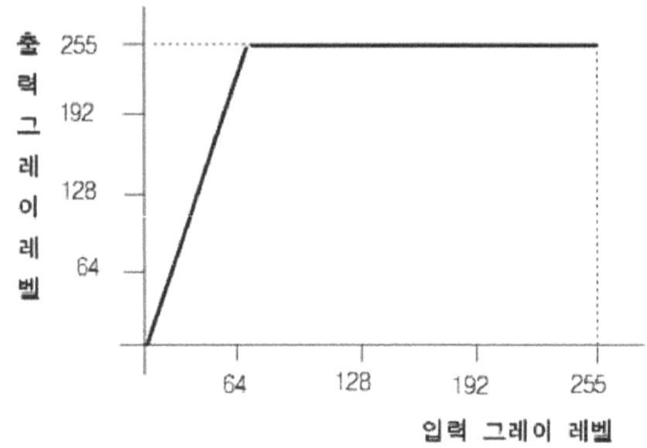

[그림 8-23] 히스토그램 스트레칭

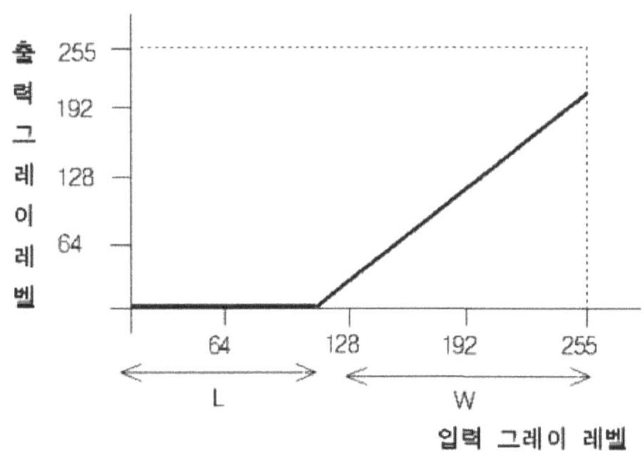

[그림 8-24] 일반적인 경우의 슬라이딩과 스트레칭

자동적으로 영상의 콘트라스트를 향상시키려면 슬라이딩과 스트레칭시키는 위치를 자동으로 찾아야 한다. 많이 쓰이는 방법은 한편에 몰려 있는 히스토그램을 모든 영역으로 확장시키는 것이다. 다음 식을 이용하여 이전의 픽셀값에서 새로운 픽셀값을 계산한다.

$$\text{새로운 픽셀값} = \frac{\text{이전의 픽셀값} - \text{최소 픽셀값}}{\text{최대 픽셀값} - \text{최소 픽셀값}} \times 255$$

최소 픽셀값을 빼는 것은 히스토그램을 왼편으로 슬라이딩하는 것이고 다음에 각 픽셀값은 최대 픽셀값이 255가 되고 최소 픽셀값이 0이 되도록 스트레칭된다.

```
void
auto_contrast_stretch(struct Image *src_image)
{
long i; /* loop variable */
long number_of_pixels; /* total number of pixels in image */
long histogram[256]; /* image histogram */
unsigned char LUT[256]; /* Look-up table for point process */
int lowthresh, highthresh; /* lower and upper thresholds */
float scale_factor; /* scaling factor for contrast stretch */

/* initialize thresholds */
lowthresh = 0;
highthresh = 255;

/* compute histogram */
number_of_pixels = (long) src_image->Cols * src_image->Rows;

for(i=0; i<256; i++)
            histogram[i] =0:

for(i=0; i<number_of_pixels; i++)
            histogram [src_image->Data[i]]++;

/* compute low and high thresholds */
for(i=0; i<256; i++)
            if (histogram [i]){
                  lowthresh = i;
                  break ;
            }
for(i=255;i>=0:i--)
```

```
            if (histogram [i]){
                    highthresh = i;
                    break;
            }

printf ("Low threshold is %d High threshold is %d\n",
        lowthresh,highthresh) ;

/* compute new LUT */
for(i=0; i<lowthresh; i++)
      LUT [i] =0;

for(i=255; i>highthresh; i--)
      LUT[i]=255;

scale_factor = 255.0 / (highthresh-lowthresh);
for(i=lowthresh; i<=highthresh; i++)
      LUT[i]=(unsigned char) ((i - lowthresh) * scale_factor);

/* transfer new image */
for(i=0; i<number_of_pixels; i++)
      src_image->Data[i] = LUT [src_image->Data[i]];
}
```

다음은 이러한 히스토그램 스트레칭을 이용한 콘트라스트 향상의 예이다.

(a) 원 영상

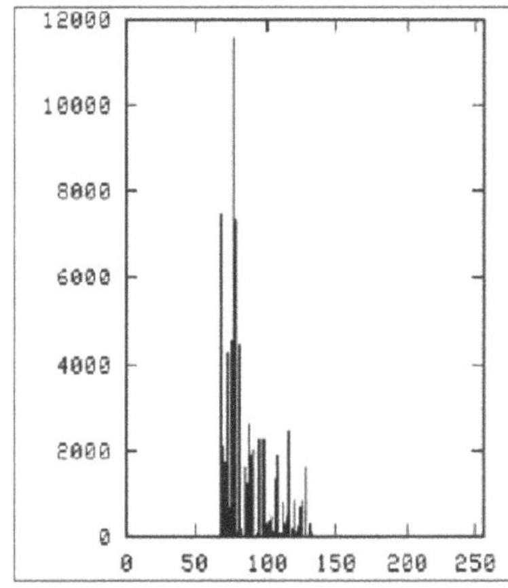

(b) 원 영상의 히스토그램

(c) 스트레칭된 영상

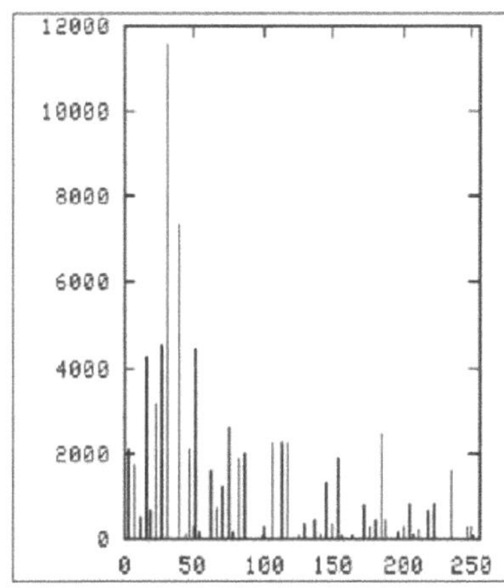

(d) 스트레칭된 영상의 히스토그램

[그림 8-25] 히스토그램 스트레칭의 예

8.4.2 중간 강조

[그림 8-26]과 같이, 부분 구간 *W*에 중요한 정보가 포함되어 있고 다른 구간에는 중요한 정보가 적은 것을 미리 알고 있는 경우에는 *W* 부분의 명도를 확장하고, 그 이외의 부분은 압축한다.

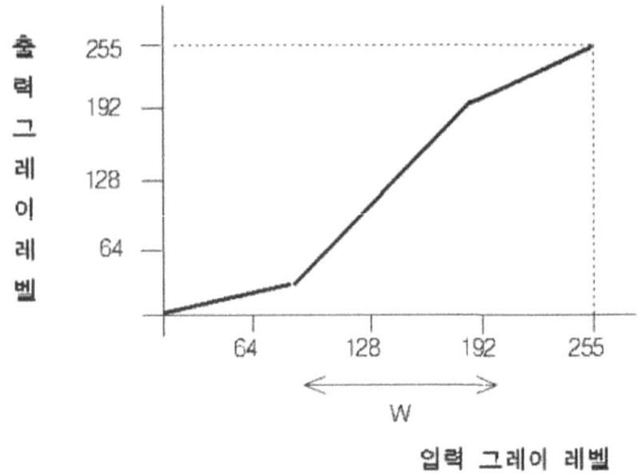

[그림 8-26] 중간 강조의 히스토그램 변환 함수

8.4.3 반전

[그림 8-27]과 같이 어두운 부분과 밝은 부분을 반대로 하여 영상의 흑백을 반전시킨다.

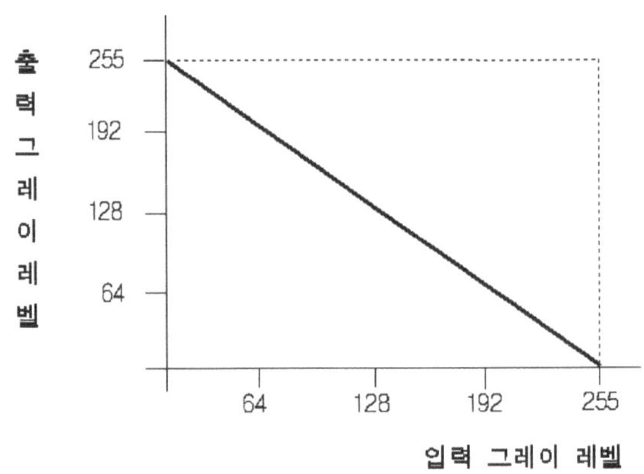

[그림 8-27] 반전에서의 히스토그램 변환 함수

8.4.4 이진화(Thresholding)

문서 영상의 경우 심각하게 조명 상태가 나쁜 경우, 콘트라스트가 매우 낮은 경우가 있다. 이런 때에는 보다 확실하게 배경과 문자나 선을 구분하기 위하여 이진화를 시행한다. 매핑 함수는 선택된 임계값보다 낮은 픽셀은 검정색(0)으로, 임계값과 같거나 높은 픽셀은 흰색(255)으로 바꾼다. 따라서 처리된 영상은 매우 높은 콘트라스트를 갖게 된다. 이진화는 다음 장에서 자세히 설명된다. 이진화의 변환 함수는 [그림 8-28]과 같다.

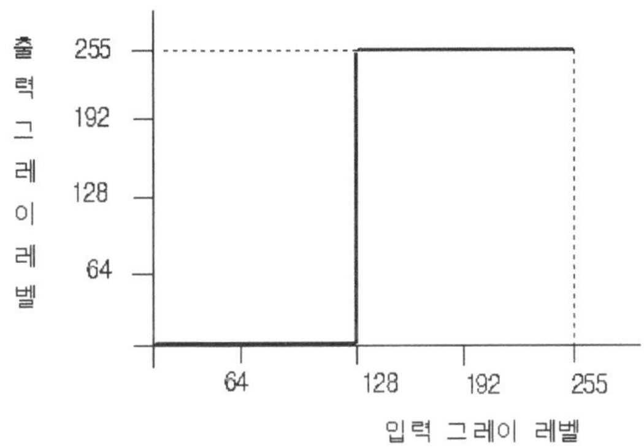

[그림 8-28] 이진화에서의 히스토그램 변환 함수

8.4.5 슬라이스

[그림 8-29]와 같이, 레벨 a에서 레벨 b까지 구간의 명도를 255로 하여 출력한다. 명도 슬라이스는 이중 이진화라 할 수 있다. 즉, 두 개의 높고 낮은 임계값이 설정되고 두 개의 임계값 사이의 밝기는 흰색으로 매핑되고 낮은 임계값보다 더 낮거나 높은 임계값보다 더 높은 부분은 검정색으로 매핑된다. 이 방법은 강조되어야 할 특징이 다른 특징의 밝기 사이에 있는 경우, 또는 여러 개의 특징이 서로 다른 밝기로 강조되어야 하는 경우에 효과적인 방법이다.

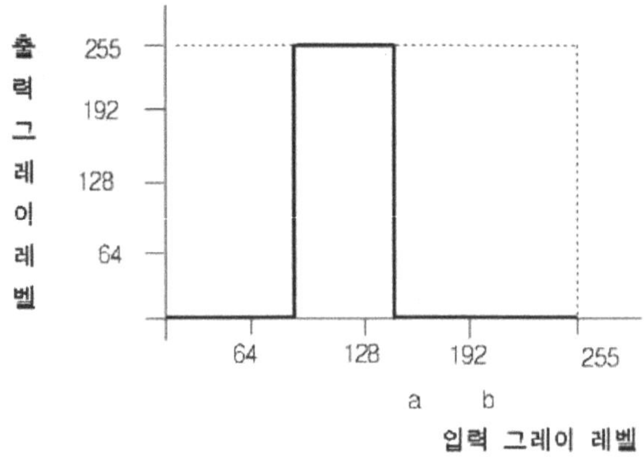

[그림 8-29] 슬라이스에서의 히스토그램 변환 함수

8.4.6 등명도선

영상의 명도를 몇 개의 단계로 분할하여 어떤 명도만을 255(1)로 하고, 다른 부분을 0으로 이진화하여 표시하면, 등명도 부분이 지도에 있어서 등고선과 같이 표시된다. [그림 8-30]과 같이 *W*로 나타낸 부분만을 255(백)으로 하고 *L*로 표시한 부분을 0(흑)으로 한다.

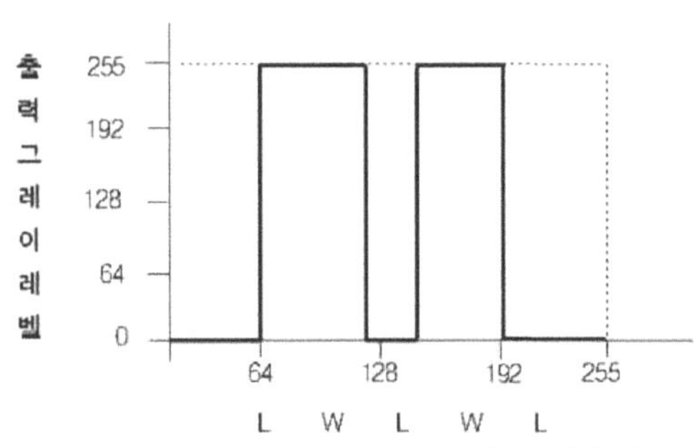

[그림 8-30] 등명도선에서의 히스토그램 변환 함수

8.4.7 명도 단계 변환

[그림 8-31]에서 나타내는 것과 같은 변환이다. 2, 4, 8, 16, 32, 256 명도 단계로 변환한다.

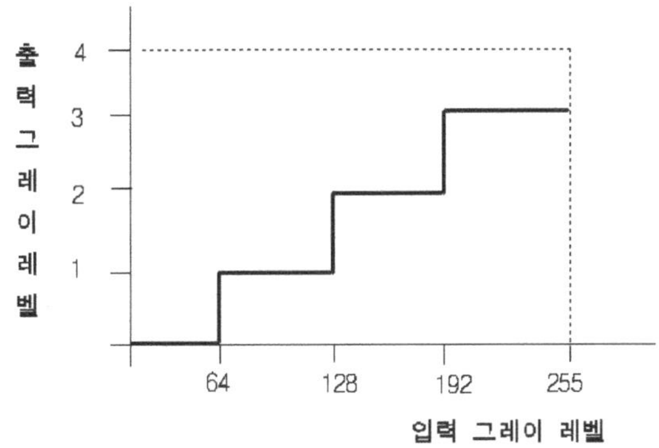

[그림 8-31] 히스토그램 단계수 변화에서의 히스토그램 변환 함수

8.4.8 중간 제거

[그림 8-32]와 같이 수평축의 *W* 부분을 제외한 나머지를 명도 변환한다.

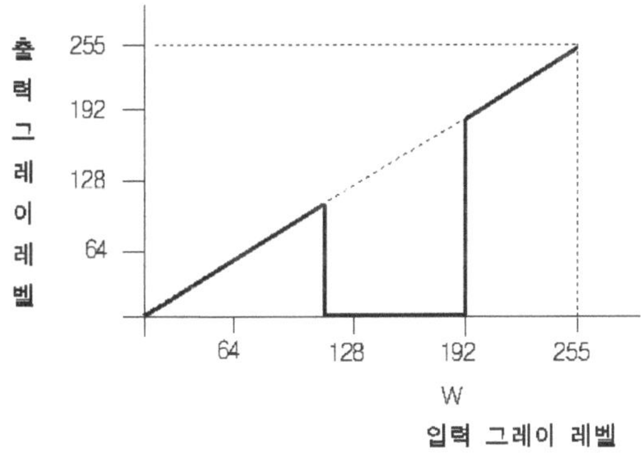

[그림 8-32] 중간 제거에서의 히스토그램 변환 함수

8.4.9 중간 통과

[그림 8-33]과 같이 수평축의 *W*부분만을 명도 변환한다.

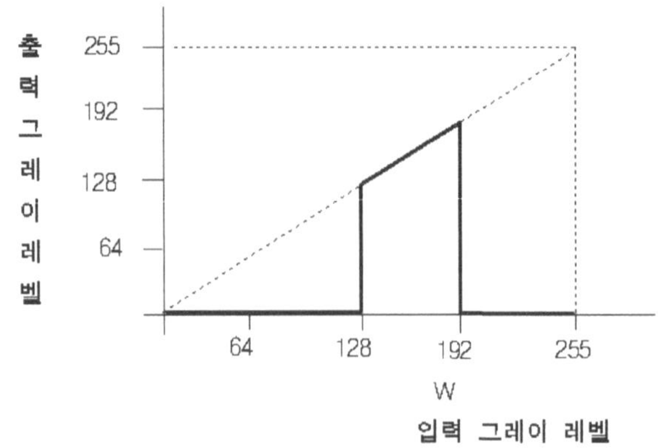

[그림 8-33] 중간 통과에서의 히스토그램 변환 함수

8.4.10 점 처리의 적용 예

위의 연산 중 몇 가지를 실제 영상에 적용시켜보면 다음과 같다.

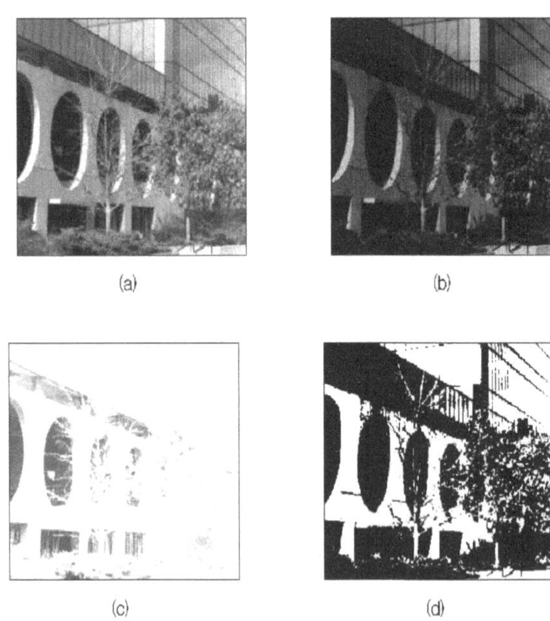

(e)

[그림 8-34] 점 처리의 예

8.5 다중 영상(Multiple Image)의 경우

지금까지는 단일 영상에 대한 픽셀 점 처리를 살펴보았다. 지금부터는 여러 개의 입력 영상에 대하여 이 기법을 적용하여 보자. 두 개 이상의 입력 영상의 픽셀 밝기를 결합하여 출력 영상에 저장할 수 있다. 가장 흔한 경우는 두 개의 입력 영상이 존재하는 경우이다. 이런 처리를 이중 영상 점 처리(dual-image point process)라고 한다. 이중 영상 점 처리의 방정식은 다음과 같다.

$$O(x,y) = I_1(x,y) \ \# \ I_2(x,y) \quad \cdots\cdots (8.1)$$

여기서 $I_1(x,y)$와 $I_2(x,y)$는 두 개의 입력 영상을 나타낸다. 기호 #는 결합 함수를 표시한다. 결합 함수는 수학적이거나 논리적인 연산자, 즉 $+, -, \times, \div$, AND, OR, XOR 등을 포함한다.

다중 영상 점 처리는 2가지로 나누어지는데 영상 결합(image combination)과 영상 합성(image compositing) 연산이 그것이다. 영상 결합 연산은 장면의 어떤 속성을 향상시키기 위해 기본적으로 같은 장면의 비슷한 영상을 섞는 것이고 영상 조합 연산은 서로 관련 없는 영상을 혼합하여 전혀 새로운 장면을 만드는 것이다.

8.5.1 영상 결합

영상 결합은 주로 같은 장면을 시간적인 간격을 두고 찍거나 다른 필터를 통하여 얻은 여러 개의 영상을 결합하는 것이다. 흔히 쓰이는 연산들은 다음과 같다.
차연산(Differencing)

차연산은 물체의 미묘한 이동이나 밝기의 미묘한 변화 등을 감지하고자 할 때 수행된다. 다음의 식을 이용하여 두 개의 영상을 결합한다.

$$O(x,y) = I_1(x,y) - I_2(x,y) \quad \cdots\cdots\cdots \quad (8.2)$$

차연산은 인공위성 사진을 이용하여 무기의 이동이나 병력 이동을 감지하는데 이용된다. 다른 용도로는 배경 제거, 조명 균일화 등에 쓰일 수 있다.

스펙트럼 비율 기법(Spectrum Rationing)

예를 들어, 자원 탐사 위성을 이용하여 식물의 현재 상태를 조사한다고 가정하자. 살아 있는 식물은 적외선을 많이 반사하고 적색광은 적게 반사시킨다. 죽은 식물은 그와 반대로 많은 양의 적색광과 적은 양의 적외선을 반사시킨다.

어떤 특정한 지역에서 얼마나 많은 식물이 살아 있는 지를 조사하려면 적외선 영상에서 밝은 영역을 찾고 적색 영상에서 어두운 부분을 찾음으로써 가능하다고 생각할지 모르나 불행히도, 살아있는 식물이 아니어도 따뜻한 물체이면 역시 적외선 영상 안에서 밝게 나타나고, 극소량의 적색광을 반사하는 무생물체도 적색 영상에서 어둡게 나타날 수 있다.

그러므로 적외선 영상도, 적색 영상도 모두 살아있는 식물을 정확하게 알아보기 위해서 사용되기에는 불충분하다. 그러나 비율을 사용하여 두개의 영상을 결합시키면, 정확한 결과를 얻어낼 수 있다. 스펙트럼의 비율 기법은 픽셀 단위의 이중 연산 점 처리를 사용하여 하나의 스펙트럼 영상을 다른 영상으로 나누는 것이다. 이것을 비율 기법이라고 한다. 비율 기법은 다음 식을 사용하여 두 영상을 결합한다.

$$O(x,y) = \frac{I_1(x,y)}{I_2(x,y)} \quad \cdots\cdots\cdots \quad (8.3)$$

이것은 어떤 물체는 강조하고 다른 물체는 어둡게 만든다. 예를 들어 적외선 영상을 적색 영상으로 나눔으로써, 살아있는 식물을 더욱 눈에 띄게 강조한다. 이는 적색 영상 안의 어두운 식물의 명암에 의해 나누어진 적외선 영상 안의 밝은 식물 명암이 매우 큰 밝기의 결과를 창출해내기 때문이다. 유사하게, 적외선 영상으로 적색 영상을 나누면 죽은 식물이 더욱 두드러지게 강조된다.

시간적 잡음 감소 (Temporal Noise Reduction)

시간에 따라 변하는 또는 일시적인 무작위 잡음은, 동일한 장면을 찍은 몇 개의 영상을 사용한다면 감소시킬 수 있다. 단 각 영상은 서른 다른 시간에 획득되어져야 한다. 결과적으로 각 영상은 서로 다른 무작위 잡음 패턴을 갖게 될 것이다. 그것들을 모두 더하고, 영상의 수로 최종 픽셀 밝기를 나눔으로써 모든 영상 프레임의 평균을 산출해 낼 수 있다.

이 평균화된 영상은 잡음을 적게 포함할 것이다. 이는 평균화 처리가 각 영상간에 변하지 않는 부분을 더 강화했기 때문이다. 변하는 부분은 즉, 무작위 잡음은 평균화되어 제거될 것이다. 동일 장면의 충분한 영상들이 모두 평균화되어진다면 무작위 잡음을 모두 제거되어질 수 있다. 시간적인 영상의 평균화는 다음 식을 이용하여 두 영상을 결합한다.

$$O(x,y)=\frac{I_1(x,y)+I_2(x,y)}{2} \quad \cdots\cdots\cdots (8.4)$$

8.5.2 영상 합성(Image Compositing)

영상 합성 연산은 다중 영상으로부터 연관되어 있지 않은 물체를 합병한다. 최종 영상은 물리적으로 존재하지 않는 새로운 장면이다. 영상 합성은 사진 예술 분야와 그래픽 분야에서 폭넓게 사용된다. 그 결과로, 이들 분야는 디지털 영상 처리의 출현 이후로 눈부시게 변하여 왔다.

이전에는 암실에서 이용되었던 영상 합성 연산이 화학약품 없이, 가격이 감소되면서 매우 향상된 융통성과 특징을 가지고, 빠르고 반복적으로 수행할 수 있게 되었다. 한 영상의 어떤 부분을 다른 영상으로 합성하기 위해서는 흔히 마스크 영상을 우선 만들어야 한다. 이것은 첫 번째 영상 안에 있는 관심 물체의 윤곽을 잡아서 만들어진다.

이 때 마스크 내부 픽셀들은 0으로, 외부 픽셀들은 255로 설정한다. 다음으로 마스크 영상을 이중 영상 점 처리를 이용하여 처음 영상으로부터 차연산을 한다. 결과적으로 마스크 안의 물체만 보여지며 그 밖의 부분은 흑색으로 처리된 영상이 만들어진다.

두 번째 마스크 영상은 첫 번째 마스크와는 반대로 마스크의 내부를 255로 그 밖의 부분을 0으로 설정한다. 두 번째 마스크는 첫 번째 영상에서 삽입되어질 물체의 크기로 영상 안에 흑색의 공간을 만들면서 두 번째 영상으로부터 제거된다. 그런 후 두 영상은 이중 영상 점 처리를 사용하여 더해져서 최종 영상을 창출해 낸다.

다양한 기법이 합성 처리를 위해 발전되어 왔다. 예를 들어, 마스크 경계에서 0에서 255로의(0→255) 갑작스런 변이를 사용하는 대신에 0에서부터 255까지의(0 ~ 255) 더 완만한 기울기를 사용하는 것이 배경 영상과 삽입 물체 사이의 더 완만한 변화를 만든다. 왜냐하면 완만한 변화는 사람이 배경의 앞에 있는 물체를 보는 것에 더 가깝기 때문이다. 따라서 그 결과는 더 자연스럽게 나타날 것이다.

(a) 첫 번째 입력 영상

(b) 두 번째 입력 영상

(c) 합성 영상

[그림 8-35] 영상 합성의 예

8.6 광도 보정(Photometric Calibration)

역사적으로 점 처리 연산의 가장 중요한 용도는 영상 입력 장치가 발생시킨 광도의 비선형성을 제거하는 것이었다. 카메라 필름이나 CCD와 같은 고체 촬영판의 입출력 특성은 선형이라고는 이야기할 수 없다. 즉, 입사광의 강도 L과 필름 흑화도 D 또는 출력 전류 I와의 관계는 그림 5.16와 같이 극단으로 어두운 부분에서는 잔류 잡음 등으로 응답하지 못하며 또한 극단적으로 밝은 부분은 포화되고 만다.

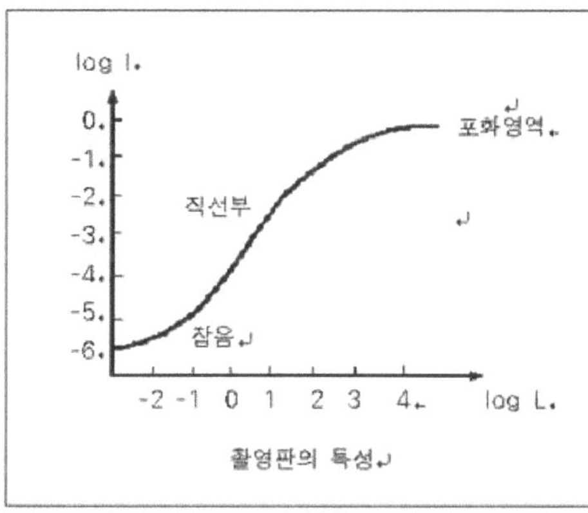

[그림 8-36] 디지타이저의 입력과 출력 특성

이런 비선형성을 이상적인 디지타이저와 이 디지타이저 출력을 왜곡시키는 비선형 점 처리 연산으로 나누어 생각할 수 있다. 따라서 이상적인 디지타이저의 출력을 복원하기 위해서는 두 번째 점 처리 연산이 필요하다. 대개 카메라나 필름의 그레이 스케일 변환 함수는 알려져 있고 따라서 두 개의 연속된 짐 처리 연산의 결과가 0이 되도록 두 번째 점 처리 연산을 선택하면 된다.

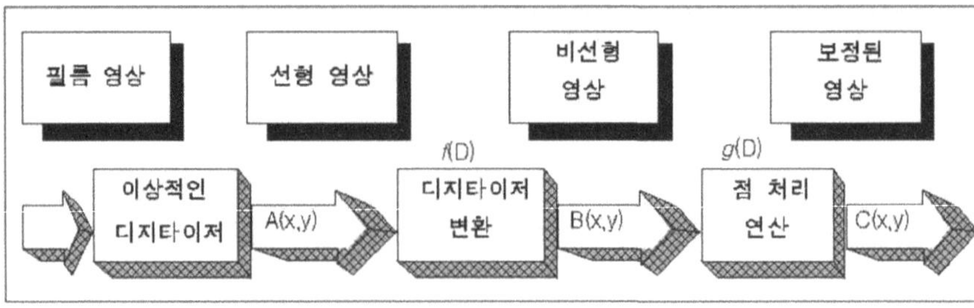

[그림 8-37] 광도 보정 프로세스

$$C(x, y) = g\{f[A(x, y)]\} = A(x, y) \quad \cdots\cdots (8.5)$$

따라서 $g(D) = f^{-1}(D)$ 이어야 한다.
즉, 점 처리 연산의 영향이 그것의 역함수에 의해 무효화된다.
보통 이미지 센서의 입력 광량에 대한 출력 신호의 관계를 γ특성이라고 하며 다음과 같은 관계가 있다.

$$D_B = D_A^{\gamma} \quad \cdots\cdots (8.6)$$

더 쉽게 쓰면 출력＝입력$^{\gamma}$

γ 값은 촬영 장치에 따라 일정하므로 1/γ승 조작에 의하여 γ보정된다. 즉 역지수 연산 $g(D_B) = D_B^{1/\gamma}$을 사용한다. 이것을 감마 보정이라 한다.

필름에서 영상의 데이터를 읽는 장치에는 보통 γ보정을 설정할 수 있는 것이 많다. 엄밀한 γ보정은 영상 내에 장소에 따라 각 광전 변환소자의 특성이 틀리므로 각 소자 전부에 대하여 각각 다른 보정을 하여야 한다. 그러나, 우주탐색용 카메라 등을 제외하고는 통상적으로 1개의 촬영기에 대하여 1개의 테이블만을 이용하여 평범한 특성으로 보정한다.

감마 보정을 프로그램으로 구현해 보도록 하자. 다음과 같이 탐색표(look-up table)를 사용하면 된다.

```
#define GAMMA 2.0
#define EXP 1/(GAMMA)
#define transformation(x) pow( (double) (x) / 255.0, (EXP))
gamma_correction(struct Image *src_image)
{
int x,y;
int index;
char LUT[256];

for(index=0; index < 255; index^+)
      LUT[index] = (unsigned char)transformation(index);
for(y=0; y< src_image->Rows; y++)
      for(x=0; x < src_image->Cols; x++)
         PIXEL(src_image,x,y)=LUT [PIXEL(src_image,x,y)];
}
```

8.7. 픽셀 그룹 처리

화소의 점 처리가 화소의 원 값이나 위치를 바탕으로 화소 값을 변경하는데 반해, 화소의 영역 처리는 해당 입력 화소뿐만 아니라 그 주위의 화소값도 함께 고려하는 공간 영역 연산이다. 즉, 중심 화소 주변 화소 그룹을 대상으로 동작하여 출력 영상을 생성한다. 예를 들어, [그림 8-36]에서 볼 수 있는 바와 같이 (a)의 입력 영상은 화소 아홉 개가 서로 관여하여 (b)처럼 한 가운데에 새로운 화소를 만드는데, 이것을 화소 영역 처리라고 한다.

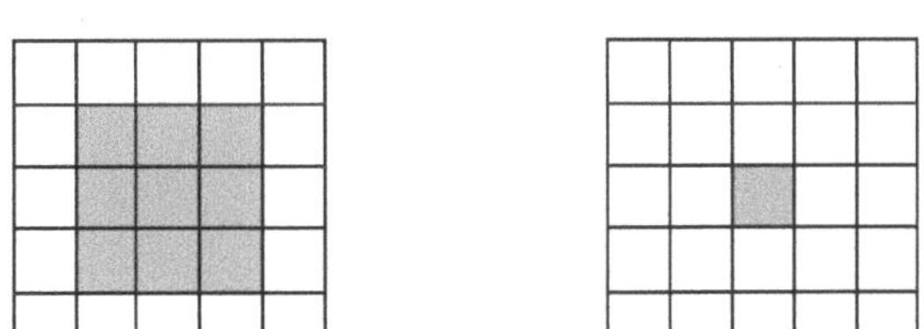

(a) 입력 영상　　　(b) 화소 영역 처리 영상

[그림 8-36] 화소 영역 처리의 개념

화소의 영역 처리는 회선 기법을 수행하므로, 화소의 영역 처리를 회선 처리 또는 컨벌루션 처리라고 한다.
회선 기법은 주변 화소를 조합하여 새로운 화소를 출력해 준다. 이는 원시 화소와 이웃한 각 화소에 가중치를 곱한 합을 출력 화소로 생성하는 원리로, 수식으로 표현하면 아래와 같다.

$$Output\,\Pi xel[x,y] = \sum_{m=(x-k)}^{x+k} \sum_{n=(y-k)}^{y+k} (I[m,n] \times M[m,n]) \quad \cdots\cdots\cdots\cdots\cdots \quad (8.7)$$

여기서 Output Pixel[x, y]는 회선 처리로 출력한 화소, I[m, n]은 입력 영상의 화소, M[m, n]은 입력 영상의 화소에 대응하는 가중치를 말한다. 새로운 화소의 좌표는 x, y이고, 이것을 생성하는데 관여하는 주변 화소의 수는 k값이 결정한다. 예를 들어, k = 1이면 과여하는 화소의 수는 3 * 3의 배열이므로 총 아홉 개다. 그리고 배열의 중심부가 새로운 화소의 위치 x, y가 된다.

[그림 8-38]에서는 회선 처리 기법을 그림으로 표현하였다. 입력 영상의 화소 중에서 I_5를 새로운 화소로 변경하는 것인데, 여기서 회선 마스크는 입력 영상과 곱하는 가중치다. 새로운 화소를 만드는데 총 아홉 개의 화소가 관여하므로 회선 마스크의 가중치도 총 아홉 개가 된다. 출력 화소 값은 각 화소와 가중치를 곱하고 덧셈을 수행하여 얻을 수 있다.

I_1	I_2	I_3
I_4	I_5	I_6
I_7	I_8	I_9

(a) 입력 영상

M_1	M_2	M_3
M_4	M_5	M_6
M_7	M_8	M_9

(b) 회선 마스크

출력 픽셀 값 :

$$I_1 \times M_1 + I_2 \times M_2 + I_3 \times M_3 + I_4 \times M_4 + I_5 \times M_5 + I_6 \times M_6 + I_7 \times M_7 + I_8 \times M_8 + I_9 \times M_9$$

[그림 8-37] 회선 기법으로 출력 화소 생성

화소의 영역 기반 처리에는 엠보싱(Embossing) 효과, 블러링(Blurring), 샤프닝(Sharpening), 경계선 검출(Edge Detection), 잡음제거 등의 기술이 있다.

8.7.1 엠보싱 효과

엠보싱 효과는 입력 영상을 양각 형태로 보이게 하는 기술로, [그림 5-3]처럼 영상에서 특정 부분이 볼록해 보이는 효과를 갖는다.

[그림 8-38] 엠보싱 처리를 한 영상

8.7.2 블러링

블러링은 영상의 세밀한 부분을 제거하여 영상을 흐리게 하거나 부드럽게 하는 기술을 말한다. 영상의 세말한 부분은 주파수축에서 보면 고주파 성분인데, 블러링은 이 고주파 성분을 제거해 준다.

[그림 8-39] 블러링 처리를 한 영상

8.7.3 샤프닝

샤프닝은 블러링과는 반대로 디지털 영상에서 상세한 부분을 더욱 강조하여 표현할 수 있다. 영상의 상세한 부분은 고주파 성분이므로 영상에서 저주파 성분만 제거하면 샤프닝 효과를 얻을 수 있다. 사용되는 가중치의 회선 마스크는 고역 통과 필터(HPF, High Pass Filter)로, 샤프닝 처리 기법은 고역 통과 필터링과 처리 방법이 같다. [그림 8-40]는 영상에 샤프닝을 처리한 예로, 오른쪽 결과 영상에서 위쪽의 상세한 부분이 더욱 강조되어 표현된 것을 확인할 수 있다.

[그림 8-40] 샤프닝 처리를 한 영상

8.7.4 경계선 검출

경계선 검출은 디지털 영상의 경계선을 찾아내는 기술이다. 경계선은 영상의 밝기가 낮은 값에서 높은 값으로 또는 높은 값에서 낮은 값으로 변하는 지점에 있으므로 입력한 영상의 정보가 많이 들어 있다. 경계선 검출 기법은 화소의 영역 처리로 얻을 수 있다. [그림 8-41]은 입력 영상의 경계선을 검출한 예로, 오른쪽에 있는 결과 영상을 보면 경계 부분에만 흰색이 나타남을 알 수 있다.

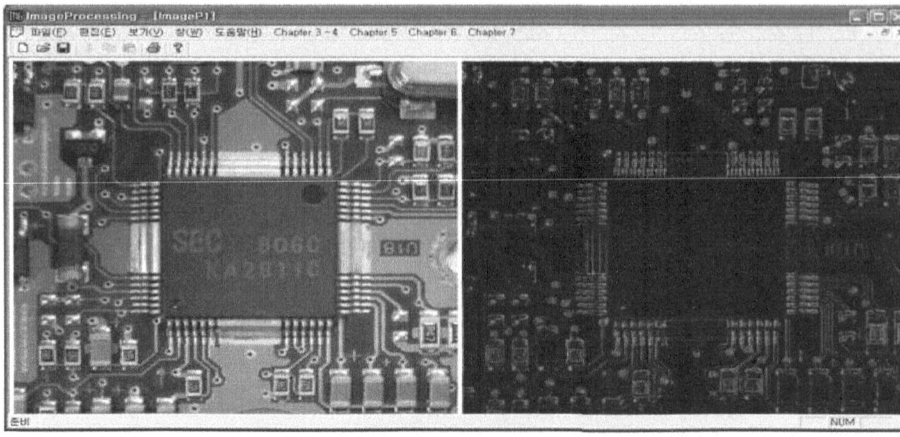

[그림 8-41] 경계선 검출을 한 영상

8.8 컨벌루션 처리의 원리

선형성을 만족하면서 시간에 따라 변하지 않는 시스템을 선형 시불변 시스템(Linear Time Invariant System)이라고 한다. 선형성과 시불변성이 시스템을 쉽게 해석할 수 있도록 도와주므로, 보통 이 두 성질을 모두 만족하는 시스템을 설계한다. 선형 시불변 시스템의 입력 신호에서 출력 신호를 구하는 방법을 회선(Convolution)이라고 한다. 화소의 영역을 처리하는 디지털 영상처리 시스템은 선형 시불변 시스템을 만족시키므로, 디지털 영상처리의 결과는 컨벌루션 처리로 얻을 수 있는 것이다.

회선 기법으로 생성되는 새로운 화소 값은 이웃한 화소값과 이에 대응하는 회선 마스크의 가중치를 곱한 뒤 곱한 값을 서로 더해서 얻는데, 가중치는 회선 마스크 또는 회선 커널이라는 작은 행렬로 구성된다. 회선 마스크는 2차원 행렬이고, 크기는 홀수 × 홀수를 만족해야 하며, 이 행렬의 중앙 요소 위치가 출력 화소의 위치에 해당된다.

[그림 8-42]은 디지털 영상에서 회선 처리를 수행하는 과정이다. 입력 영상의 화소 아홉 개를 매크로 블록 한 개로 설정하고 회선 마스크와 요소별로 각각 곱셈 연산을 수행한다. 그런 뒤 이 곱셈 결과를 다시 합산해 최종적으로 새로운 화소 값을 생성한다.

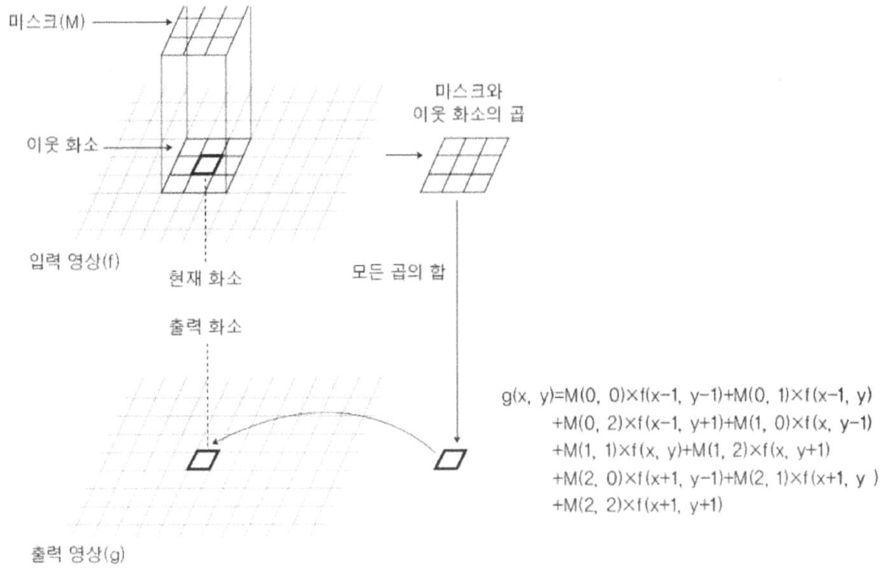

[그림 8-42] 디지털 영상을 컨벌루션 하는 과정

8.8.1 컨벌루션 처리 방법

화소의 영역 처리를 구행하는 컨벌루션 기법은 가중치를 포함한 컨벌루션 마스크가 이동하면서 수행한다. 컨벌루션 마스크가 영상의 왼쪽 위 화소에서 오른쪽으로 한 화소씩 차례로 이동하면서 수행하여 새로운 화소를 만들어 낸다. 한 줄에서의 컨벌루션 처리가 끝나면, 다음 줄로 이동하여 다시 한 화소씩 오른쪽으로 이동하면서 차례로 수행한다.

[그림 8-43]은 컨벌루션 수행 과정이 시작하는 컨벌루션 마스크의 위치를 나타낸다.

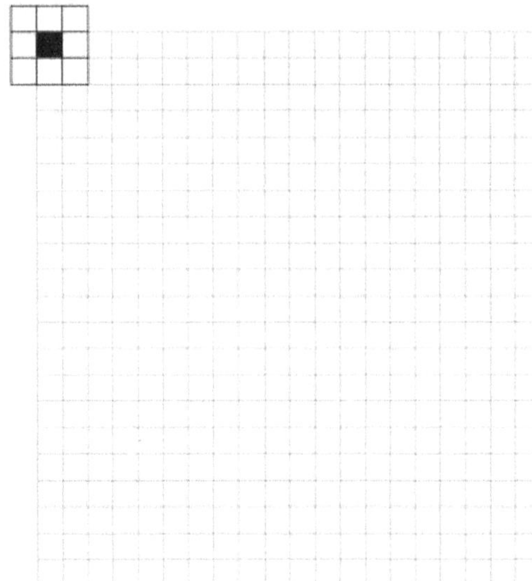

[그림 8-43] 컨벌루션 처리가 시작되는 위치

8.8.2 컨벌루션의 경계 부분 처리

화소의 영역을 처리하려면 이웃하는 주변 화소가 있어야 한다. 그런데 시작이나 끝부분에는 주변 화소가 없을 때가 종종 있을 수 있다. [그림 8-43]을 보면 요소가 아홉 개인 컨벌루션 마스크에 대응하는 영상의 화소는 네 개뿐인데, 나머지 컨벌루션 마스크 다섯 개에 대응할 요소가 없는 이런 영사의 화소를 처리하는 방법을 경계 부분 처리라고 한다.

0 삽입

회선 마스크에 대응되는 빈 영상의 화소 값을 모두 0으로 가정해서 컨벌루션을 수행하는 방법이다. 0으로 설정하여 영상의 경계 부분에서 정확한 컨벌루션 처리가 불가능하므로 손실이 발생한다. 그러나 프로그램을 단순하게 구현할 수 있는 장점이 있다.

중첩 부분에만 컨벌루션 수행

컨벌루션 마스크와 영상이 완전하게 중첩되는 위치에서 컨벌루션을 시작하도록 하는 방법이다. 컨벌루션 마스크의 크기가 3 × 3 이면 모든 컨벌루현 마스크의 요소와 영상의 화소가 중첩되는 영상 위치 (1, 1)에서 컨벌루션을 시작하게 된다. 컨벌루션 마스크의 크기가 5 × 5 라면 (2, 2)에서 회선이 시작된다.

중첩 부분에서 컨벌루션 수행이 끝나면 경계 부분은 입력 영상과 같은 화소 값을 복사해서 사용한다. 경계 부분은 컨벌루션 처리가 되지 않아 모든 영역이 컨벌루션 처리된 영상의 새로운 화소값을 얻을 수는 없다.

영상의 크기를 조정하여 컨벌루션 수행

영상의 시작과 끝부분이 연결된 것으로 처리하는 방법이다. 영상이 폐곡선을 형성하여 영상의 경계 부분이 빈 영상의 화소값을 대신하게 된다. [그림 5-9]는 첫 화소 (0, 0)에서 다른 경계 부분을 복사하여 컨벌루션을 처리하는 예이다. 입력 영상의 첫 번째와 두 번째 행의 마지막 열에 있는 화소, 마지막 행의 첫 번째와 두 번째 열에 있는 화소, 마지막으로 대각성 방향으로 마지막 행의 마지막 열에 있는 화소르 복사해서 사용한다.

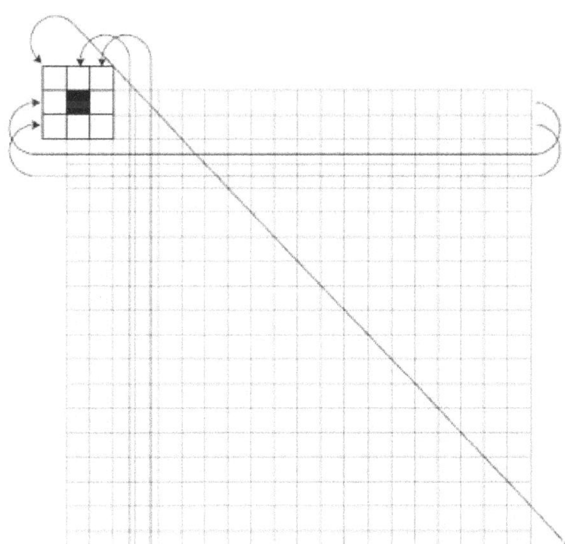

[그림 8-44] 영상의 크기를 조정하여 컨벌루션 수행

8.8.3 컨벌루션 마스크의 특징

컨벌루션 마스크는 주변 화소의 값을 각 방향에서 대칭적으로 고려해야 한다. 이것은 각 방향에 있는 같은 수의 이웃 화소에 기반을 두고 새로운 화소 값을 생성하기 때문이다. 컨벌루션 마스크의 크기는 행과 열 모두 홀수의 크기를 사용하여 $3\times3, 5\times5, 7\times7$ 등이 된다.

컨벌루션 처리 기법으로 생성된 출력 여상은 밝기 에너지를 보존해야 하므로, 영상의 평균 밝기를 원본 영상과 똑같이 유지해야 한다. 컨벌루션된 영상의 평균 밝기 값이 원본 영상과 같도록 많은 컨벌루션 마스크 계수 합이 1이 되도록 한다. 경계선 검출 등에서 사용되는 일부 컨벌루션 마스크에서는 음수의 계수를 포함하며, 계수 합이 0이 되도록 설계한다. 음의 계수에서는 음의 화소 값이 생성될 수 도 있으나 밝기는 항상 양의 값만 있으므로 생성된 화소 값에 일정한 상수(최대 밝기의 1/2)를 더해서 양의 화소 값이 나오도록 한다.

[그림 8-45]은 밝기가 같은 컨벌루션 마스크와 경계선 검출에 사용되는 컨벌루션 마스크를 이용하여 영상처리를 수항한 예다. 합이 1인 컨벌루션 마스크로 컨벌루션 처리를 한 결과 여상(가운데)은 원본 영상과 밝기는 같으나 전체적으로 훨씬 부드러워졌다. 반면, 합이 0인 컨벌루션 마스크를 이용해 컨벌루션 처리를 한 결과 영상(오른쪽)은 경계 부분만 검출되었다.

원본 영상

0	0	0
0	1	0
0	0	0

Sum=1

1	1	1
1	-8	1
1	1	1

Sum=0

[그림 8-45] 컨벌루션 마스크에 따른 영상의 컨벌루션 처리

컨벌루션 마스크에 따라 나타나는 효과를 산술적 면에서 고려하면 프로그램을 작성하는데 도움이 된다. [그림 8-46]은 컨벌루션 마스크에 따른 결과를 간단히 확인할 수 있도록 1차원 데이터에서 1차원 컨벌루션 마스크를 사용하여 컨벌루션을 처리한 것이다 (a)는 합이 1이므로 컨벌루션 처리가 수행되어도 평균 밝기가 그대로 유지된다. (b)는 합이 0이므로 경계 부분을 검출해서 그 값이 급격하게 변화된다. 그래서 음의 값이 나오는 곳은 값이 주변 값과 차이가 컷 경계 부분임을 잘 나타내는 것이다.

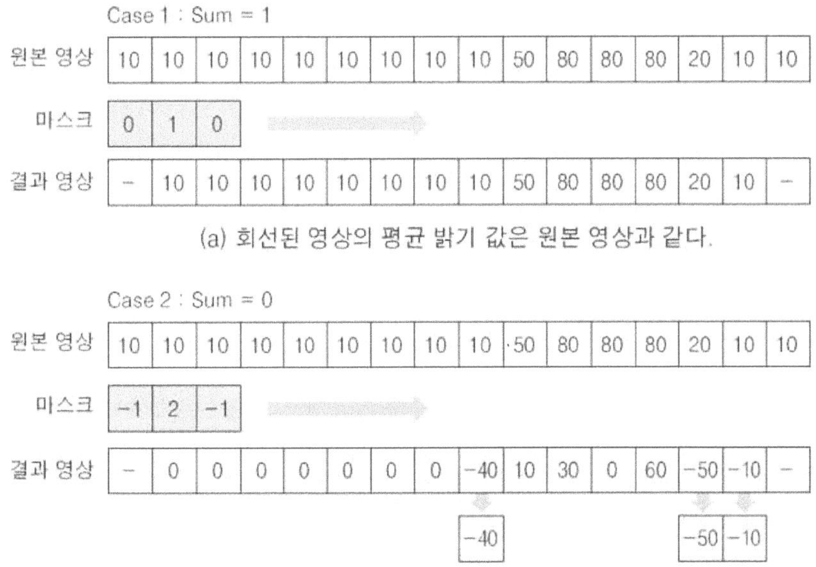

(a) 회선된 영상의 평균 밝기 값은 원본 영상과 같다.

(b) 경계 부분에서 급격한 값의 변화를 보인다(sum of result = 0).

[그림 8-46] 컨벌루션 마스크에 따른 컨벌루션 처리의 간단한 예

8.8.4 엠보싱

컨벌루션 처리를 이용한 가장 기본적인 영상처리 방법은 엠보싱이다. 이 방법에서 사용되는 컨벌루션 마스크는 경계선 검출 기법에서 사용되는 컨벌루션 마스크와 같으며, 적절하게 구분된 경계선으로 영상이 볼록한 느낌을 갖게 된다. 즉, 엠보싱 처리하여 디지털 영상을 구리판에 양각한 것과 같은 효과를 볼 수 있다. 엠보싱의 컨벌루션 마스크는 계수의 합이 0이며, 가운데 값도 0이다. 다음은 3×3 크기의 컨벌루션 마스크 이다.

0	0	0
0	1	0
0	0	0

엠보싱의 컨벌루션 마스크 특징을 살펴보면 가운데에 있는 계수가 다른 계수를 상쇄시키도록 구성해서 경계선을 검출하게 된다. 이 경계선에서 양각한 효과를 얻을 수 있다. 마스크에는 음의 계수 값 -1이 있으므로 회선 처리로 생성된 영상의 화소 값은 음수다. 화소가 양의 값이 되도록 하려면 컨벌루션 처리한 뒤 화소에 일정한 상수 값을 더해 주면 된다. 8비트 그레이 레벨 영상에서 컨벌루션 처리를 수행한다면 영상의 최대 밝기 화소 값 255의 절반인 128을 더해서 양의 값을 만들 수 있다.

[그림 8-47]는 엠보싱 처리를 간단한 영상에 적용한 예이다. 원본 영상은 크기가 6×6인 8비트 그레이 레벨 영상으로 경계선이 중앙부에 있다. 엠보싱 처리되면 경계 부분이 255값인 열 두 개로 강조되어 있음을 알 수 있다. 이 중앙부가 주변 화소 값과 조화를 이뤄 음, 양각의 느낌을 준다.

0	0	0	255	255	255
0	0	0	255	255	255
0	0	0	255	255	255
0	0	0	255	255	255
0	0	0	255	255	255
0	0	0	255	255	255

(a) 원본 영상

0	128	255	255	128	0
0	128	255	255	128	0
0	128	255	255	128	0
0	128	255	255	128	0
0	128	255	255	128	0
0	128	255	255	128	0

(b) 엠보싱 처리 영상

[그림 8-47] 엠보싱 처리

8.8.5 컬러 영상의 컨벌루션 처리

컬러 영상은 R, G, B 채널 세 개를 이용해 다양한 색을 표현하므로 이 채널을 응용하여 컨벌루션 처리를 수행한다. 컨벌루션 처리 방법에는 독립 채널별 컨벌루션 수행과 HSI 컬러 모델로 변경한 뒤 컨벌루션을 처리하는 두 가지 방법이 있다.

독립 채널별 회선 수행

이것은 RGB 컬러 영상을 R, G, B 채널로 분리하여 채널별로 각각 컨벌루션을 수행한 뒤 컨벌루션 처리된 각 채널을 다시 조합해서 컨벌루션된 컬러 영상을 생성하는 방법이다. 그런데 RGB 컬러 영상은 채널 세 개를 조합해서 색을 표현하므로 컨벌루션 과정에서 아주 작은 오류만 발생해도 조합된 컨벌루션에서 정확한 결과를 만들지 못한다. [그림 8-48]은 독립 채널별로 엠보싱 컨벌루션을 수행하여 얻은 컬러 영상의 예이다. 엠보싱 효과는 얻었으나 채널별 컨벌루션 처리 과정에서 발생한 오류 때문에 컬러 표현이 명확하지 못하다.

[그림 8-48] 채널별 컨벌루션 수행 뒤 합성한 컬러 컨벌루션 영상

HSI 컬러 모델로 변경 뒤 컨벌루션 처리

RGB 컬러 영상을 우선으로 하여 HSI 컬러 모델로 변환하여 색상(H), 명도(I), 채도(S) 성분을 얻는다. 이 때, 밝기 성분인 명도(I) 부분만 컨벌루션 처리를 수행하고 나머지 두 성분은 수행하지 않는다. 마지막으로 HSI는 다시 RGB 컬러 영상으로 변환된다. 이 방법은 색상(H)에서 컨벌루션 처리를 하지 않아 원본 영상의 색상 부분이 그대로 보존되므로 독립 채널별로 컨벌루션을 처리하는 방법보다 더 정확하다. [그림 8-49]는 이 방법으로 엠보싱 컨벌루션 처리한 영상이다. 오른쪽

결과 영상도 원본 영상과 같은 색을 유지함을 볼 수 있다.

[그림 8-49] HSI 변환 뒤 발기만 컨벌루션 처리한 영상

8.9 블러링

디지털 영상을 흐리게 하거나 배경을 어둡게 만드는 기법을 블러링 이라고 한다. 디지털 영상의 경계 부분에 해당하는 세세한 부분을 제거하면 블러링 효과를 볼 수 있다.

영상에서의 주파수는 화소값의 변화율을 나타낸다. 저주파는 화소값의 변화율이 작은 것으로 면, 배경 등이 이에 해당한다. 반면, 고주파는 화소값의 변화율이 큰 것으로, 선, 에지, 모서리, 경계면 등이 해당된다. 경계 부분에 해당하는 세세한 부분은 신호 성분 중 고주파 성분으로 저주파 성분은 통과시키고 고주파 성분은 차단하는 필터를 이용해서 제거할 수 있다. 이 때 사용되는 필터를 저주파 통과 필터(LPF) 또는 고주파 차단 필터라고 한다. 이 필터의 필터링 수행 방법은 앞서 배운 바 있는 컨벌루션 기법이다. 즉, 블러링 역시 컨벌루션 처리로 수행되는 기법이다.

8.9.1 블러링 컨벌루션 마스크

블러링 컨벌루션 마스크는 모든 계수가 양수로 전체 합은 1이다. 그런데 디지털 영상에서 세세한 부분은 화소값이 극단적인 값에 속한다. 이 극단적 값을 제거하는 대표적인 방법이 평준화로, 평균값으로 대체하는 것이다. 블러링 컨벌루션 마스크의 계수는 평균을 구하는데 사용되므로 모두 값이 같다. [그림 8-50]은 블러링 컨벌루션 마스크의 계수를 나타낸다. 3×3 마스크의 계수가 모두 1/9이고, 5×5 마스크는 계수가 모두 1/25이며, 계수의 각 합은 모두 1이다. 따라서 이 마스크는 이웃 화소 간의 평균 결과를 생성하게 된다.

1/9	1/9	1/9
1/9	1/9	1/9
1/9	1/9	1/9

1/25	1/25	1/25	1/25	1/25
1/25	1/25	1/25	1/25	1/25
1/25	1/25	1/25	1/25	1/25
1/25	1/25	1/25	1/25	1/25
1/25	1/25	1/25	1/25	1/25

[그림 8-50] 블러링 마스크의 컨벌루션 계수

평균을 수행하는 마스크의 계수를 결정하는 방법을 일반화하면 $M \times M$ 길이 마스크의 각 계수는 $1/(M \times M)$이 된다. 이 마스크의 크기가 크면 클수록 블러링의 효과는 커져 극단적인 값을 제거하는 능력이 좋아진다. 그러나 고주파의 극단적인 값이 제거되어 저주파 성분만 남게 되므로 영상의 대비를 악화시키고 계산 시간도 증가된다.

[그림 8-51]은 블러링 처리하는 간단한 예를 보여 준다. 원본 영상은 크기가 7×7인 8비트 그레이 영상으로, 중심부에 경계 부분이 있다. 컨벌루션 마스크의 크기는 3×3으로 원본 영상의 평균이다. 오른쪽 결과 영상은 중심부의 경계 영역이 흐려져서 전체적으로 명확하지 못한 것을 볼 수 있다.

1/9	1/9	1/9
1/9	1/9	1/9
1/9	1/9	1/9

90	90	90	90	90	90	90
90	90	90	90	90	90	90
90	90	255	255	255	90	90
90	90	255	255	255	90	90
90	90	255	255	255	90	90
90	90	90	90	90	90	90
90	90	90	90	90	90	90

(a) 원본 영상

90	90	90	90	90	90	90
90	105	120	135	120	105	90
90	120	150	180	150	120	90
90	135	180	255	180	135	90
90	120	150	180	150	120	90
90	105	120	135	120	105	90
90	90	90	90	90	90	90

(b) 블러링 영상

[그림 8-51] 간단한 블러링 처리의 예

8.9.2 가우시안 스무딩 필터링 처리

블러링 처리는 영상의 세세한 부분을 제거하여 부드럽게 하므로 스무딩(Smoothing) 처리라고도 한다. 디지털 영상처리에서 스무딩 처리를 하는데 사용되는 대표적인 저역 통과 필터로 가우시안 필터가 있다. 이 필터는 수학적으로 잘 정의된 가우시안 함수에서 얻는다.

$$G[x,y] = \frac{e^{\frac{-(x^2+y^2)}{2\sigma^2}}}{2\pi\sigma^2} \quad \cdots\cdots (8.8)$$

[그림 8-52]은 σ에 따른 가우싱안 함수의 그래프다. 가로축의 폭이 저주파 성분의 통과 정도를 결정한다. 따라서 σ값이 클수록 높이는 낮지만 폭은 넓어지므로 많은 저주파 성분을 통과시킨다. 반대로 σ값이 작아지면 적은 저주파 성분만 통과시키게 된다. 즉, σ값이 크면 적은 양의 고주파 성분이 제거되고, σ값이 작으면 많은 고주파 성분이 제거된다.

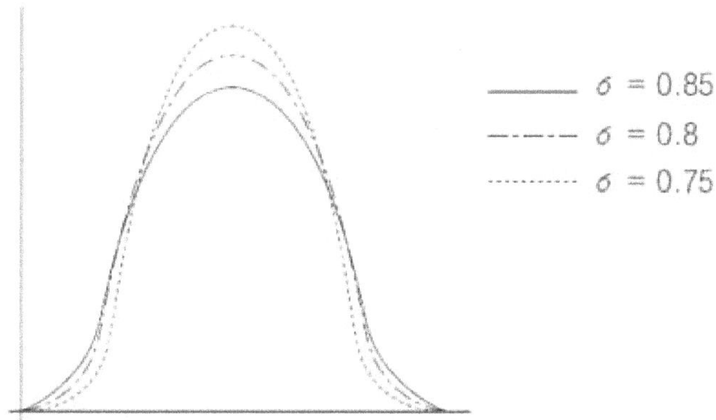

[그림 8-52] σ값에 따른 가우시안 그래프

가우시안 필터는 가우시안 함수를 표본화하여 마스크의 계수를 결정한다. 다음은 3×3 가우시안 필터 계수이다. 모든 계수는 양의 값으로 그 합은 1이다.

1/16	1/8	1/16
1/8	1/4	1/8
1/16	1/8	1/16

가우시안 필터 계수도 마찬가지로 이웃 화소와 평균화한 결과를 출력하며, 극단적인 값을 제거해서 저주파 성분만 남기는 특징이 있다.

8.10 샤프닝

블러링과는 반대의 효과를 가지는 기법을 샤프닝 또는 영상 강화라고 한다. 고주파에 해당하는 상세한 부분을 더욱 강조하여 효과를 증가시킨다. dl 기법은 흐린 영상을 개선하여 선명한 영상을 생성하는데 주로 사용된다. 필터를 이용한 샤프닝 기법은 영상 신호성분 중 고주파 성분은 통과시키고 저주파 성부은 차단하는 동작을 수행한다. 샤프닝 기법에서 사용되는 필터는 고주파 통과 필터 또는 저주파 차단 필터이다.

샤프닝 처리에서 사용되는 회선 마스크의 한 가운데는 양의 값, 바깥 경계에는 음의 값이 있으며, 그 합이 1이 된다. 가운데 있는 큰 양수 값과 주변의 작은 음수 값이 경계선을 더욱 두드러지게 해서 영상의 고주파 성분을 강조한다. [그림 8-53]은 크기가 3×3인 대표적인 샤프닝 컨벌로션 마스크의 예이다.

−1	−1	−1
−1	9	−1
−1	−1	−1

(a) 샤프닝 회선 마스크 1

0	−1	0
−1	5	−1
0	−1	0

(b) 샤프닝 회선 마스크 2

[그림 8-53] 3×3인 샤프닝 컨벌루션 마스크

[그림 8-54]는 샤프닝 처리를 쉽게 이해할 수 있도록 샤프닝 컨벌루션 마스크2를 이용하여 크기가 7×7인 8비트 그레이 영상을 처리한 예다. 원본 영상인 (a)의 중앙부에는 경계선이 있지만 밝기의 차이가 크지 않아 경계선이 명확하지 않다. 반면, 샤프닝 처리가 된 (b) 영상은 경계 부분의 밝기 차이가 커 경계선이 더욱 강조되었다.

0	-1	0
-1	5	-1
0	-1	0

10	10	10	10	10	10	10
10	10	10	10	10	10	10
10	10	50	50	50	10	10
10	10	50	50	50	10	10
10	10	50	50	50	10	10
10	10	10	10	10	10	10
10	10	10	10	10	10	10

(a) 원본 영상

10	10	10	10	10	10	10
10	10	0	0	0	10	10
10	0	130	90	130	0	10
10	0	90	50	90	0	10
10	0	130	90	130	0	10
10	10	0	0	0	10	10
10	10	10	10	10	10	10

(b) 샤프닝 영상

[그림 8-54] 간단한 샤프닝의 예

8.10.1 고주파 통과 필터를 사용한 샤프닝 처리

고주파 필터는 영상 신호 성분 중 고주파 성분은 통과시키고 저주파 성분은 차단한다. 이 필터 계수의 합은 0으로, 샤프닝 컨벌루션 마스크하고는 다르나 나머지 동작 특성은 같다. 그래서 가운데 큰 양수 값과 주변의 작은 음수 값으로 마스크 되어 경계선을 더욱 두드러지게 한다.

고주파 통과 필터 마스크의 계수가 양수와 음수로 구성되어 처리 결과 화소 값이 영상의 명암도 범위를 벗어날 수 있다. 그래서 화소 값이 0보다 작으면 0으로, 255보다 크면 255로 설정하는 스케일 변환을 수행하여 결과 영상의 모든 화소 값은 명암도 범위 안으로 들어오게 된다.

샤프닝 컨벌루션 마스크를 이용한 처리는 원본 영상에 고주파 통과 필터링된 영상을 합한 것과 비슷한 결과를 보인다. 즉, 고주파 통과 필터에서 낮은 공간 주파수 성분이 손실되는 문제점을 보완한 것이다. 샤프닝 컨벌루션 마스크의 모든 계수 합은 1로, 고주파 통과 필터 계수의 합과는 다르다.

8.10.2 저주파 통과 필터를 사용한 샤프닝 처리

고주파 통과 필터를 통과한 결과 영상은 저주파 통과 필터를 활용하여 얻을 수도 있다. 원본 영상에서 저주파 통과 필터를 통과한 결과 영상을 뺄셈하여 얻는다. 이를 언샤프 마스킹이라고 한다.

Unsharp Masking = (원본 영상) - (저주파 통과 필터링 결과 영상)

고주파 통과 필터는 세부 정보를 강조하는 대신 영상에서 중요한 부분에 해당하는 낮은 공간 주파수 성분은 손실한다. 고주파 지원(High-boost) 필터는 저주파 영역에서 손실된 양에 해당하는 일정량의 이득을 주므로 저주파 성분의 손실을 어느정도 보상받을 수 있다. 원본 영상의 밝기를 증가시킨 뒤 저주파 영상을 뺄셈하는 방법을 이용하여 처리한다.

High-boost = α(원본영상) - (저주파 통과 필터링 결과 영상)

8.11 영상 에지 검출

에지(edge)는 영상에서 픽셀의 밝기가 낮은 값에서 높은 값으로 또는 그 반대로 변하는 부분이다. 에지는 영역의 경계(예를 들면, 대상물과 배경)를 나타내는 특징으로 픽셀 밝기의 불연속점을 나타낸다. 에지는 영상 안에 있는 물체의 윤곽에 대응된다. 에지는 많은 정보를 가지고 있다. 에지는 물체의 위치, 모양, 크기, 표면의 무늬 등에 대한 정보를 알려준다.

에지는 영상 안에서 상당한 밝기의 차이가 있는 곳이고 이것은 대개 물체의 윤곽선에 해당하는 곳이므로 대개 픽셀 값의 불연속이나 픽셀 미분값의 불연속점에 존재한다. 영상에서의 불연속점은 다음과 같이 분류할 수 있다.

① 스텝 불연속점 : 영상의 밝기가 갑자기 변하는 곳

② 라인 불연속점 : 영상의 밝기가 갑자기 변화하나 조금 지나면 다시 돌아오는 곳

스텝 불연속점에 해당하는 에지를 스텝 에지(step edge)라고 하고 라인 불연속점에 해당하는 연산을 라인 에지(line edge)라고 한다. 보통 에지 검출 연산을 하기 전에 잡음을 제거하기 위하여 평활화 연산을 시행하는 경우가 많은데 이럴 경우 평활화 연산의 영향으로 픽셀의 값의 변화가 둔화된다. 즉 픽셀값의 급격한 변화가 완만한 변화로 바뀌게 된다. 이럴 경우 스텝 에지는 램프 에지(ramp edge)로 변하고 라인 에지는 루프 에지(roof edge)로 변한다. 이들의 밝기는 모두 일정한 거리에 걸쳐서 변화된다.

이들의 1차원적인 형태를 그리면 [그림 8-55]처럼 된다. 에지에 해당하는 픽셀을 구하는 방법을 에지 검출이라고 하며, 현재까지 여러 가지 방법이 제안되어 있다. 에지 검출 기법도 에지의 종류에 따라 달라지게 된다. 각 에지 검출 방법은 나름대로의 장단점을 가지고 있다. 어떤 에지 검출법은 한 응용 분야에서는 잘 작동하지만 다른 응용에서는 동작하지 않는 경우도 있다. 특정 응용을 위하여 어떤 에지 검출 방법이 제일 좋은지는 실험을 통하여 밝히기도 한다. 에지 검출은 오래전부터 활발히 연구된 분야이지만 모든 종류의 영상에 대하여 완벽하게 에지를 검출하는 방법은 아직은 없다.

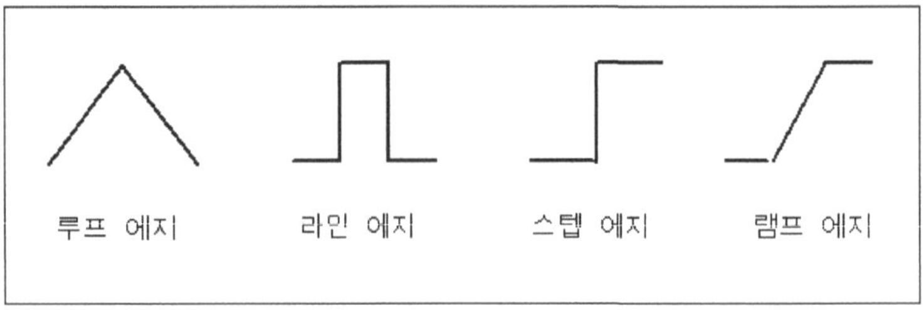

[그림 8-55] 에지의 종류

많은 에지 검출 방법이 있지만 크게 나누어 보면 1차 미분값을 이용한 방법, 2차 미분값을 이용한 방법, 그 밖의 방법으로 나눌수 있다. 이들은 대부분 앞에서 논의되었던, 공간 필터를 통하여 수행될 수 있다. 1차 미분을 이용한 에지 검출 방법에는 대표적인 것으로 차분(difference) 필터, 소벨(Sobel) 필터, 로버츠(Roberts) 필터, 커쉬(Kirsch) 필터, 로빈슨(Robinson) 필터, 프레위트(Prewitt) 필터 등을 들 수 있다. 이러한 에지 검출 연산은 모두 픽셀 밝기의 기울기(slope)를 기초로 한다.

먼저 영상 안에서 “기울기”라는 용어를 정의하기 위해서, [그림 8-56]에서처럼, 각 픽셀의 밝기가 높이에 의해 표현된다고 생각해 보라.

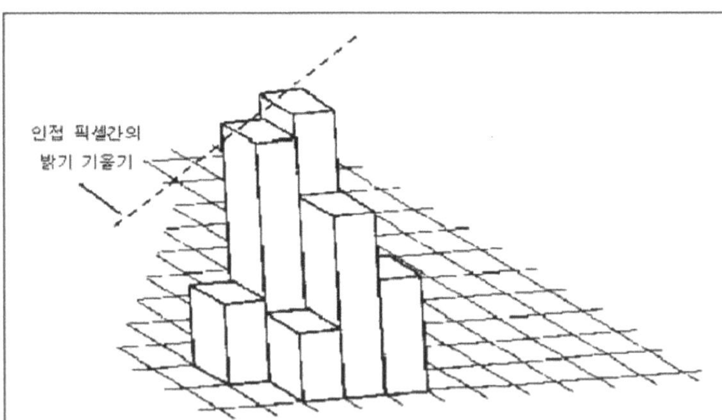

[그림 8-56] 밝기의 기울기 개념

픽셀이 더 밝아질수록, 더 높게 나타난다. 임의의 주어진 픽셀 그룹 안에 있는 픽셀 언덕의 기울기를 측정함으로써, 그 경사가 얼마나 가파른지에 대한 값을 구할 수 있다. 큰 값은 가파른 기울기에 대응되고 이는 명도의 큰 변화를 의미한다. 작은 값은 작은 기울기를 나타내고 이는 명도의 작은 변화를 의미한다. 에지의 정의에 의하면 에지에서는 급격한 밝기 변화가 있기 때문에, 큰 기울기는 에지의 존재를 나타낸다.

2차 미분을 이용한 에지 검출 방법의 대표적인 것은 라플라시안 에지 필터(Laplacian edge filter)이다. 픽셀의 밝기값을 2차 미분하면 에지 부근에서 영점 통과(zero crossing) 현상이 나타난다. 따라서 2차 미분값을 조사하여 영점 통과한 지점만을 표시하면 이것이 에지가 된다. 이는 다음 절에 상세히 그림과 함께 설명될 것이다.

에지 검출의 그밖의 방법으로는 최적화(optimization)를 이용한 에지 검출을 들 수 있다. 최적화란 주어진 평가 함수의 최대값이나 최소값을 구하는 것을 의미한다. 최적화를 이용한 에지 검출에서는 에지 검출 문제를 먼저 최적화 문제로 변환한 후에 여러 가지 다양한 최적화 기법을 사용하여 평가 함수의 최대값이나 최소값을 구한 다음 다시 역변환을 통하여 최적 상대에 해당하는 에지 패턴을 구하는 것이다. 많이 쓰이는 최적화 방법으로는 고전적인 그라디언트 강하법(gradient descent), 시뮬레이티드 어닐링(simulated annealing) 등이 있다.

8.12 1차 미분 에지 연산자

8.12.1 그라디언트(Gradient)

그라디언트는 함수에서 변화를 나타내는데 사용되는 척도이다. 그라디언트는 1차 미분을 2차원으로 확장한 것이며 다음과 같이 벡터로 정의된다.

$$G[f(x,y)] = \begin{bmatrix} G_x \\ G_y \end{bmatrix} = \begin{bmatrix} \frac{\partial f}{\partial x} \\ \frac{\partial f}{\partial y} \end{bmatrix} \quad \cdots\cdots (8.9)$$

그라디언트의 크기는

$$G[f(x,y)] = \sqrt{G_x^2 + G_y^2} \quad \cdots\cdots\cdots\cdots \quad (8.10)$$

로 주어지고 이것은 함수 $f(x,y)$의 최대 증가율과 같다. 그러나 실용적으로는 다음과 같은 식도 쓰인다.

$$\begin{aligned} G[f(x,y)] &\approx |G_x| + |G_y| \\ G[f(x,y)] &\approx \max(|G_x|, |G_y|) \end{aligned} \quad \cdots\cdots\cdots\cdots \quad (8.11)$$

그라디언트 방향은 다음과 같다. (그라디언트는 스칼라가 아니고 벡터임을 유의하시오.)

$$\alpha(x,y) = \tan^{-1}\left(\frac{G_y}{G_x}\right) \quad \cdots\cdots\cdots\cdots \quad (8.12)$$

그라디언트가 에지 검출에 있어서 중요한 이유는 에지가 영상의 밝기값이 급격히 변화하는 부분에 존재하므로 이는 다시 말하면 그라디언트의 크기가 큰 곳이 에지라고 할 수 있기 때문이다. 다음에 설명하는 필터들도 대부분 영상에서 그라디언트를 구하는 근사식이다.

그라디언트 연산자는 수평과 수직 성분을 검출하는 연산자로 이루어진다. 이들 연산자는 대개 컨벌루션을 이용하여 구현된다.

8.12.2 차분 연산(Difference Operation)

가장 간단한 에지 검출 연산은 차분 연산(difference operation)이다. 이 연산으로 수평과 수직의 에지 정보를 검출할 수 있다. 수직 에지를 구하기 위해서는 영상을 왼쪽으로 한 픽셀만큼 이동하고 원래 영상으로부터 그것을 빼면 된다. 이것은 각 픽셀의 밝기값에서 이웃 픽셀값을 빼면 밝기의 차이, 즉 기울기 값이 계산되기 때문이다. 만약 두 인접한 픽셀들의 밝기가 크게 차이가 나면, 연산 결과값이 커질 것이고 만약 인접 픽셀들이 유사한 밝기를 갖고 있다면, 연산 결과값이 작아질 것이다. 수평 에지 검출은 영상을 위쪽으로 한 픽셀 이동하고 초기 영상에서 뺌으로서 수행된다.

차분 연산은 디지털 영상에서의 미분 연산을 차분 계산에 의하여 근사 계산하는 것으로 생각할 수 있다. 즉 그라디언트의 x방향 미분과 y방향 미분을 다음과 같은 식으로 근사하는 것이다.

$$G_x \cong f[i, j+1] - f[i, j] \quad G_y \cong f[i+1, j] - f[i, j] \quad \cdots\cdots\cdots\cdots \quad (8.13)$$

여기서 양의 j는 양의 x 방향에 해당하고 양의 i는 음의 y 방향에 해당함을 유의하라. 이는 다음의 간난한 컨벌루션 마스크를 이용한 그룹 처리를 이용하여 구현할 수 있다.

$G_x =$

-1	1

$G_y =$

-1
1

마스크에서 계수들의 합이 0이 되는 것을 주의하라. 이것은 마스크가 일정한 밝기를 갖고 있는(즉 에지가 없는) 영역 위를 지나갈 때, 그 결과가 0이 된다는 것을 의미한다. 이것은 기울기가 0임을 나타내며 이것은 일정한 밝기값을 가진 영역을 뜻한다.

그라디언트의 근사값을 계산할 때 x,y 편미분 값이 공간상에서 정확히 같은 위치에서 계산되는 것이 중요하다. 그러나 위 식을 사용하면 실제로 G_x는 보간된 점 $[i, j+\frac{1}{2}]$에서의 편미분의 근사값이 되고 G_y는 $[i+\frac{1}{2}, j]$에서의 편미분의 근사값이 된다. 즉 G_x와 G_y가 각기 다른 위치에서 계산되는 것이다. 이런 이유로 실제로는 위와 같은 2×1 마스크나 2×1 마스크보다는 아래와 같은 2×2 마스크가 x, y 편미분 값을 계산하는데 많이 쓰인다.

$G_x =$

-1	1
-1	1

$G_y =$

-1	-1
1	1

[그림 8-57] 1차원 미분 필터 (2×2 마스크)

2×2 마스크에서는 x, y 방향의 그라디언트가 같은 위치에서 계산된다. 즉 네 개의 픽셀의 중앙에 위치하는 $[i+\frac{1}{2}, j+\frac{1}{2}]$에서 x, y 방향의 그라디언트 값이 계산된다. 이것은 실제 영상에 존재하는 정수 좌표가 아니기 때문에 약간의 혼란을 가져올 수 있다. 따라서 보다 개선된 방법은 3×3의 마스크를 이용하여 중앙 픽셀에서 그라디언트를 계산하는 것이다. 이들 방법은 다음 절에 설명된다.

2×1 마스크나 2×1 마스크보다 2×2 마스크나 3×3 마스크가 x,y 편미분 값을 계산하는 데 많이 쓰이는 또 한가지 이유는 2×1 마스크나 2×1 마스크로 차분 연산을 하면 잡음의 영향을 크게 받기 때문이다. 인접하는 미분값이 가산된다는 것은 주위 미분값의 평균값을 구하는 것과 동일하다.

-1	0	1
-1	0	1
-1	0	1

(a) **수평방향 1차 미분**

-1	-1	-1
0	0	0
1	1	1

(b) **수직방향 1차 미분**

[그림 8-58] 1차 공간 차분 필터(3×3 마스크: 주목 픽셀은 중심 픽셀)

위에서 이야기한 1차 차분은 잡음이 없는 스텝 에지(step edge)검출에 유효하며, 처리된 결과는 피크 에지(peak edge)와 같은 형태가 된다. 그러나 실제의 영상에서는 잡음이 섞여있으므로, 에지도 잡음에 반응한다. 그러므로 잡음에 강한 에지를 검출, 즉 잡음 감소 및 에지 검출의 양쪽의 기능을 가진 연산자가 필요하다.

8.12.3 그라디언트 연산자

그라디언트 연산자는 수평과 수직 에지를 검출한다. 이들 연산자는 컨벌루션을 이용하여 구현된다. 수평 방향의 연산자를 G_x라 하고 수직 방향의 연산자를 G_y라 할 때 흔히 쓰이는 컨벌루션 마스크는 다음과 같다.

	G_x	G_y
Roberts	$\begin{bmatrix} 0 & 0 & -1 \\ 0 & 1 & 0 \\ 0 & 0 & 0 \end{bmatrix}$	$\begin{bmatrix} -1 & 0 & 0 \\ 0 & 1 & 0 \\ 0 & 0 & 0 \end{bmatrix}$
Prewitt	$\begin{bmatrix} 1 & 0 & -1 \\ 1 & 0 & -1 \\ 1 & 0 & -1 \end{bmatrix}$	$\begin{bmatrix} -1 & -1 & -1 \\ 0 & 0 & 0 \\ 1 & 1 & 1 \end{bmatrix}$
Sobel	$\begin{bmatrix} 1 & 0 & -1 \\ 2 & 0 & -2 \\ 1 & 0 & -1 \end{bmatrix}$	$\begin{bmatrix} -1 & -2 & -1 \\ 0 & 0 & 0 \\ 1 & 2 & 1 \end{bmatrix}$
Frei-Chen	$\begin{bmatrix} 1 & 0 & -1 \\ \sqrt{2} & 0 & -\sqrt{2} \\ 1 & 0 & -1 \end{bmatrix}$	$\begin{bmatrix} -1 & -\sqrt{2} & -1 \\ 0 & 0 & 0 \\ 1 & \sqrt{2} & 1 \end{bmatrix}$

마스크 계수의 합이 모두 0이 됨을 주의하라. 만약 0이 되지 않으면 일정한 밝기를 가지고 있는 영상을 컨벌루션하면 0이 아닌 값이 출력될 것이다. 이것은 에지가 존재한다는 신호인데 물론 잘못된 신호이다. 전술한바와 같이, 에지의 크기는 곧 그라디언트의 크기이고 이는 G_x와 G_y의 벡터 합을 계산함으로써 구할 수 있다.

$$G(x,y)=\sqrt{G_x^2(x,y)+G_y^2(x,y)} \quad \cdots\cdots (8.14)$$

가끔 계산을 간단하게 하고자 크기를 다음과 같이 구하는 경우도 있다.

$$G(x,y)=|G_x^2(x,y)|+|G_y^2(x,y)| \quad \cdots\cdots (8.15)$$

에지의 방향은 다음 식으로 구해진다.

$$\Theta=\tan^{-1}\frac{G_x(x,y)}{G_y(x,y)} \quad \cdots\cdots (8.16)$$

Roberts 연산자는 다른 연산자보다 작동 반경이 좁다. 따라서 잡음에 더 민감하다. 다른 마스크들은 일종의 평균 연산을 이용하여 잡음을 어느 정도 제거한다. 위의 그라디언트를 구하는 여러 연산자들중에서 Sobel 연산자는 가장 많이 쓰이는 연산자중의 하나이다. 이 연산자는 마스크의 중심에 위치한 픽셀에 더 강조를 둔다. 반면 Prewitt 연산자는 중심에 가깝다고 해서 더 강조하지 않는다. Sobel 연산자는 수직이나 수평방향보다 대각선 방향의 에지에 더 민감하다. Prewitt 연산자는 대각선보다 수평이나 수직 에지에 더 민감하다.

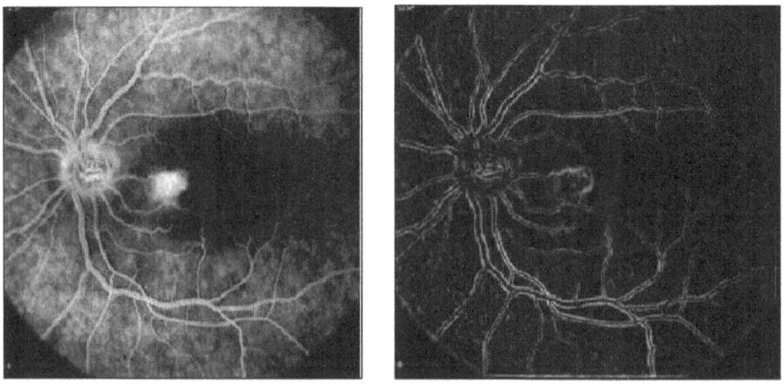

(a) 원 영상 (b) Sobel 에지 검출(에지의 크기 영상)

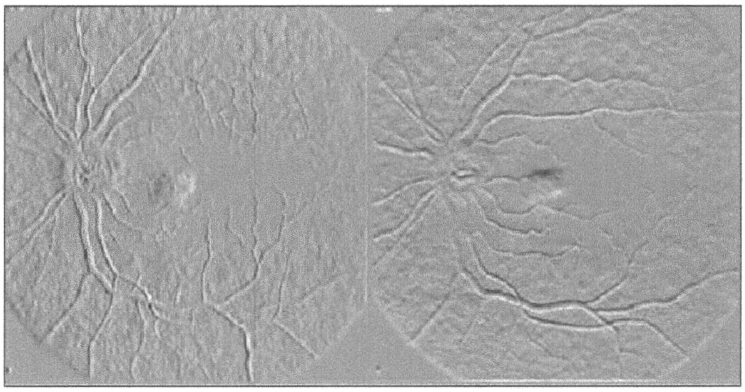

(c) Sobel 연산으로 얻은 x-방향의 그라디언트와 y-방향의 그라디언트

[그림 8-59] Sobel 연산자 적용의 예

(a) 원 영상

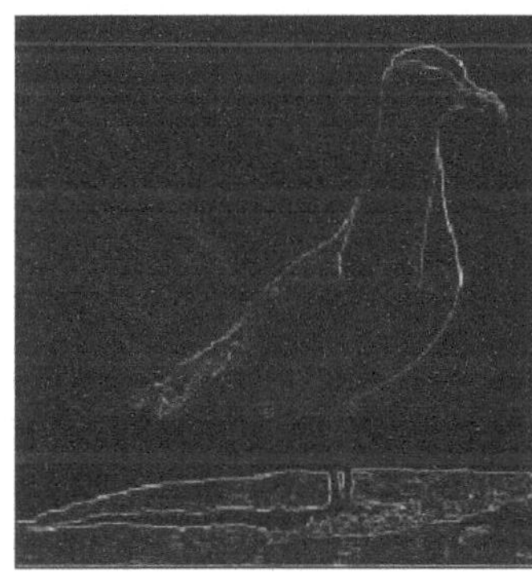

(b) Roberts 연산자

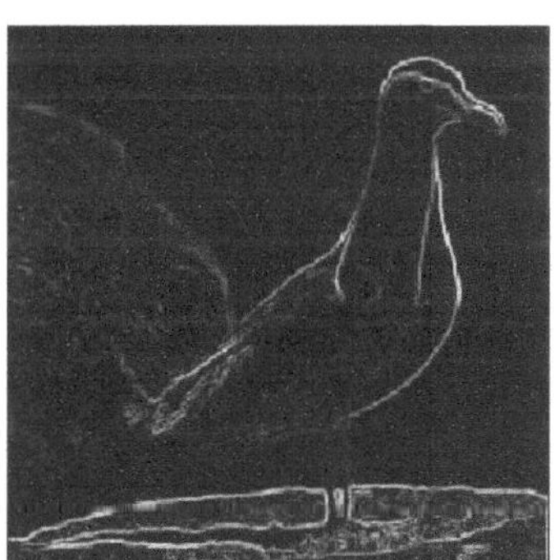

(c) Sobel 연산자

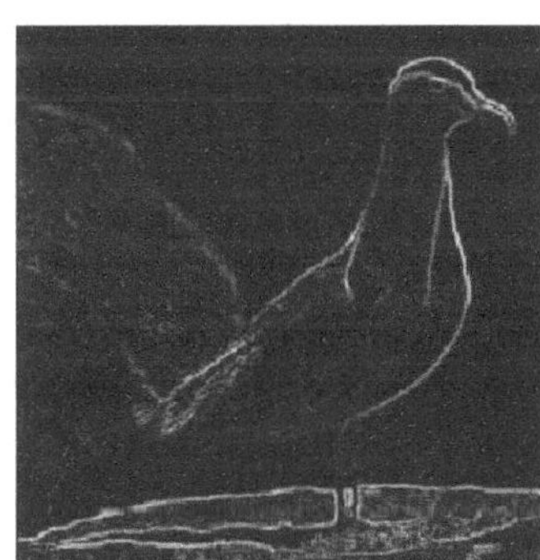

(d) Prewitt 연산자

[그림 8-60] 여러 에지 검출 연산자들

8.12.4 컴패스 그라디언트 연산자

컴패스 그라디언트 연산자는 8개의 방향으로 에지를 찾는다. 이 연산은 8개의 서로 다른 마스크를 이용해서 영상을 컨벌루션하는 것이다. 연산의 출력은 8개의 연산자의 출력 중 최대값이다. [그림 8-61]에 많이 쓰이는 컴패스 연산자가 나와 있다. 마스크가 작아지면 일반적으로 잡음의 영향을 받기 쉽고 마스크가 커지면 계산 시간이 많이 걸린다.

이중 하나인 Prewitt 연산자에 대해 살펴보자. Prewitt 연산은 8개의 3×3 커널을 사용하여, 8개의 기울기 영상을 초기 영상으로부터 만들 수 있다. 각각은 8개의 나침반 방위-북, 북동, 동, 남동, 남, 남서, 서, 북서-중의 하나로 방향이 정해진 에지를 검출한다.

	Prewitt	Kirsch	Robinson 3-level	Robinson 5-level
East H1	$\begin{bmatrix} 1 & 2 & -1 \\ 1 & -2 & -1 \\ 1 & 1 & -1 \end{bmatrix}$	$\begin{bmatrix} 5 & -3 & -3 \\ 5 & 0 & -3 \\ 5 & -3 & -3 \end{bmatrix}$	$\begin{bmatrix} 1 & 0 & -1 \\ 1 & 0 & -1 \\ 1 & 0 & -1 \end{bmatrix}$	$\begin{bmatrix} 1 & 0 & -1 \\ 2 & 0 & -2 \\ 1 & 0 & -1 \end{bmatrix}$
Northeast H2	$\begin{bmatrix} 1 & -1 & -1 \\ 1 & -2 & -1 \\ 1 & 1 & -1 \end{bmatrix}$	$\begin{bmatrix} -3 & -3 & -3 \\ 5 & 0 & -3 \\ 5 & 5 & -3 \end{bmatrix}$	$\begin{bmatrix} 0 & -1 & -1 \\ 1 & 0 & -1 \\ 1 & 1 & 0 \end{bmatrix}$	$\begin{bmatrix} 0 & -1 & -2 \\ 1 & 0 & -1 \\ 2 & 1 & 0 \end{bmatrix}$
North H3	$\begin{bmatrix} -1 & -1 & -1 \\ 1 & -2 & 1 \\ 1 & 1 & 1 \end{bmatrix}$	$\begin{bmatrix} -3 & -3 & -3 \\ -3 & 0 & -3 \\ 5 & 5 & 5 \end{bmatrix}$	$\begin{bmatrix} -1 & -1 & -1 \\ 0 & 0 & 0 \\ 1 & 1 & 0 \end{bmatrix}$	$\begin{bmatrix} -1 & -2 & -1 \\ 0 & 0 & 0 \\ 1 & 2 & -1 \end{bmatrix}$
Northeast H4	$\begin{bmatrix} -1 & -1 & 1 \\ -1 & -2 & 1 \\ 1 & 1 & 1 \end{bmatrix}$	$\begin{bmatrix} -3 & -3 & -3 \\ -3 & 0 & 5 \\ -3 & 5 & 5 \end{bmatrix}$	$\begin{bmatrix} 1 & 1 & -1 \\ 1 & -2 & -1 \\ 1 & 1 & -1 \end{bmatrix}$	$\begin{bmatrix} -2 & -1 & 0 \\ -1 & 0 & 1 \\ 0 & 1 & 2 \end{bmatrix}$

[그림 8-61] Prewitt, Kirsch, Robinson 등의 여러 방향 마스크들

[그림 8-62]은 1차원의 에지에 Prewitt 그라디언트 연산을 적용시킨 결과를 보여준다. 기울기가 음의 결과를 생성하는 곳은, 출력 값을 0으로 지정한다. 왜냐하면 음의 밝기는 정의되어 있지 않기 때문이다.

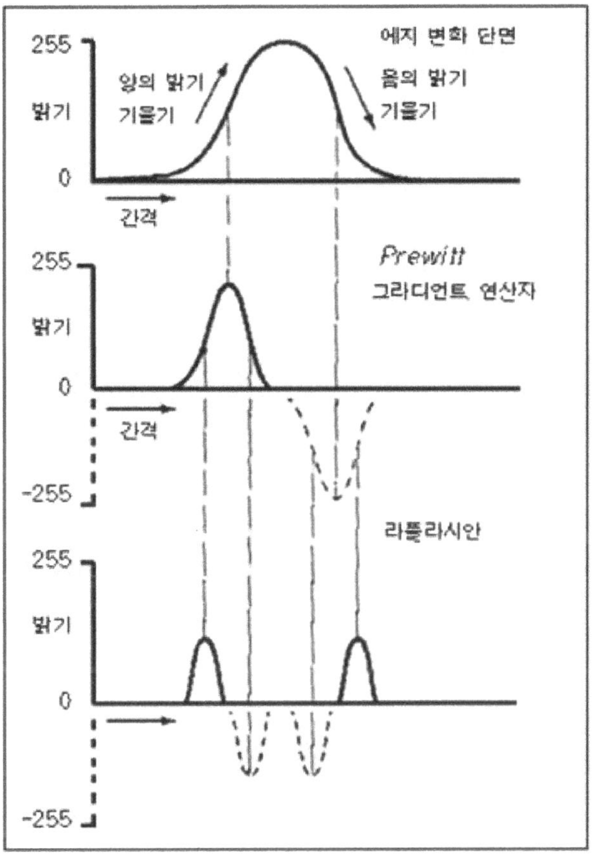

[그림 8-62] Prewitt 그라디언트 연산과 라플라시안 연산의 1차원 데이터 적용 예

8.13 2차 미분 에지 연산자

8.13.1 2차 미분 연산자

앞에서 논의된 그라디언트 연산자는 먼저 그라디언트를 계산하고 그라디언트의 크기가 임계값을 넘으면 에지가 존재하는 것으로 간주하는 방식이다. 이 방법은 보통 너무 많은 에지점을 생성하는 단점이 있다. 더 개선된 방법은 그라디언트 값이 국지적으로 최대인 점만을 에지로 인정하는 것이다. 따라서 에지점에서는 1차 미분값이 최대가 되고 따라서 2차 미분값에서는 영점 통과가 일어나게 된다. 따라서 에지는 영상의 밝기값의 2차 미분값의 영점 통과 지점을 찾아도 검출될 수 있다.

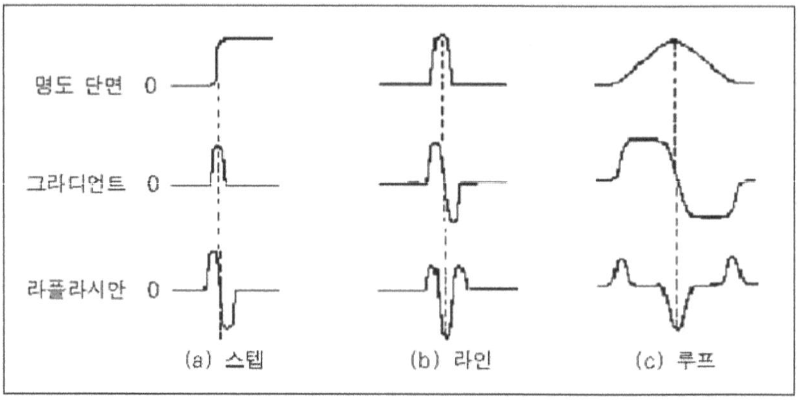

[그림 8-63] 각종 영상 단면 패턴에 대한 그라디언트 및 라플라시안 출력 패턴

스텝 에지에 대한 라플라시안의 출력은 양의 값에서에서 음의 값으로 변화하는 곡선으로 되어 있어서 스텝의 위치에서 영점 교차(zero-crossing)가 일어나게 한다. 영점 교차점에서의 경사도는 스텝 에지가 이상적인 경우에는 급하게 된다. 그라디언트를 사용하는 경우와 비교해보면, 그라디언트의 경우 에지점를 구하기 위해서는 나타난 출력에 대해서 계곡모양을 발견할 때까지 필터링 처리 및 임계값 처리가 필요함에 비해 라플라시안 연산에서는 이상적으로는 라플라시안 값이 0이거나 또는 양에서 음으로, 음에서 양으로 변화하는 점만 검출 하면 되므로 보다 우수한 방법이라 할 수 있다.

실제의 영상을 가지고 디지털 처리를 하는 경우에는 라플라시안 값이 0이 될 지 확실하게 알 수 없으므로 라플라시안 값의 부호의 변화점을 구하는 것이 훨씬 나은 방법이 된다. 영점 교차법은 물체 인식 등의 분야에서 널리 사용하는 기법이다.

또한 그라디언트 연산자는 에지가 존재하는 영역을 가로질러 출력을 생성해낸다. 만약 서서히 변하는 경사(ramp)형 에지라면 상당히 큰 영역에 걸쳐 출력이 발생한다. 이상적으로는 에지 검출기는 에지의 중심에 존재하는 에지만을 표시해야한다. 이것을 에지 국한성(localization)이라고 한다. 에지 검출기가 여러 픽셀 두께의 에지를 생성한다면 에지의 중심을 찾기가 힘들어진다. 따라서 그라디언트로 에지를 찾은 후에는 세선화(thining)처리라는 것을 거쳐서 한 픽셀 두께의 에지를 만들어낸다. 많은 응용에서 에지의 두께는 중요하지 않지만 컴퓨터 비전 분야에서는 중요하다. 에지의 정확도면에서 볼 때 2차 미분을 사용하는 에지 검출기가 더 좋은 에지 국한성을 보인다.

또 다른 2차 미분 연산자의 이점은 검출된 에지의 윤곽선이 폐곡선이라는 것이다. 이것은 영상 분할에서는 매우 중요하다. 또한 밝기가 선형으로 서서히 변하는 부분에서는 출력이 없다는 것도 장점이다.

라플라시안(Laplacian)은 대표적인 2차 미분 연산자이다. 이것은 다른 연산자하고는 달리 모든 방향의 에지를 찾는다. 라플라시안 연산자는 보통 다른 연산자보다 날카로운 에지를 생성한다. 라플라시안 에지 강화는 에지의 방향을 무시하고, 영상 안의 모든 방향의 에지를 강조하여 나타내는 전방향성 연산이다. 이 연산은 3×3의 픽셀 커널 내에서 밝기 기울기 변화율을 기초로 한다. 일반적인 라플라시안 마스크는 다음과 같다.

-1	-1	-1
-1	8	-1
-1	-1	-1

또는

0	-1	0
-1	4	-1
0	-1	0

[그림 8-64] 라플라시안 필터

라플라시안 연산은 그라디언트 연산보다 더 날카로운 에지 피크를 생성해낸다. 라플라시안은 하나의 마스크로 어떤 방향의 밝기 기울기도 검출할 수 있다. 인간의 시각 시스템에서도 라플라시안과 같은 에지 강화 연산이 일어나는 것으로 알려져 있다.

라플라시안 연산자의 출력 영상은 영상의 에지에서 부호의 변화를 보인다. 이들 부호의 변화는 영점 교차(zero crossing)로 알려져 있다. 컨벌루션 연산이 끝난 후에 보통 영점 교차 지점을 찾아서 이들 픽셀을 에지로 지정한다. 다음의 프로그램은 영점 교차점을 찾아 에지를 출력한다.

```
        for(x=0;x<COLS-1;x++)
                for(y=0;y<ROWS-1;y++)
                        if( image[x][y] < 0 ) && ((image[x+1][y] >= 0 ) ||
                                                        (image[x][y+1]  >=  0
)))
                                        out_image[x][y] = 255;
                        else if( image[x][y] > 0 ) && ((image[x+1][y] <= 0 ) ||
                                        (image[x][y+1] <= 0 )))
                                        out_image[x][y] = 255;
                        else
                out_image[x][y] = 0;
```

라플라시안 연산자의 한가지 문제점은 잡음에 대한 민감성이다. 이것 때문에 라플라시안 연산자는 실제 에지보다 더 많은 에지를 나타낸다. 따라서 에지의 크기를 계산하여 일정한 임계값 이상의 에지만을 에지로 지정하여야 한다.

에지 강화를 위한 이들 방법은 컴퓨터비전 응용에서 주요한 역할을 한다. 조립라인에서의 물질 점검이나 물체 인식과 같은 응용에서 일련의 영상 분석 연산을 적용하기 이전에 초기 영상을 조정하기 위해 우선 사용된다.

8.13.2 가우스형 라플라시안(Laplacian Of Gaussian)

라플라시안 연산자를 직접적으로 입력 영상에 적용시키면 잡음을 강조하므로 원영상을 먼저 가우스 함수를 이용하여 평활화한 다음에 라플라시안 연산을 적용하는 방법이 잘 사용된다. 이것은 인간의 시각에 관한 생물학적특성에서 힌트를 얻은 것으로 Marr 와 Hildreth에 의해 연구되었다. 이런 형태의 필터를 가우스함수를 이용하여 정의한 것이 가우스형 라플라시안, 또는 LoG 필터라고 부른다.

가우스형 라플라시안의 특징은 다음과 같다.

(1) 평활화 필터는 가우시안이다.
(2) 에지 강화 연산자는 2차 미분 연산자인 라플라시안이다.
(3) 에지 검출 기준은 2차 미분값의 영점 교차의 존재이고 이것은 전술한대로 1차 미분값의 최대값에 대응된다.
(4) 에지 위치는 선형 보간법을 이용해 서브 픽셀 해상도로 추정할 수 있다.

이 방법에서는 먼저 영상이 가우시안 필터와 컨벌루션된다. 이 단계는 영상을 평활화하고 잡음을 줄인다. 고립된 잡음점과 작은 구조는 제거될 것이다. 평활화 과정에서 에지의 폭이 늘어나게 되므로 국지적으로 최대값을 가지는 점만을 에지로 간주하여야 한다. 이를 위하여 2차 미분 연산자인 라플라시안이 사용된다. 불필요한 에지 픽셀을 줄이기 위하여 영점 교차점 중에서도 1차 미분값이 어느 정도 이상되는 픽셀만을 에지로 취급한다.

LoG 연산자의 출력 $h(x, y)$은 다음의 컨벌루션 연산을 통하여 얻을 수 있다.

$$h(x,y) = \nabla^2[g(x,y) * f(x,y)] \quad \cdots\cdots (8.16)$$

여기서 ∇^2는 라플라시안 연산을, *는 컨벌루션 연산을 의미하고 $g(x, y)$는 2차원 가우시안 함수이다. 컨벌루션에 대한 미분 법칙을 이용하여 다음과 같이 바꾸어 쓸 수 있다.

$$h(x,y) = [\nabla^2 g(x,y)] * f(x,y) \quad \cdots\cdots (8.17)$$

여기시

$$\nabla^2 g(x,y) = \left(\frac{x^2 + y^2 - 2\sigma^2}{\sigma^4}\right) e^{-\frac{(x^2+y^2)}{2\sigma^2}} \quad \cdots\cdots (8.18)$$

가 되고 이것은 흔히 멕시칸 모자(Mexican hat) 연산자라고 불린다.

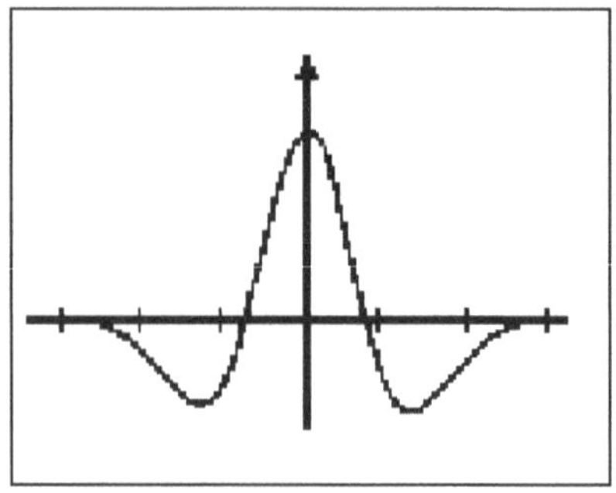

[그림 8-65] $\nabla^2 g$의 1차원 표시

따라서 LoG를 구하는 방법은 다음 두가지가 있고 이들은 동일한 방법이다.

(1) 영상을 가우시안 평활화 필터와 커벌루션을 시킨후 그 결과값의 라플라시안을 계산한다.

(2) LoG에 해당하는 선형 필터로 영상을 컨벌루션한다.

LoG 필터에 해당하는 대표적인 필터는 다음 그림과 같다.

0	0	-1	0	0
0	-1	-2	-1	0
-1	-2	16	-2	-1
0	-1	-2	-1	0
0	0	-1	0	0

[그림 8-66] 5×5 가우시안 형 라플라시안 마스크

식에서 σ는 흐려짐 크기를 나타내는 공간 정수이다. σ를 영상 상에서 몇 픽셀분의 크기로 잘라내느냐는 검출하고 싶은 공간 주파수에 의하여 결정된다. σ의 값을 크게 하면 평균화를 위한 범위가 크게 되며, 흐려진 영상에서 대충의 에지를

검출하는 것이 가능하다.

(a) 원영상 (b) 라플라시안 필터링 후의 영상

[그림 8-67] 라플라시안 필터의 예

9. 영상압축

9.1 개요

영상 압축은 디지털 영상을 나타내는 데 필요한 데이터 양을 줄이는 문제를 다룬다. 압축은 세 가지 데이터의 중복(redundancies) 중 하나 또는 그 이상을 제거해서 달성한다: (1) 최적(즉, 가장 짧은 길이) 코드 단어들을 사용하지 않을 때의 코딩 중복; (2) 영상 화소들 간의 상호작용에 기인하는 화소간(interpixel) 중복(인접 화소 유사성); 그리고/또는 (3) 인간 시각 체계에 의해 간과되는 데이터(즉, 시각적으로 중요하지 않은 정보)로 인한 시각 심리적(psychovisual) 중복. 이 장에서는 이들 중복성의 각각을 고찰하고, 이들을 이용하는 데 사용할 수 있는 많은 기법들 중 몇가지를 기술하고, 두 가지 중요한 압축 표준들 - JPEG 과 JPEG 2000 - 을 검토한다. 이 표준들은 세 가지 데이터 중복성을 묶어서 공략하는 기법들을 조합해서 이 장의 앞부분에서 소개되는 개념들을 통합한다.

IPT(Image Processing Toolbox)에 영상 압축을 위한 함수들이 없기 때문에, 이장의 주요 목표는 MATLAB 환경 안에서 압축 기법들을 탐구하는 실질적인 방법들을 제공하는 것이다. 예를 들면, MATLAB이 호출할 수 있는 C 함수를 개발해서 가변 길이 데이터 표현을 비트 레벨에서 다루는 방법을 보여준다. 이는 중요한데, 그 이유는 가변 길이 코딩이 영상 압축의 대들보가 되는데, MATLAB은 균일한(즉, 고정된 길이의) 데이터의 매트릭스들을 처리하는 데 최적이기 때문이다. 함수의 개발 과정에서, 독자가 C언어 지식을 갖고 있다고 가정하고, 설명의 초점을 MATLAB 환경 바깥의 프로그램들(C와 Fortran 모두)과 MATLAB을 상호작용하게 하는 방법에 맞춘다. 이는 M-함수를 기존의 C 또는 Fortran 프로그램들에 접속시킬 필요가 있을 때, 그리고 벡터화된 M-함수를 더 빠르게 할 필요가 있을 때(예를 들면, 어떤 for 루프를 적절하게 벡터화시킬 수 없을 때) 중요한 기술이다. 끝으로, 이 장에서 개발되는 다양한 압축 함수들은, C 및 Fortran프로그램들을 M-파일 또는 내장 함수처럼 다루는 MATLAB의 능력과 함께, MATLAB이 영상 압축 시스템들과 알고리듬들의 프로토타입화를 위한 효과적인 도구가 될 수 있음을 실증한다.

9.2 배경

[그림 9-1]에서 볼 수 있듯이, 영상 압축 시스템은 두 개의 블록으로 구성된다. 인코더와 디코더. 영상 $f(x,y)$는 인코더로 들어가고, 인코더는 입력 데이터로부터 심볼 집합을 만들고, 이들을 사용해서 영상을 표현한다. n_1과 n_2가 각각 오리지널과 인코딩된 영상의 정보 운반 단위들(대개 bits)의 수를 나타낸다면, 달성된 압축은 다음의 압축률로 수량화할 수 있다.

$$C_R = \frac{n_1}{n_2} \cdots\cdots\cdots (9.1)$$

예를 들어, 압축률 10(또는 10:1)은 압축된 데이터 집합의 매 1개의 단위(예를 들어, bit)에 대해 오리지널 영상이 10 정보 운반 단위들을 가짐을 나타낸다.
MATLAB에서는, 두 영상 파일들 또는 변수들의 표현에 사용되는 비트 수의 비를 다음의 M-함수로 계산 할 수 있다.

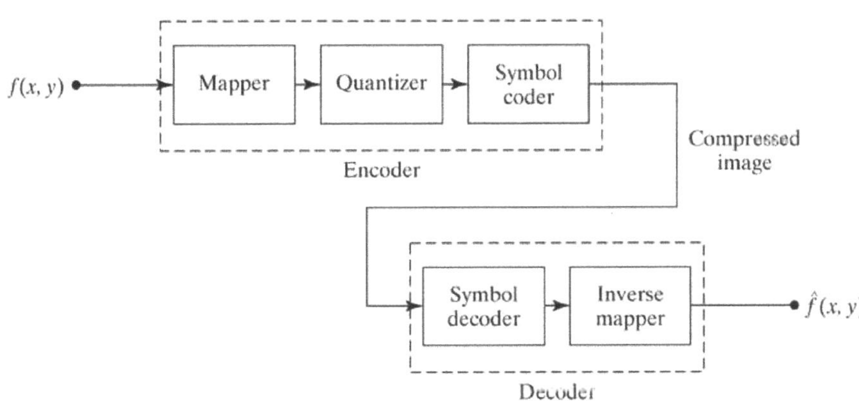

[그림 9-1] 일반적인 영상 압축 시스템

```
function cr = imratio(f1,f2)
%IMRATIO Computes the ratio of the bytes in two images/variables.
```

```
%    CR = IMRATIO(F1, F2) returns the ratio of the number of bytes in
%    variables/files F1 and F2. If F1 and F2 are an original and
%    compressed image, respectively, CR is the compression ratio.

error(nargchk(2, 2, nargin));    % Check input arguments
cr = bytes(f1)  / bytes(f2);      % Compute the ratio

%-----------------------------------------------------------------%

function b = bytes(f)
% Return the number of bytes in input f. If f is a string, assume
% that it is an image filename; if not, it is an image variable.
if ischar(f)
   info = dir(f);    b = info.bytes;
elsief isstruct(f)
   % MATLAB's whos function reports an extra 124 bytes of memory
   % per structure field because of the way MATLAB stores
   % structures in memory. Don't count this extra memory; instead,
   % add up the memory associated with each field.
   b = 0;
   fields = fieldnames(f);
   for k = 1:length(fields)
       b = b + bytes(f.(fields{k}));
   end
else
   info = whos( 'f' );     b = info.bytes;
   end
```

예를 들어, JPEG 인코딩된 영상의 압축률은 다음과 같이 계산할 수 있다

```
>> r = imratio(imread( 'bubbles25.jpg' ), 'bubbles25.jpg' )
r =
     35.1612
```

함수 imratio에서 내부 함수 b = bytes(f)는 (1) 파일, (2) 구조체 변수, (3)비구조체 변수의 바이트 수를 반환하도록 설계되었음에 유의한다. f가 비구조체 변수이면, 함수 whos를 사용해서 그 크기를 바이트 단위로 가져온다. f가 파일 이름이면, 함수 dir가 비슷한 기능을 한다. 사용된 문장에서 dir는 필드 name, date, bytes, isdir를 갖는 구조체를 반환한다.

이 필드들을 각각 파일 이름, 수정 날짜, 바이트 단위의 크기, 디렉터리 여부(디렉터리이면 isdir는 1, 아니면 0)를 포함한다. 끝으로, f가 구조체이면, bytes는 자신을 재귀적으로 호출해서 구조체의 각 필드에 할당된 바이트 수를 합한다. 이렇게 함으로써 구조체 변수 자체에 관련된 오버헤드(필드당 124 바이트)를 제거하고, 필드들의 데이터를 위해 필요한 바이트 수만을 반환한다. 함수 fieldnames는 f의 필드 목록을 가져오는 데 사용되며, 다음의 명령문들

```
for k = 1:length(fields)
b = b + bytes(f.(fields{k_}));
```

이 재귀 호출을 수행한다. bytes에 대한 재귀 호출에서 동적 구조체 필드 이름(dynamic structure fieldnames)의 사용을 주목한다. 만일 S가 구조체이고 F가 필드 이름을 포함하는 문자열 변수이면, 다음 명령문들

```
S. (F) =foo;
field = S.(F);
```

는 각각 동적 구조체 필드 이름 구문을 사용해서 구조체 필드 F의 내용을 설정하고 가져온다.

압축(즉, 부호화)된 영상을 보거나 사용하기 위해서는, 디코더([그림 9-1] 참조)에 입력시켜야 한다. 디코더는 복귀된 출력 영상 $f(x,y)$를 만든다. 일반적으로 $f(x,y)$는 $f(x,y)$의 정확한 표현이 아닐 수 있다. 만일 정확한 표현이라면, 그 시스템은 무오차(error free), 정보 보존(information preserving), 또는 무손실(lossless)이라고 부른다; 그렇지 않은 경우, 복구된 영상에는 어떤 수준의 왜곡이 존재한다. 후자를 손실 압축(lossy compression)이라고 부르며, 임의의 x와 y 값에 대해, $f(x,y)$와 $f(x,y)$ 간의 오차 $e(x,y)$를 다음과 같이 정의할 수 있다:

$$e(x,y)=f(x,y)-f(x,y) \quad \cdots\cdots \quad (9.2)$$

따라서, 두 영상 간의 전체 오차는

$$\sum_{x=0}^{M-1}\sum_{y=0}^{N-1}[f(x,y)-f(x,y)] \quad \cdots\cdots \quad (9.3)$$

이며, $f(x,y)$와 $f(x,y)$ 간의 rms(root-mean-squar, 평균 제곱근) 오차e_s $M \times N$ 배열에 대한 제곱 오차(squared error)의 평균의 제곱근으로, 공식은

$$e_s=[\frac{1}{MN}\sum_{x=0}^{M-1}\sum_{y=0}^{N-1}[f(x,y)-f(x,y)]^2]^{1/2} \quad \cdots\cdots \quad (9.4)$$

이다. 다음의 M-함수는 e_s를 계산하고 e(x,y)와 그 히스토그램을 그린다($e_s \neq 0$이면). e(x,y)가 양과 음의 값을 모두 가질 수 있으므로, 영상 데이터만을 다루는 imhist보다 hist를 사용해서 히스토그램을 만든다.

```
function rmse = compare(f1, f2, scale)
%COMPARE Computes and displays the error between two matrices.
%  RMSE = COMPARE(F1, F2, SCALE) returns the root-mean-square error
%  between inputs F1 and F2, displays a histogram of the difference,
%  and displays a caled difference image. When SCALE is omitted, a
%  scale factor of 1 is used.

%  Check input arguments and set defaults.
error(nargchk(2, 3, nargin));
if nargin < 3
   scale = 1;
end

% Compute the root-mean-square error.
e = double(f1) - double(f2);
[m, n] = sqrt(sum(e(:) .^ 2) / (m * n));

% Output error image & histogram if an error (i.e., rmse ~= 0).
if rmse
  % Form error histogram.
  emax = max(abs(e(:)));
  [h, x] = hist(e(:), emax);
  if length(h) >= 1
    figure; bar(x, h, 'k' );

    % Scale the error image symmetrically and display
    cmax = exam / scale;
    e = mat2gray(e, [-emax, emax]);
    figure; imshow(e);
   end
end
```

끝으로, [그림 9-1] 인코더는 입력 영상의 코딩, 화소간, 그리고 시각 심리적 중복성을 줄이는 작업을 담당한다. 인코딩 과정의 첫 단계에서, 사상기(mapper)가 화소간 중복성을 줄이도록 설계된 포맷(보통 비시각적)으로 입력 영상을 변환한다. 두 번째 단계, 또는 양자화기(quantizer) 블록에서는 미리 정의되어 있는 신뢰도 기준을 따라서 사상기의 출력 정확도를 줄인다. 이 연산은 비가역적이므로, 오차 없는 압축이 요구되면 생략되어야 한다. 세 번째인 마지막 단계에서는 부화화기(symbol coder)가 양자화기 출력을 코딩 중복성을 줄인 코드로 바꾸고, 이 코드를 따라서 출력을 매핑한다.

[그림 9-1]의 디코더는 두 구성 요소만을 포함한다: 부호 디코더(복호기)와 역사상기. 이 블록들은 인코더의 부호화기와 사상기 블록들의 연산을 역순으로 수행한다. 양자화는 비가역적이므로, 역 양자화 블록은 없다.

9.3 코딩 중복성

k= 1,2, ..., L에 대한 이산 랜덤 변수 r_k가 확률 $p_r(r_k)$의 L 그레이 레벨 영상을 나타낸다고 하자. 제3장에서와 같이, MATLAB 배열 인덱스가 0이 될 수 없으므로 r_1은 그레이 레벨 0에 해당하며, 그리고

$$p_r(r_k) = \frac{n_k}{n} \quad \text{k= 1,2} \cdots\cdots (9.5)$$

이다. 여기서, n_k는 k 번째 그레이 레벨이 영상에서 출현하는 횟수이며, n은 영상의 전체 화소 수이다. r_k 값을 표현하는 데 사용되는 비트 수를 l(r_k)라고 하면, 각 화소를 표현하는 데 필요한 평균 비트 수는

$$L_{avg} = \sum_{k=1}^{L} l(r_k) p_r(r_k) \cdots\cdots (9.6)$$

이다. 즉, 여러 그레이 레벨 값들에 할당된 코드 단어들의 평균 길이는 각 그레이

레벨을 표현하는 데 사용한 비트 수와 그 그레이 레벨이 출현하는 확률을 곱한 후 더해서 구할 수 있다. 따라서 M × N 영상을 코딩하는 데 필요한 비트 수는 MNL_{avg}이다.

영상의 그레이 레벨들을 모두 m 비트의 본래의 이진 코드로 표현하면, 위 식의 우변의 비트 수는 m이 된다. 즉, $l(r_k)$에 m이 대입되면, L_{avg}= m 이다. 그 이유는, 상수 m이 합계 연산자 밖으로 빠져 나오게 되고, 그 전체 합이 당연히 1인 $p_r(r_k)$의 합계와 곱해지기 때문이다. 표 8.1과 같이, 본래의 이진 코드로 영상의 그레이 레벨들을 표현할 때는 거의 항상 코딩 중복성이 존재한다. 4-레벨 영상에 대한 이 표에서 그레이 레벨 분포는 표의 두 번째 열과 같다. 세 번째 열(Code 1)은 고정 길이 인코딩인 2-비트 인코딩에 해당되므로 평균 길이도 2비트이다. 다섯 번째 열(Code 2)의 가변 길이 인코딩에서는 요구되는 평균 비트수가

$$L_{avg} = \sum_{k=1}^{4} l^2(k)pr(r_k) \quad \cdots\cdots\cdots\cdots\cdots\cdots\cdots\cdots\cdots\cdots \quad (9.7)$$

[표 9-1] 코딩 중복성의 예

r_k	$p_r(r_k)$	Code 1	$l_1(r_k)$	Code 2	$l_2(r_k)$
r_1	0.1875	00	2	011	3
r_2	0.5000	01	2	1	1
r_3	0.1250	10	2	010	3
r_4	0.1875	11	2	00	2

이다. 따라서, 결과 압축비는 C_r= 2/1.8125 ≅ 1.103이다. 가변적 길이의 코드를 사용한 Code 2에 의한 압축은 기본적으로 영상에서 가장 사용 빈도가 높은 그레이 레벨에 가장 짧은 코드 단어를 사용해서 달성한다.

여기서, 자연히 나올 수 있는 질문은: 영상의 그레이 레벨들을 표현하는 데 필요한 비트 수는 실제로 얼마까지 작아질 수 있는가? 즉, 정보 손실 없이 영상을 완벽하게 묘사하기에 충분한 최소 데이터 양이 있는가? 정보 이론이 이와 관련된 질문들에 대해 답하기 위한 수학적 기틀을 제공한다. 그 기본적인 전제는 정보 생

성을 직관과 일치하는 방식으로 측정될 수 있는 확률 과정으로서 모델링 할 수 있다는 것이다. 이 가정에 따라서, 확률 P(E)인 랜덤 이벤트 E는

$$I(E) = \log\frac{1}{P(E)} = -\log P(E) \quad \cdots\cdots\cdots\cdots\cdots\cdots\cdots\cdots \quad (9.8)$$

만큼의 정보 단위를 포함한다고 말한다. 만일 P(E)=1 이면, 즉, 항상 발생하는 이벤트이면, I(E)=0이며, 그에 속한 정보는 없다. 즉, 이 이벤트에는 불확실성이 없기 때문에, 이 이벤트가 발생했다고 알려줘도 전달되는 정보는 없다. 해당 확률이 $\{P(a_1), P(a_2), \ldots, P(a_J)\}$인 가능한 이벤트들의 이산 집합 $\{a_1, a_2, \ldots, a_J\}$으로부터, 랜덤 이벤트들의 어떤 소스(source)가 주어졌다고 할 때, 소스의 엔트로피(entropy)라고 불리는 소스 출력당 평균 정보는

$$H = -\sum_{J=1}^{J} P(a_j)\log P(a_j) \quad \cdots\cdots\cdots\cdots\cdots\cdots\cdots\cdots \quad (9.9)$$

이다. 만일 영상이 그를 내보낸 "그레이 레벨 소스"의 샘플로 해석된다면, 관찰된 영상의 그레이 레벨 히스토그램을 사용해서 이 소스의 부호 확률들을 모델링 할 수 있고, 소스의 엔트로피에 대한 1차 추정(first-order estimate) H를 만들 수 있다.

$$H = -\sum_{K=1}^{L} P_r(r_k)\log P_r(r_k) \quad \cdots\cdots\cdots\cdots\cdots\cdots\cdots\cdots \quad (9.10)$$

이러한 추정은 다음의 M-함수에 의해 계산되며, 그리고 각 그레이 레벨이 독립적으로 코딩된다는 가정하에서, 코딩 중복성만을 제거해서 달성할 수 있는 압축에 대한 하한이 된다.

```
fuction h = entropy(x,n)
%ENTROPY Computes a first-order estimate of the entropy of a matrix.
%     H = ENTROPY(X,N) returns the first-order estimate of matrix X
%     with N symbols (N =256 if omitted) in bits/symbol. The estimate
%     assumes a statistically independent source characterized by the
%     relative frequency of occurrence of the elements in X.




error(nargchk(1, 2, nargin));        % Check input arguments
if nargin < 2
    n = 256;                          % Default for n.
end

x  = double(x);                       % Make input double
xh = hist(x(:), n);                   % Compute N-bin histogram
xh = xh / sum(xh(:));                 % Compute probabilities

% Make mask to eliminate 0's since log2(0) = -inf.

I  = find(xh);
h = -sum(xh(i) .* log2(xh(i)));       % Compute entropy
```

히스토그램 xh의 0이 아닌 요소들의 인덱스를 찾기 위해서 MATLAB find 함수를 사용했음을 주목한다. 명령 시퀀스는 이러한 영상을 하나 만들고, 그 엔트로피의 1차 추정을 계산한다.

```
>> f = [119 123 168 119; 123 119 168 168];
>> f = [f; 119 119 107 119; 107 107 119 119]
f =
       119   123   168   119
       123   119   168   168
       119   119   107   119
       107   107   119   119

p = hist(f(:), 8);
p = p / sum(p)
p =
    0.1875    0.5    0.125   0     0     0     0     0.1875
h = entropy(f)
h =
     1.7806
```

$L_{avg} \cong 1.81$인 표 8.1의 Code 2는 이 1차 엔트로피 추정에 접근하며, 영상 f에 대한 최소 길이의 이진 코드이다. 그레이 레벨 107은 r_1 에 해당하며, 그에 해당하는 이진 코드 단어는 표 8.1의 011_2 이며, 119는 r_2와 코드 1_2에 해당하고, 123과 168은 각각 010_2 와 00_2 에 해당한다.

9.3.1 Huffman 코드

어떤 영상의 그레이 레벨 또는 그레이 레벨 매핑 연산[화소 차이, run-length(연속 길이) 등]의 출력을 코딩할 때, 소스 부호들이 한 번에 하나씩 코딩된다는 제한 조건하에 Huffman(허프만) 코드는 소스 부호(예를 들어, 그레이 레벨 값) 당 가장 작은 가능한 코드 부호(예를 들어, 비트) 수를 포함한다.

Huffman 방식의 첫 단계는, 고려 대상 부호들의 확률들을 정렬하고 가장 낮은 확률 부호들을 그 다음의 소스 축소(source reduction) 단계에서 이들을 대체 하는 단일 부호로 합쳐서, 일련의 소스 축소를 야기하는 것이다. [그림 9-2] (a)가 [표

9-1]의 그레이 레벨 분포에 대한 처리를 보여준다. 가장 왼쪽에는 초기 집합의 소스 부호들이 그들의 확률 값의 내림차순으로 정렬되어 있다. 첫 번째의 소스 축소를 구성하기 위해서, 아래쪽 두 확률, 즉 0.125와 0.1875를 결합해서 확률 0.3125의 "합성 부호"를 만들어 낸다. 이 합성 부호와 관련 확률은 소스 축소 열의 첫 번째 열에 놓여지며, 축소된 소스의 확률도 내림차순으로 정렬된다. 이 과정은 축소된 소스에 부호가 두 개만 남을 때까지 반복된다.

Huffman 과정의 두 번째 단계는 가장 작은 소스로부터 시작해서 오리지널 소스로 돌아오면서 각각의 축소된 소스를 코딩하는 것이다. 두 개의 부호 소스에 대한 최소 길이 이진 코드는 물론 부호 0과 1로 구성된다. [그림 9-2] (b)에서 보듯이, 이 부호들은 오른쪽의 두 부호에 할당된다(이 할당은 임의적이다; 0과 1의 순서를 바꿔도 같은 결과가 나올 것이다). 확률 0.5의 축소된 소스 부호가 그 왼쪽의 축소된 소스의 두 부호를 결합해서 생성되었기 때문에, 이를 코딩하는 데 사용된 0은 이제 이 부호들에 할당되며, 각각에 0과 1을 임의로 이어 붙여서 서로 구분시킨다. 이 연산은 오리지널 소스에 도달할 때 까지 각 축소된 소스에 대해 반복된다. 최종 코드가 [그림 9-2] (b)의 맨 왼쪽(열 3)에 나타나 있다.

[그림 9-2] (b)의 Huffman 코드(그리고 [표 9-1])는 즉시적이고, 유일하게 디코딩 할 수 있는 블록 코드(instantaneous uniquely decodable block code)이다. 즉시적인 이유는 코드 부호들의 문자열에 있는 각 코드 단어가 뒤를 잇는 부호들을 참조하지 않고 디코딩될 수 있기 때문이다. 즉, 주어진 어떠한 Huffman 코드에서도, 다른 코드 단어의 접두사인 코드 단어는 없다. 유일하게 디코딩 할 수 있는 이유는

Original Source		Source Reduction	
Symbol	Probability	1	2
a_2	0.5	0.5	0.5
a_4	0.1875	→ 0.3125	→ 0.5
a_1	0.1875	0.1875	
a_3	0.125		

Original Source			Source Reduction			
Symbol	Probability	Code	1		2	
a_2	0.5	1	0.5	1	0.5	1
a_4	0.1875	00	0.3125	01 ←	0.5	0
a_1	0.1875	011 ←	0.1875	00 ←		
a_3	0.125	010 ←				

[그림 9-2] (a)소스 축소 (b) 코드 할당 과정

코드 부호들의 문자열이 오직 한 방법으로만 디코딩될 수 있기 때문이다. 따라서, Huffman 인코딩된 부호들의 어떠한 문자열도 왼쪽에서부터 오른쪽으로 진행하면서 문자열의 개별 부호들을 확인해서 디코딩될 수 있다.

이 소스 축소와 코드 할당 과정은 huffman이라고 부르는 다음의 M-함수에 의해 구현 된다.

```
function CODE = huffman(p)
%HUFFMAN Builds a variable-length Huffman code for a symbol source.
%    CODE = HUFFMAN(P) returns a Huffman code as binary strings in
%    cell array CODE for input symbol probability vector P. Each word
%    in CODE corresponds to a symbol whose probability is at the
%    corresponding index of P.
%
%    Based on huffman5 by Sean Danaher, University of Northumbria,
%    Newcastle UK. Available at the MATLAB Central File Exchange:
%    Category General DSP in Signal Processing and Communications

% Check the input arguments for reasonableness.
error(nargchk(1, 1, nargin));
if (ndims(p) ~= 2) | (min(size(p)) > 1) | ~isreal(p) | ~isnumeric(p)
    error( 'P must be a real numeric vector, ' );
end

% Global variable surviving all recursions of function  'makecode'
global CODE
CODE = cell(length(p) , 1);
                              % Init the global cell array

if length(p) > 1              % When more than one symbol ...
 p = p / sum(p);              % Normalize the input probabolities
 s = reduce(p);               % Do Huffman source symbol reductions
```

```
 makecode(s, []);            % Recursively generate the code
else
  CODE = { '1' };              % Else, trivial one symbol case!
end;
%--------------------------------------------------------------%
function s = reduce(p);
% Create a Huffman source reduction tree in a MATLAB cell structure
% by performing source symbol reductions until there are only two
% reduced symbols remaining

s = cell(length(p), 1);

% Generate a starting tree with symbol nodes 1,2,3, ... to
% reference the symbol probabilities
for i  = 1: length(p)
   s{i}  = i;
end

while numel(s) >2
    [p, i] = sort(p);                % Sort the symbol probabilities
    p(2) = p(1) + p(2);              % Merge the 2 lowest probabilities
    p(1) = [];                       % and prune the lowest one
    s = s(i);                        % Reorder tree for new probabilities
    s{2} = {s{1}, s{2}};             % and merge & prune its nodes
    s(1) = [];                       % to match the probabilities
end
%-------------------------------------------------------------%

function makecode(sc, codeword)
% Scan the nodes of a Huffman source reduction tree recursively to
% generate the indicated variable length code words.
% Global variable surviving all recursive calls
global CODE
if isa(sc,  'cell' )                          % For cell array nodes,
```

```
    makecode(sc{1}, [codeword 0]);          % add a 0 if the 1st element

    makecode(sc{2}, [codeword 1]);          % or a 1 if the 2nd
else
  CODE{sc} = char( '0'  + codeword);         % create a char code string
end
```

다음의 명령 시퀀스가 huffman을 사용해서 [그림 9-2]의 코드를 만든다.

```
>> p = [0, 1875 0.5  0.125 0.1875];
>> c = huffman(p)

c =
     '011'
     '1'
     '010'
     '00'
```

출력은 각 행이 0과 1로 구성된 가변 길이 글자 배열인 이진 코드로서 p의 부호에 대응한다. 예를 들면, 배열 인덱스 3에 있는 '010'은 확률이 0.125인 그레이 레벨에 대한 코드이다.

huffman의 시작 줄들에서, 입력 인자 p(인코딩될 부호들의 입력 부호 확률 벡터)는 합당성 확인을 거치며, 전역 변수 CODE는 Length(p) 행과 단일 열의 MATLAB 셀(cell) 배열(2.10.6절에서 정의됨)로 초기화된다. 모든 MATLAB 전역 변수들은 그들을 참조하는 함수에서 다음 명령문 형태로 선언되어야 한다.

global X Y Z

이 명령문은 변수 X,Y,Z를 선언된 함수에서 가용하게 만든다. 여러 함수에서 같은 전역 변수를 선언하면, 이들은 이 변수를 하나만 복사해서 공유한다. huffman 에서 메인 루틴과 내부 함수 makecode가 전역 변수 CODE를 공유한다. 전역 변수의 이름은 대문자로 하는 게 관례이다. 비 전역 변수들은 지역변수들이며, 그들이 정의된 함수에서만 가용하다; 보통 소문자로 표기한다.

huffman에서 CODE는 다음 문법의 cell 함수를 사용해서 초기화한다.

X= cell(m, n)

이 명령문은 셀 또는 내용에 의해 참조될 수 있는 빈 매트릭스인 m × n 배열을 생성한다. 소괄호 "()" 는 셀 인덱싱에 사용된다; 중괄호 "{ }" 는 내용 인덱싱에 사용된다. 따라서, X(1) = []은 셀 배열로부터 요소 1을 인덱싱해서 제거한다. X{1} = []는 첫 번째 셀 배열 요소를 빈 매트릭스로 설정한다. 즉, X{1}은 X의 첫 번째 요소(배열)의 내용을 참조한다; X(1)은 요소 자체를 참조한다(그 내용 대신). 셀 배열은 다른 셀 배열에서 분기될 수 있기 때문에, 문법 X{1}{2}는 셀 배열 X의 첫 번째 요소에 있는 셀 배열의 두 번째 요소의 내용을 참조한다.

CODE가 초기화되고 입력 확률 벡터가 정규화[p = p / sum(p) 명령문에서] 된 후, 정규화된 확률 벡터 p에 대한 Huffman 코드가 두 단계로 생성된다. 메인 루틴의 명령문 s = reduce (p)에 의해 시작되는 첫 단계는 [그림 13-2] (a)의 소스 축소 작업을 수행하는 내부 함수 reduce를 호출하는 것이다. reduce에서는 크기가 CODE에 맞춰진, 초기에 비어 있는 소스 축소 셀 배열 s의 요소들을 그들의 인덱스들로 초기화한다. 즉, s{1} = 1, s{2} = 2 등이다. 그런 후, while numel(s) > 2 루프에서 소스 축소를 위한 이진 트리의 셀 등가를 생성한다. 루프의 각 반복에서 벡터 p는 확률의 오름차순으로 정렬된다. 이는 함수 sort가 수행하며, 그 문법은

[y, I] = sort(x)

이다. 여기서, 출력 y는 x의 정렬된 요소들이며, 인덱스 벡터 I는 y = x(i)의 관계에 있다. p가 정렬되고 나면, 가장 낮은 두 확률이 합쳐진다. 이때 합성 확률이 p(2)가 되며, p(1)은 제거된다. 소스 축소 셀 배열은 s = s(i)에 의해 인덱스 벡터 I

에 기반해서 p와 일치하도록 재정렬된다. 끝으로, s{2}는 s{2} = {s{1}, s{2}}(내용 인덱싱의 예)에 의해, 합병된 확률 인덱스들을 포함하는 요소가 두 개인 셀 배열로 대체되며, 셀 인덱싱을 사용해서 두 개의 합병된 요소들 중 첫 번째 s(1)을 s(1) = [ ] 에 의해 제거한다. 이 과정은 s에 두 개의 요소만 남을 때까지 반복된다.

[그림 9-3]은 [표 9-1]과 [그림 9-2] (a)의 부호 확률들에 대한 처리의 최종 출력을 보여준다. [그림 9-3] (b)와 (c)는 huffman의 메인 루틴의 마지막 두 명령문 사이에

```
cellplot(s);
celldisp(s);
```

를 삽입해서 만들었다. MATLAB 함수 celldisp는 셀 배열의 내용을 재귀적으로 인쇄한다; 함수 cellplot 은 셀 배열을 내포 사각형을 사용한 그래프로서 묘사한다. [그림 9-3] (b)의 셀 배열 요소들과 [그림 9-3] (a)의 소스 축소 트리 노드들간의 1:1 대응을 주목한다. (1) 트리에서 소스 축소를 표시하는 각각의 두 갈래 가지는 s의 두 요소 셀 배열에 해당한다; 그리고 (2) 각각의 두 요소 셀 배열은

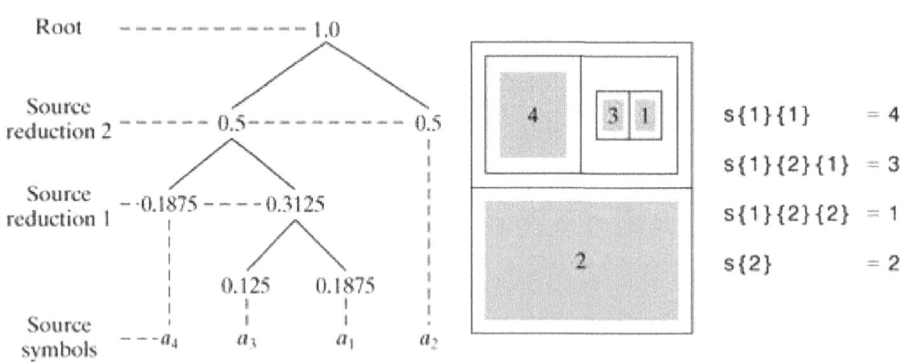

[그림 9-3] 함수 Huffman

해당 소스 축소에서 합병된 부호들의 인덱스들을 포함한다. 예를 들어, 트리 아래쪽에서의 부호 a_3와 a_1의 합병은 두 요소 셀 배열 s{1}{2}를 만들며, 여기서

s{1}{2}{1}=3이며 s{1}{2}{2} = 1이다(각각 부호 a_3와a_1의 인덱스). 트리의 뿌리는 맨 위의 두 요소 셀 배열 s이다.

코드 생성 과정의 마지막 단계(즉, 소스 축소 셀 배열 s에 기반한 코드의 할당)는 huffman의 마지막 명령문 - makecode(s, [ ]) 호출 -에 의해 시작된다. 이 호출은 그림 8.2(b)의 절차에 기반하는 재귀적 코드 할당 과정을 시작시킨다. 일반적으로 재귀는 저장 공간의 절약을 제공하지도 않고(처리될 값들의 스택이 어디엔가 유지되어야 하므로), 속도 증가도 제공하지 않지만, 장점은 특히 트리와 같이 재귀적으로 정의되는 데이터 구조를 다룰 때는 코드가 더 간결하고 이해하기 쉽다는 것이다. 어떠한 MATLAB 함수도 재귀적으로 사용 가능하다; 즉 자신을 직접 또는 간접적으로 호출 할 수 있다. 재귀가 사용될 때, 각 함수 호출은 이전 지역 변수 집합과는 독립적으로 새로운 지역 변수 집합을 만든다.

내부 함수 makecode는 두 개의 입력을 받아들인나: 0과 1의 배열은 codeword와 소스 축소 셀 배열 요소인 sc. sc자체가 셀 배열일 때는, 소스 개별적으로 코딩되어야 하므로, makecode에 대한 한 쌍의 재귀적 호출이 요소들에 대해 발생된다. 두 개의 적절하게 갱신된 코드 단어들과 함께(입력 codeword에 하나의 0과 1이 이어 붙는다). 셀 배열을 포함하지 않을 때는, sc는 오리지널 소스 부호의 인덱스이며, CODE{sc} = char('0' + codeword)에 의해 입력 codeword로부터 만들어진 이진 문자열이 할당된다. 2.10.5절에서 설명했듯이, MATLAB 함수 CHAR는 글자 코드들을 나타내는 양의 정수들을 포함하는 배열을 MATLAB 글자 배열(처음 127 코드들은 ACSII)로 전환한다. 따라서, 예를 들어, 0에 대한 ACSII 코드에 0을 더하면 ACSII '0' 가 되고, ACSII '0' 에 1을 더하면 1에 대한 ACSII 코드, 즉, '1' 이 되므로, char('0' + [0 1 0])은 문자열 '010' 을 만든다.

[표 9-2] [그림 9-3]의 소스 축소 셀 배열에 대한 코드 할당 과정

Call	Origin	sc	codeword
1	main routine	{1x2 cell} [2]	[]
2	makecode	[4] {1x2 cell}	0
3	makecode	4	0 0
4	makecode	[3] [1]	0 1
5	makecode	3	0 1 0
6	makecode	1	0 1 1
7	makecode	2	1

[표 9-2]는 [그림 9-3]의 소스 축소 셀 배열에 대한 일련의 makecode 호출을 상술한다. 소스의 네 개의 부호를 인코딩 하는 데 일곱 번의 호출이 필요하다. 첫 번째 호출(표 8.2의 행 1)은 huffman의 메인 루틴에서 발생하며, 각각 빈 매트릭스와 셀 배열 s로 설정된 입력 codeword와 sc를 갖고 인코딩 과정을 시작한다. 표준 MATLAB 표기를 따라서, {1x2 cell}은 한 행과 두 열을 갖는 셀 배열을 표시한다. 첫 번째 호출에서는 sc가 거의 셀 배열이므로(단일 부호 소스는 예외), 두 번의 재귀 호출이 발생된다(표의 행 2와 7을 참조). 이들 중 첫 호출은 두 개의 호출(행 3과 4)을 더 시작시키며, 두 번째 호출은 두 개의 추가 호출(행5와 6)을 시작시킨다. 표의 행3,5,6,7에서와 같이, sc가 셀 배열이 아닌 때는 추가적 재귀는 불필요하다; 코드 문자열이 codeword로부터 만들어지고, 인덱스가 sc로서 전달되었던 소스 부호에 할당된다.

9.3.2 huffman 인코딩

Huffman 코드 생성은 그 자체로는 압축이 아니다. Huffman 코드에 내장된 압축을 실현하려면, 코드가 만드렁진 부호들이, 그들이 그레이 레벨이든, run lengths이든, 또는 어떤 다른 그레이 레벨 매핑 연산의 출력이든, 생성된 코드에 따라서 전환 또는 매핑(즉, 인코딩)되어야 한다.

다음의 간단한 16-바이트 4 × 4 영상을 고려하자

```
>> f2 = uint8([2 3 4 2; 3 2 4 4; 2 2 1 2; 1 1 2 2])

f2 =

     2   3   4   2
     3   2   4   4
     2   2   1   2
     1   1   2   2

>> whos ( 'f2' )
   Name        Size       Bytes       Class
    f2          4x4        16          uint8 array
```

```
Grand total is 16 elements using 16 bytes
```

f2의 각 화소는 8-비트 바이트이다; 전체 영상을 표현하기 위해 16바이트가 사용된다. f2의 그레이 레벨들의 확률이 균등하지 않으므로, 가변 길이 코드(앞절에서 지적된 대로)가 영상 표현에 필요한 메모리 양을 줄여줄 것이다. 함수 huffman이 그런 코드를 계산한다:

```
>> c = huffman(hist(double(f2(:)),4))
c =
        '011'
        '1'
        '010'
        '00'
```

Huffman 코드가 코딩될 소스 부호들의 상대적인 발생 빈도(부호들 자체가 아닌)에 기반하므로, c는 예제 8.1의 영상에 대해 만든 코드와 동일하다. 사실상, 영상 f2는 그레이 레벨 107,119, 123, 168을 각각 1,2,3,4로 매핑해서 예제 8.1의 f로부터 얻을 수 있다. 이들 중 아무 영상에서나 p = [0.1875 0.5 0.125 0.1875]이다.

코드 c에 기반해서 f2를 인코딩하는 간단한 방법은 직접적인 lookup 연산을 수행하는 것이다

```
>> h1f2 = c(f2(:))'
h1f2 =
        Columns 1 through 9
         '1'        '010'      '1'      '011'        '010'      '1'        '1'
  '011'     '00'
        Columns 10 through 16
```

```
    '1'      '010'    '1'    '011'      '010'    '1'     '1'

>> whos( 'h1f2' )
      Name      Size     Bytes      Class
        h1f2     1x16     1530      cell array

 Grand total is 45 elements using 1530 bytes
```

여기서, f2(클래스 UINT8의 2-D 배열)는 1 x 16 셀 배열 h1f2로 변환된다(전치는 표시를 간결하게 한다.). h1f2의 요소들은 가변 길이의 문자열들이며, 상하 좌우(즉, 열 방향)로 스캔할 때의 f2의 화소들에 해당한다. 보는 바와 같이, 인코딩된 영상은 저장에 1530 바이트를 사용한다 - f2에 필요한 메모리의 거의 100배

h1f2에 대해 셀 배열을 사용하는 것은 논리적이다. 왜냐하면, 셀 배열은 비유사 데이터 배열을 다루기 위한 두 개의 표준 MATLAB 데이터 구조(2.10.6절 참조) 중 하나이기 때문이다. h1f2의 경우, 비유사성은 글자 배열의 길이이며, 셀 배열에 의해 이를 투명하게 다루기 위해 지불되는 대가는 가변 길이 요소들의 위치를 추적하는 데 필요한 메모리 오버헤드(셀 배열에 본질적임)이다. 이 오버헤드는 h1f2를 종래의 2-D 글자 배열로 전환해서 제거할 수 있다.

```
>> h2f2 = char(h1f2)'

h2f2 =
        1010011000011011
          1  11  1001   0
         0   10  1  1

>> whos( 'h2f2' )
      Name      Size     bytes     Class
```

```
          h1f2      3x16      1530       char array

Grand total is 48 elements using 96 bytes
```

여기서, 셀 배열 h1f2는 3 x 16 배열 h2f2로 변환된다. h2f2의 각 열은 상하좌우(즉, 열 방향) 스캔에서의 f2의 화소에 해당한다. 배열의 크기를 적절하게 하기 위해 공백이 삽입되며, 코드 단어의 각 '0' 또는 '1'에 대해 2바이트가 필요하므로 h2f2에 의해 사용되는 전체 메모리는 96 바이트이다. 아직 f2의 16바이트보다 6배 크다. 삽입된 공백들을 다음에 의해 제거할 수 있다.

```
>> h2f2 = h2f2(:);
>> h2f2(h2f2 == '    ') = [];
>> whos( 'h2f2' )

   Name      Size      Bytes      Class
    h2f2     29x1        58      char array

Grand total is 29 elements using 58 bytes
```

그러나 필요한 메모리는 아직 f2의 원래의 16바이트보다 크다.

f2를 압축하기 위해서는 코드 c가 비트 레벨에서 적용되어, 몇 개의 인코딩된 화소들이 한 바이트에 채워져야 한다.

```
>> h3f2= mat2huff(f2)
h3f2 =
          size:    [4  4]
```

```
          min:    32769
          hist:   [3 8 2 3]
         code:   [43867  1944]

>> whos( 'h3f2' )
         Name    Size    Bytes    Class
          h3f2      1x1      518      struct array

Grand  total  is  13  elements   using   518  bytes
```

함수 mat2huff가 메모리의 518 바이트를 요구하는 구조체 h3f2를 반환하지만, 그 대부분은 (1) 구조체 변수 오버헤드(MATLAB은 구조체 필드당 124 바이트의 오버헤드를 사용한다 - imratio에 대한 8.1절의 설명 참조) 또는 (2) 향후의 디코딩을 용이하게 하기 위한 mat2huff가 생성한 정보 중 하나와 관련된다.

실제(즉, 보통 크기의) 영상에서는 간과할 수 있는 이 오버헤드를 무시하면, mat2huff는 f2를 4:1 비율로 압축한다. f2의 16개 8-비트 화소들은 두 개의 16-비트 단어들 - h3f2의 필드인 code의 요소들로 압축된다.

```
>> hcode =h3f2.code;
>> whos ('hcode')
        Name      Size         Bytes          Class
        hcode     1x2             4           uint16 array
Grand total is 2 elements using  4 bytes

>> dec2bin(double(hcode))

ans =
      1010101101011011
      0000011110011000
```

dec2bin을 사용해서 h3f2.code의 개별 비트들을 표시했음을 주목한다. 끝의 모듈로-16 패드 비트들(즉, 끝에 있는 세 개의 0들)을 무시하면, 이 32-비트 인코딩은 앞에서 생성된(8.2.1절 참조) 29-비트의 즉시적이고, 유일하게 디코딩 할 수 있는 블록 코드 10101011010110110000011110011과 등가이다.

앞의 예제에서 봤듯이 함수 mat2huff는 인코딩된 입력 배열을 디코딩하는데 필요한 정보들(예를 들면, 그의 오리지널 차원들과 부호 확률들)을 단일 MATLAB 구조체 변수에 집어 넣는다. 이 구조체의 정보는 mat2huff의 도움말 텍스트부에 문서화 되어 있다.

```
fuction y = mat2huff(x)
%MAT2HUFF Huffman encode a matrix.

%    Y = mat2huff(x) Huffman encodes matrix X using  symbol
%    probabilities   in unit-width histogrm bin between X's minimum
%    and maximum values.  The encode data is returned as a structure
%    Y :
%          Y.code     The Huffman-encoded values of X, stored in
                      a uint16 vector. The other fields of Y contain
                      additional decoding information, including:
%      Y.code         The minimum value of X plus 32768
%      Y.size         The size of X
%      Y.hist         The histogram of X
%
%      If X is logical, uint8, uint6, uint32, uint8, uint16, or doulbe,
%     with integer values, it can be input directly to MAT2HUFF. The
%     minimum value of X must be representable as an int16.
%
%     If X is double with non-integer values --- for example, an image
%     with values between 0 and 1 ---first scale X to an appropriate
%     integer range before the call. For example, use Y =
%     MAT2HUFF(255*X) for 256 gray level encoding.
%
```

```
%     NOTE: The number of Huffman code words is round(max(x(:))) -
%     round(min(X(:))) + 1. you may need to scale input X to generate
%     codes of reasonable length. The maximum row or colum dimension
%     of X is 65535.
%

if ndims(x) ~= 2 ¦ ~isreal(x) ¦  (~isnumeric(x)  & ~islogical(x))
   error( 'X must be a 2-D real numeric or logical matrix. ' );
end
% Store the size of input x.
y.size = uint32(size(x));

% Find the range of x values and store its minimum value biased
% by +32768 as a UINT16.
x = round(double(x));
xmin = min(x(:));
xmax = max(x(:));
pmin = double(int16(xmin));
pmin = uint16(pmin + 32768);    y.min = pmin;

% Compute the input histogram between xmin and xmax with unit
% width bins, scale to UINT16, and store.
x = x(:)' ;
h = histc(x, xmin:xmax);
if max(h) > 65535
   h = 65535 * h / max (h);
end
h = uint16(h);  y.hist = h;

% Code the input matrix and store the result.
map = huffman(double(h));              % Make Huffman code map
hx   = map(x(:) - xmin + 1);           % Map image
hx   = char(hx)' ;                        % Convert to char array
hx   = hx(:)' ;
```

```
hx(hx == ' ' ) = [];                    % Remove blank
ysize = ceil(length(hx) / 16);          % Compute encoded size
hx16 = repmat( '0' , 1, ysize * 16);    % Pre-allocate modulo-16 vector
hx16 = reshape(hx16, 16, ysize);        % Make hx modulo-16 in length
hx16 = hx16' - '0' ;                    % Reshape to 16-character words
twos = pow2(15:-1:0);
y.code = uint16(sum(hx16. * twos(ones(ysize, 1), :), 2))' ;
```

명령문 y= mat2huff(x) 는 x의 최소값과 최대값 사이에서 단위 폭의 히스토그램 빈들로 입력 매트릭스 x를 huffman 인코딩함을 주목한다. y.code의 인코딩된 데이터가 후에 디코딩될 때, 이를 디코딩하는 데 필요한 Huffman 코드는 x의 최소값 y.min과 x의 히스토그램 y.hist로부터 재생성되어야 한다.

y.code 의 생성과 관련된 단계들은 다음과 같이 요약된다.

(1) 단위 폭의 빈들을 사용해서 x의 최소값과 최대값 사이에서 입력 x의 히스토그램 h를 계산하고 , 이를 스케일링 해서 UINT6벡터에 맞춰 넣는다.

(2) 스케일링된 히스토그램 H에 기반하여, huffman을 사용해서 map이라고 부르는 Huffman 코드를 생성한다.

(3) map을 사용해서 입력 x를 매핑하고(이는 셀 배열을 생성한다.), 이를 글자 배열 hx로 전환한다. 이때 예제 8.2의 h2f2에서와 같이 삽입된 공백들을 제거 한다.

(4) hx의 글자들을 16 글자 세그먼트들로 배열하는 벡터 hx의 한 버전을 만든다. 이 작업은 이 벡트를 다룰 모듈로-16 글자 벡터(코드에서 hx16)를 생성하고, hx의 요소들을 여기에 복사하고, 이를 16 x ysize 배열로 모양을 바꿈으로써 수행된다. 여기서, ysize = ceil(length(hx) / 16)이다. 4.2절로부터 ceil 함수가 소수점 아래를 절상시킴을 기억한다. 일반화된 MATLAB 함수

y = reshape(x, m , n)

은 그 요소들이 x로부터 열 방향으로 취해진 m × n 매트릭스를 반환한다.

x 가 m × n개의 요소들을 갖고 있지 않으면 에러를 반환한다.

(5) hx16의 16글자 요소들을 16비트의 이진 숫자(즉, uint16)들로 전환한다. 세 개의 명령문들이 더 간결한 y = uint16(bin2dec (hx16'))으로 대체 된다. 이들은 이진 문자열의 십진 등가를 반환하는 bin2dec[예를 들어, bin2dec('101')은 5를 반환한다]의 코어이나, 일반성이 감소되었기 때문에 더 빠르다. MATLAB 함수 pow2(y)는 요소들이 2의 y승인 배열을 반환하는 데 사 용된다. 즉, twos = pow2(15:-1:0)은 배열 [32768 16384 8192 ... 8 4 2 1]을 만든다.

[그림 9-4] 512×512의 8비트 흑백영상과 확대 영상

Huffman 인코딩의 압축 성능을 더 보여주기 위해서, 그림 8.4(a)의 512 × 512의 8-비트 흑백 영상을 고려하자. mat2huff에 의한 이 영상의 압축은 다음의 명령 시퀀스에 의해 수행된다:

```
>> f = imread( 'Tracy.tif' );
>> f = mat2huff(f);
>> c = mat2huff(f);
>> cr1 = imratio(f,c)
cr1 =
        1.2191
```

기존의 8-비트 이진 인코딩에 관련된 코딩 중복성을 제거함으로써, 이 영상은 디코딩 오버헤드 정보를 포함하고서도 오리지널 크기의80%로 압축되었다. mat2huff의 출력이 구조체 이므로, save 함수를 사용해서 디스크에 쓴다.

```
>> save SqueezeTracy c;
>> cr2 = imratio( 'Tray.tif' ,  'SqueezeTracy.mat' )

cr2 =
      1.2365
```

함수 save는 앞의 Save Workspace As 와 Save Selection As 메뉴 명령들과 같이, 생성된 파일에 .mat 확장자를 붙인다. 그 결과 파일 이 경우, SqueezeTracy.mat를 Mat-file이라고 부른다. 이것은 작업공간 변수 이름들과 값들을 포함하는 이진 데이터 파일이다. 여기서는 단일 작업 공간 변수 c를 포함한다. 끝으로, 앞서 계산된 cr1과 cr2의 압축비들의 작은 차이는 MATLAB 데이터 파일의 오버헤드에 기인함에 유의한다.

9.3.3 Huffman 디코딩

Huffman 인코딩된 영상들은 이들이 파생된 오리지널 영상들을 재생성하도록 디코딩 될 수 없다면 쓸모가 없다. 앞 절의 출력 y = mat2huff(x)에 대해, 디코더는 우선 x를 인코딩하는 데 사용된 Huffman 코드를 계산하고(그 히스토그램과 y의 관련된 정보에 기반해서), 그러고 나서 인코딩된 데이터(역시 y로부터 추출됨)를 역 매핑해서 x를 복구한다. 다음의 함수 x = huff2mat(y)의 리스팅에서 볼 수 있듯이, 이 과정은 다섯 개의 기본 단계로 나눌 수 있다:

(1) 입력 구조체 y로부터 차원 m과 n, 그리고 최소값 xmin(최종 출력 x의)을 추출한다.

(2) x의 히스토그램을 함수 huffman에 전달해서 x를 인코딩하는 데 사용되었던 Huffman 코드를 재생성한다. 생성된 코드를 리스팅에서 map이라고 부른다.

(3) y.code에 있는 인코딩된 데이터의 디코딩을 계산상 효율적인 일련의 이진 검색 검색을 통해서 스트림 라인 처리할 데이터 구조체[천이(transition) 및 출력 테이블 link]를 만든다.

(4) 데이터 구조체와 인코딩된 데이터(즉, link 와 y.code)를 C 함수 UNRAVEL 에 전달한다. 이 함수는 이진 검색을 수행하는 데 필요한 시간을 최소화 하면서, 클래스 DOUBLE의 디코딩된 출력 벡터를 X를 생성한다.

(5) X의 각 요소에 xmin을 더하고 오리지널 x의 차원들(즉, m행과 n열)과 일치하도록 모양을 재구성한다.
huff2mat의 독특한 특징은 MATLAB에서 호출 가능한 C함수 UNRAVEL이 들어 있는 것(단계4참조)이다. 이 함수는 평범한 해상도의 영상을 거의 즉시적으로 디코딩 할 수 있다.

```
Function x = huff2mat(y)
%HUFF2MAT decodes a Huffman encoded matrix.
%  X = HUFF2MAT(Y) decodes a Huffman encoded structure Y with uint16
%  fields:
%     Y.min     Minimum value of X  plus 32768
%     Y.size    Size of X
%     Y.hist    Histogram of X
%     Y.code    Huffman code
%
%   The output X is of class double.
%   See also  MAT2HUFF.

if ~isstruct(y) ¦  ~isfield(y, 'min' ) ¦ ~isfield(y,   'size' ) ¦ ....
       ~isfield(y,    'hist' )  ¦  ~isfield(y, 'code' )
   error( 'The input must be a structure as returned by MAT2HUFF.' );
end
```

```
sz = double(y.size);    m = sz(1);       n = sz(2);
xmin = double(y.min)  - 32768;                % Get X minimum
map = huffman(double(y.hist));                % Get Huffman code  (cell)

% Create a binary search table for the Huffman ecodeing process.
%  ‘code’  contains source symbol strings corresponding to  ‘link’
% nodes, while  ‘link’  contains the addresses (+) to node pairs for
% node symbol strings plus  ‘0’  and  ‘1’  or addresses (-) to decoded
% Huffman codewords in  ‘map’  . Array  ‘left’  is a list of nodes yet to
% be processed for  ‘link’  entries.
 code = cellstr(char( ‘’ ,  ‘0’ ,  ‘1));       % Set tarting coditions as
 link  = [2; 0; 0];   left =[2 3];        % 3 nodes w/2 unprocessed
 found = 0;  tofind = length(map);  % Tracking variables

while length(left) & (found < tofind)
   look = find(strcmp(map, code{left(1)}));  % Is string in map?
   if look
      link(left(1)) = -look;                % Yes
      left = left(2:end);                    % Point to Huffman map
      found = found + 1;                    % Delete current node

else                                          % No,add2 nodes &pointers
   len = length(code);                      % Put pointers in node
   link(left(1)) = len + 1;

   link = [link; 0; 0];                     %  Add unprocessed nodes
   codc{cnd +1} = strcat(code{left(1)},  ‘0’ );
   code{end +1} = strcat(code{left(1)},  ‘1’ );

   left = left(2:end);                        % Remove processed node
   left = [left len +1 len + 2];             % Add 2 unprocessed nodes
  end
end
```

```
x = unravel(y.code' , link, m * n );        % Decode using C 'unravel'
x = x + xmin - 1;                           % X minimum offset adjust
x = reshape(x, m, n);                       % Make vector an array
```

앞에서 지적했듯이, huff2mat 기반 디코딩은 일련의 이진 검색 또는 두 개의 결과를 내는 디코딩 결정들을 토대로 한다. 순차적으로 스캐닝되는 Huffman 인코딩된 문자열의 각 요소 물론 '0' 또는 '1' 이어야 됨 는 천이 및 출력 테이블 link에 기반해서 이진 디코딩 결정을 시작하게 한다. link의 구성은 명령문 link =-[2; 0; 0]에서의 초기화에서 시작한다. 시작할 때의 세 상태(state)의 link 배열의 각 요소는 해당 셀 배열인 code의 Huffman 인코딩된 이진 문자열에 해당한다; 초기에, code = cellstr(char('' , '0' , '1'))이다.

널 문자열인 code(1)은 모든 Huffman 문자열 디코딩에 대한 시작점(또는 초기 디코딩 상태)이다. 관련된 link(1) 의 2는 널 문자열에 '0' 또는 '1' 을 이어 붙여서 생기는 두 개의 가능한 디코딩 상태를 나타낸다. 만일 그 다음의 Huffman 인코딩된 비트가 '0' 이면, 그 다음의 디코딩 상태는 link(2)이다 [code(2) = '0' 이므로, 널 문자열에 '0' 이 연결된다]; 만일 '1' 이면, 새 상태는 link(3) 이다[인덱스 (2 + 1) 또는 3에서, code(3) = '1' 이 연결된다.]. 해당 link 배열 엔트리들이 0임을 주목한다. 이들이 아직 Huffman 코드 map에 대한 적절한 결정들을 반영하도록 처리되지 않았음을 나타낸다.

[표 9-3] [그림 9-3]의 소스 축소 셀 배열에 대한 디코딩 표

Index i	Value in link(i)
1	2
2	4
3	−2
4	−4
5	6
6	−3
7	−1

link를 구성하는 동안, 만일 둘중에 하나(즉, ‘0’ 또는 ‘1’)가 map에서 발견되면(즉, 이는 유효한 Huffman 코드 단어), link의 해당 0 해당 map 인덱스(디코딩된 값)의 음수에 의해 대체 된다. 아니면, 논리적으로 뒤따르는(‘00’ 와 ‘01’,또는 ‘10’ 와 ‘11’)두개의 새 상태들(가능한 Huffman 코드 단어들)을 지시하기 위해 새로운(양의 값의) link 인덱스가 삽입된다. 이들 새로운, 그리고 아직 까지 처리되지 않은 link 요소들은 link의 크기를 확장시키고(셀 배열 code도 갱신되어야 한다), 이 구성 과정은 link에 처리되지 않은 요소가 남아 있지 않을 때 까지 지속된다. 그러나, huff2mat은 처리되지 않은 요소들을 위해 지속적으로 link를 스캐닝하기 보다는 [2,3]으로 초기화되고, 검사되지 않은 link 요소들의 인덱스들을 포함하도록 갱신되는 left라고 부르는 추적 배열을 지원한다.

[표 9-3]은 예제 9.2의 Huffman 코드에 대해 생성된 link 표를 보여준다. 만일 각 link 인덱스를 디코딩 상태 I로 본다면, 각 이진 코딩 결정(인코딩된 문자열의 좌에서 우 스캔에서) 그리고/또는 Huffman 디코딩된 출력은 link(i)에 의해 결정된다.

(1) 만일 link(i) < 0(즉,음수)이면, Huffman 코드 단어는 디코딩 되었다. 디코딩된 출력은 |link(i)|이며, 여기서 | |는 절대 값을 나타낸다.

(2) 만일 link(i) > 0(즉,양수)이고 처리될 그 다음 인코딩된 비트가 0이면, 그 다음 디코딩 상태는 인덱스 link(i)이다. 즉, I = link(i)로 한다.

(3) 만일 link(i) > 0이고 처리될 그 다음 인코딩된 비트가 1이면, 그 다음 디코딩 상태는 인덱스 link(i) + 1이다. 즉, I = link(i) +1 이다.

앞에서 언급했듯이, 양의 link 엔트리들은 이진 디코딩 전이(transition)에 해당 하며, 반면에 음의 엔트리들은 디코딩되는 출력 값들을 결정한다. 각 Huffman 코드 단어가 디코딩됨에 따라, 새로운 이진 검색이 link 인덱스 I = 1에서 시작된다.

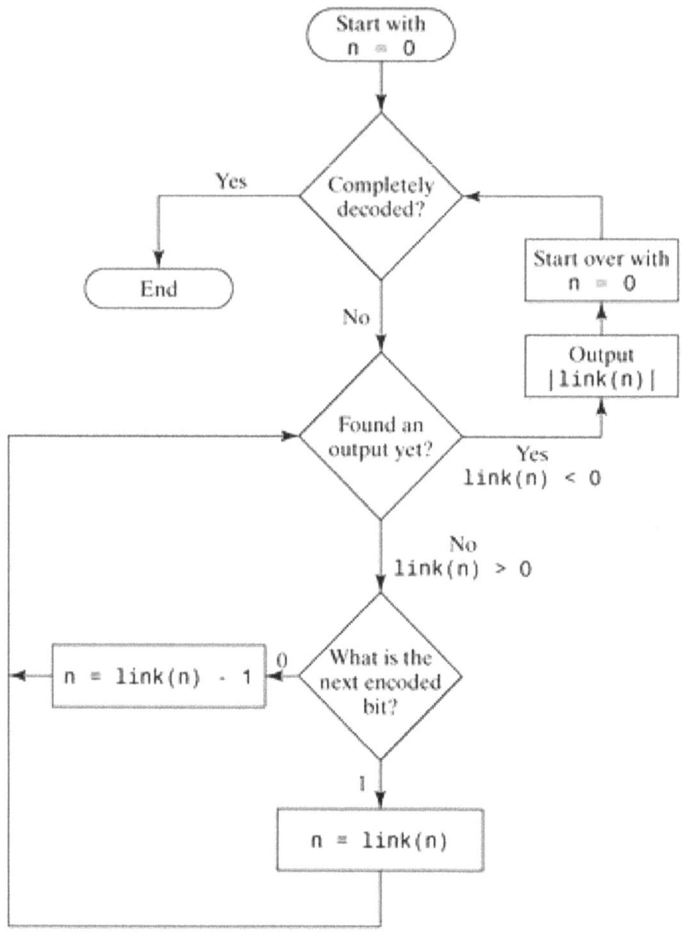

[그림 9-5] C함수 unravel에 대한 흐름도

예제 9.2 의 인코딩된 문자열 101010110101...에 대해, 결과 상태 천이 시퀀스는 I= 1, 3, 1, 2, 5, 6, 1, ...이다; 해당 출력 시퀀스는 -, |-2|, -, -, -, |-3|, -....이다.여기서 -는 출력이 없음을 나타내는 데 사용된다. 디코딩된 출력 값들인 2와 3은 예제 8.2의 테스트 영상 f2의 첫 열의 처음 두 화소들이다.

C 함수 unravel은 방금 설명한 link 구조체를 받아들이고 입력 hx를 디코딩 하는데 필요한 이진 검색을 구동시킨다. [그림 9-5]는 이 함수의 기본 연산에 대한 다이어그램이며, 표 8.3과 관련하여 설명했던 의사 결정(decision-making) 과정에 이어진다. 그러나, C 배열의 인덱스는 0부터 시작하므로 수정이 필요하다. C와 Fortran 함수들 모두 MATLAB 에 편입시킬 수 있으며, 두 가지 주요 목적에 도움이 된다: (1) 기존의 대형 C와 Fortran 프로그램들을 m-파일로 다시 작성할 필요 없이 MATLAB에서 호출할 수 있게 하며, (2) MATLAB m-파일로서는 그다지 빨리 돌아가지 않으나 C또는 Fortran으로 코딩하면 효율이 증가하는 병목 계산들을 능

률적으로 처리한다. C또는 Fortran이 사용되면, 그 결과 함수를 MEX-파일이라고 부른다; 이들은 마치 M-파일 또는 보통의 MATLAB 함수들처럼 동작한다. 그러나, M-파일과 달리, 호출되기 전에 MATLAB의 mex 스크립트를 사용해서 컴파일 및 링크되어야 한다. MATLAB 명령 줄 프롬프트로부터 Windows 플랫폼에서, 예를 들어 unravel을 컴파일 및 링크하려면 다음을 타이핑 한다.

```
>>mex unravel.c
```

확장자 .dll 이 붙은 unravel.dll이라는 MEX-파일이 만들어질 것이다. 필요하면 같은 이름의 별도의 M-파일 (확장자 .m을 갖는)로 도움말 텍스트를 제공한다.

C mex-파일 unravel에 대한 소스 코드는 .c 확장자를 가지며, 다음과 같다.

```
/*==============================================================
 * unravel.c
 * Decodes a variable length coded bit sequence (a vector of
   16-bit integers) using a binary sort from the MSB to the LSB
 * (across word boundaries) based on a transition table.

 *==============================================================*/

# include "mex.h"

void unravel(unsigned short *hx, double, *link, double *x,
     double xsz, int hxsz)



{
   int I =15, j=0, K=0, N=0;          /* start at root node, 1st  */
                                        /* hx bit and x element     */
   while (xsz -k)        {             /* Do until x is filled       */
       if (*(link + n) > 0 )  {        /* Is there a link?           */
            n = *(link + n);           /* Is bit a 1?                */
```

```
        else n = *(link + n) -1;      /* It's 0 so get new node  */
        if  (i)I--;  else  {j++; I=15;} /* Set I, j to next bit    */
        if  (j > hxsz)                  /* Bits left to decode?     */
            mexErrMsgTxt( "out of code bits ???" );
        }
    else  {                             /* It must be a leaf node  */
       *(x + k++) = -*(link + n);      /* Output value  */
        n = 0;  }                      /* Start over at root       */
}
if ( k == xsz - 1)                     /* Is one left over?        */
      *(x + k++) = -*(link +n);
}
void mexFunction(int nlhs, mxArray *plhs[],
                    int nrhs, const mxArray *prhs[])

{
    double *link, *x, xsz;
    unsigned short *hx;
    int hxsz;

/* Check inputs for reasonableness      */
if(nrhs != 3)
    mexErrMsgTxt( "Three inputs required." );
else if (nlhs > 1)
    mexErrMsgTxt( "Too many output arguments." );

/* Create input matrix pointers and get scalar */
plhs[0] = mxCreateDoubleMatrix(xsz, 1, mxREAL);

/* Get C pointer to a copy of the output matrix */
x = mxGetPr(plhs[0]);
 /* Call the C subroutine */
 unravel(hx, link, x ,xsz, hxsz);
}
```

도움말 텍스트는 M-파일 unravel.m에 제공된다.

```
%UNRAVEL Decodes a variable-length bit stream.
% X = UNRAVEL(Y, LINK, XLEN) decodes UINT16 input vector Y based on
% transition and output table LINK. The elements of Y are
% considered to be a contiguous stream of encoded bits —i .e., the
% MSB of one element follows the LSB of the previous element. Input
% XLEN is the number code words in Y,          and thus the size of output
% vector X (class DOUBLE). Input Link is a transition and output
% table (that drives a series of binary searches):
%
% 1. LINK(0) is the entry point for decoding, I.e., state n=0.
% 2. If LINK(n) < 0 , the decoded output is ¦ LINK(n)¦; set n=0.
% 3. If LINK(n) > 0 , get the next encoded bit and transition to
% starte [LINK(n) -1] if the bit is 0, else LINK(n).
```

모든 C MEX-파일 같이, C MEX-파일 unravel.c 는 두 부분으로 구성된다. 계산 루틴과 게이트웨이 루틴. unravel로 이름 붙은 계산 루틴은 그림 8.5의 link기반 디코딩 과정을 구현하는 C코드를 포함한다. 게이트웨이 루틴은 항상 이름이 mexFunction이어야 하며, C 계산 루틴 unravel을 m-파일 호출 함수 huff2mat에 연결시킨다. 이 함수는 MATLAB 의 표준 MEX-인터페이스를 사용하며, 다음에 기반한다:

(1) 네 개의 표준화된 입력/출력 매개변수들 - nlhs, plhs, nrhs, prhs, 이 매개변수들은 각각 왼쪽 출력 인자들의 수(정수), 왼쪽 출력 인자들(모든 MATLAB 배열들)에 대한 포인터들의 배열, 오른쪽 입력 인자들의 수(또 다른 정수), 오른쪽 입력 인자들(역시 MATLAB 배열들)에 대한 포인터들의 배열이다.

(2) API(Application Programming Interface) 함수 집합. 접두사 mx 가 붙은 API 함수 집합. 접두사 mx가 붙은 API 함수들은 클래스 mxArray의 구조체들은 생성, 접근, 조작, 그리고/또는 파괴하는 데 사용된다. 예를 들어,

- mxCalloc 은 표준 C calloc 함수처럼 동적으로 메모리를 할당한다. 관련된 함수들에는 c의 malloc 과 realloc 함수들은 대신하는 mxMalloc과 mxRealloc이 포함된다.

- mxGetScalar는 입력 배열 prhs로부터 스칼라를 추출한다. mxGetM, mxGetN, mxGetString, mxCreateNumbericArray 같은 다른 mxCreate... 함수들은 다른 데이터 유형들의 생성을 용이하게 한다.

이름 앞에 mex가 붙은 API 함수들은 MATLAB 환경에서 연산을 수행한다.
예를 들면, mexErrMsgTxt는 MATLAB 작업 공간에 메시지를 출력한다.

앞 목록의 항목 2에 언급된 API mex와 mx 루틴들에 대한 함수 프로토타입은 MATLAB 헤더 파일들인 mex.h와 matrix.h에 들어있다.
둘다 <matlab>/extern/include 디렉터리에서 찾을 수 있으며, 여기서 <matlab>은 컴퓨터 에 MATLAB이 설치된 최상위 디렉터리를 표시한다. 헤더 mex.h는 모든 MEX-파일들의 시작부에 포함되어야 하며(MEX-파일 unrave의 시작부의 c파일 포함 명령문 #include “mex.h” 를 주목한다), 헤더 파일 matrix.h를 포함한다. 이 파일들에 포함된 mex와 mx 인터페이스 루틴들의 프로토타입들은 그들이 사용하는 매개변수들을 정의하고 그들의 전반적 연산에 관한 유용한 단서를 제공한다. 추가 정보는 MATLAB의 External interfaces 참고 매뉴얼에 있다.

[그림 9-6]이 앞의 설명을 요약하며, C MEX-파일 unravel의 전체적 구조를 상술하고, 이와 m-파일 huff2mat 간의 정보 흐름을 기술한다. Huffman 디코딩의 문맥에서 작성되었으나, 예시된 개념들은 다른 C- 그리고/또는 Fortran - 기반 MATLAB 함수들에 쉽게 확장된다.

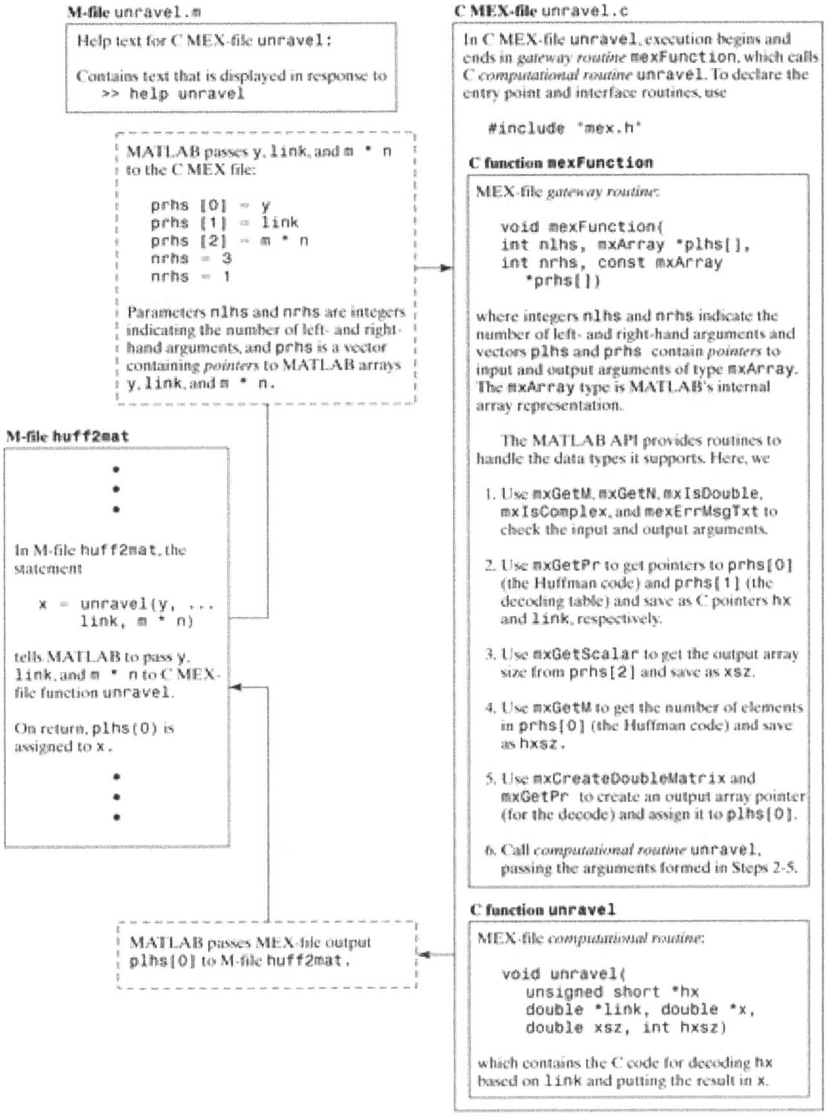

[그림 9-6]

예제 9.3의 Huffman 인코딩된 영상은 다음 명령 시퀀스에 의해 디코딩될 수 있다:

```
>> load SqeezeTracy;
>> g=huff2mat(c);
```

```
>> f=imread( 'Tracy.tif' );
>> rmse=compare(f,g)
rmse=
        0
```

전체 인코딩-디코딩 과정은 정보 보존적이다; 오리지널 영상과 압축 해제된 영상 간의 rms(root mean-square, 평균 제곱근) 오차는 0이다. 이렇게 많은 부분의 디코딩 작업이 C MEX파일 unravel에서 수행되므로, huff2mat은 그에 대응하는 인코딩 함수인 mat2huff보다 약간 더 빠르다. 예제 9.3으로부터의 MAT-파일 인코딩된 출력을 가져오기 위한 load 함수의 사용을 주목한다.

9.4 화소간 중복

[그림 9-7] (a)와 (c)의 영상들을 고려하자. [그림 9-7] (b)와 (d)에서 보듯이, 이들은 실질적으로 같은 히스토그램이다. 또한, 히스토그램이 세 개의 모드를 가짐을 주목한다. 이는 세 개의 압도적인 그레이 레벨 값 범위가 있음을 의미한다. 이 영상들의 그레이 레벨이 균등하지 않으므로 가변 길이 코딩을 사용해서, 화소들을 자연 이진 코딩하면 생기는 코딩 중복을 줄일 수 있다.

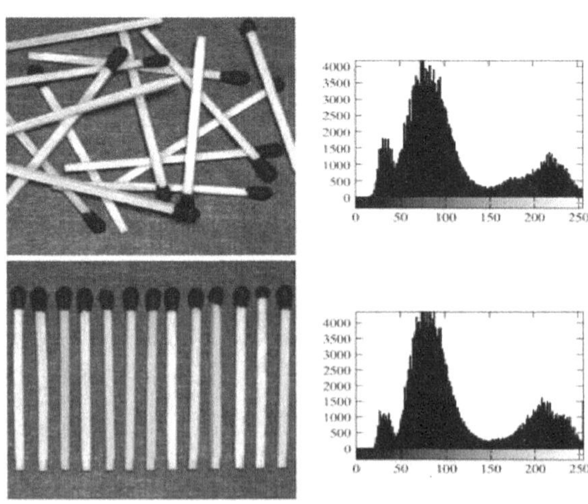

[그림 9-7] 두 영상과 그레이 레벨 히스토그램들

```
>> f1 = imread( 'Ramdom Matches.tif' );
>> c1 = mat2huff(f1);
>> entropy(f1)
ans =
  7.4253

>> f2 = imread( 'Aligned Matches.tif' );
>> c2 = mat2huff(f2);
>> entropy(f2)
ans =
   7.3505
>> imratio(f2, c2)
ans =
    1.0821
```

두 영상의 1차 엔트로피 추정이 거의 같음(각각 7.4253과 7.3505 비트/화소)을 주목한다. 이들은 mat2huff에 의해 비슷하게 압축된다(압축비는 각각 1.0704와 1.0821). 이러한 관찰 결과는 가변 길이 코딩이 [그림 13-7] (c)의 정렬된 성냥들 간의 분명한 구조적 관계를 활용하지 못한다는 사실을 드러낸다. 이 영상에서 화소 대 화소 상관도가 더 분명하지만, 이 상관도는 [그림 13-7] (a)에도 있다. 두 영상의 화소 값들을 이웃 화소들의 값들로부터 어느 정도 예상할 수 있으므로, 개별 화소들이 운반하는 정보는 상대적으로 적다. 영상에 대한 어떤 한 화소의 시각적 기여도의 대부분은 중복적이다; 이는 이웃 화소들의 값을 근거하여 추정할 수 있다. 이 상관도가 화소간 중복의 우선적인 근거가 된다.

화소간 중복(interpixel redundancy)을 줄이기 위해, 2-D 화소 배열을 더 효율적인[그러나 보통 "비시각적인(nonvisual)"] 포맷으로 변환해야 한다. 예를 들면, 인접화소들 간의 차이를 이용해서 영상을 표현할 수 있다. 이 유형의 변환(즉, 인접화소 중복을 제거하는 변환)을 매핑(mapping)이라고 부른다. 변환된 데이터로부터 오리지널 영상 요소들이 복귀될 수 있으면 가역(reversible)매핑 이라고 부른다.

[그림 9-8]은 간단한 매핑 절차의 예를 보여준다. 이 방식은 무손실 예측 코딩

(lossless predictive coding)이라고 불리며, 가까운 화소들로부터 각 화소의 새 정보만을 추출하고 코딩함으로써 인접 화소 중복을 제거한다. 화소의 새 정보는 그 화소의 실제 값과 예측 값 간의 차이로 정의된다. 보는 바와 같이, 이 시스템은 인코더와 디코더로 구성되며, 각각은 동일한 예측기(predictor)를 포함한다.

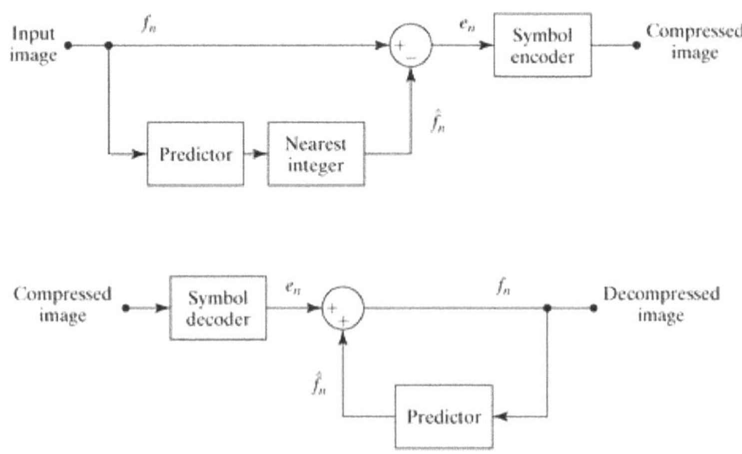

[그림 9-8] 무손실 예측 코딩 모델

f_n으로 표기된 입력 영상의 각 연속된 화소가 인코더에 입력됨에 따라, 예측기는 몇 개의 과거 입력들에 기반해서 그 화소의 값을 예측한다. 예측기의 출력은 그런 후 f_n으로 표기하는 가장 가까운 정수로 바뀌며, 차이 또는 예측 오차 계산에 사용된다.

$$e_n = f_n - f_n \quad \cdots\cdots (9.11)$$

이 오차가 가변 길이 코드를 사용해서 (부호 인코더에 의해) 코딩되어 압축 데이터 스트림의 다음 요소를 생성한다. [그림 9-8](b)의 디코더는 수신된 가변 길이 코드 단어들로부터 e_n을 복구하고, 역 연산

$$f_n = e_n + f_n \quad \cdots\cdots (9.12)$$

을 수행한다. 다양한 지역적, 전역적, 적응적 방법들을 사용해서 f_n을 생성할 수 있다. 그러나, 대부분의 경우에 m개의 이전 화소들의 선형 조합에 의해 예측이 나온다. 즉,

$$f_n = \partial\,[\sum_{i=1}^{m} a_i f_n - i] \cdots\cdots (9.13)$$

여기서 m은 선형 예측기 차수이며, "round"는 반올림 또는 최근접 정수 연산(MATLAB의 함수 round 같이)을 표시하는 데 사용되는 함수이며, $a_i (i = 1,2,.....,m)$는 예측 계수들이다. 1-D 선형 예측 코딩에 대해서, 이식은

$$f(x,y) = \partial\,[\sum_{i=1}^{m} a_i f(x,y-i)] \cdots\cdots (9.14)$$

로 쓸 수 있다. 여기서, 아랫 첨자가 붙은 각 변수는 이제 외연적으로 공간 좌표 x와 y의 함수로서 표현된다. 예측 $f(x,y)$가 현재 스캔 라인만의 이전 화소들의 함수임을 유념한다.

M-함수 mat2lpc와 lpc2mat은 방금 설명한 예측 인코딩과 디코딩 처리를 구현한다(부호 코딩 및 디코딩 단계들은 빼고). 인코딩 함수 matt2lpc는 입력 x의 매 화소에 대해 한꺼번에 예측 결과를 내기 위해 for 루프를 사용한다. x의 복제로서 시작하는 xs는 매 반복마다 오른쪽으로 한 열 이동되며(왼쪽이 0으로 패딩된다), 적절한 예측 계수가 곱해지며, 예측 합 p에 더해진다. 선형 예측 계수들의 수가 보통은 작으므로, 전체 과정은 신속하다. 다음의 리스팅에서 예측 필터 f가 규정되지 않으면, 계수가 1인 단일 요소 필터가 사용됨을 주목한다.

```
function y = mat2lpc(x,f)
%MAT2LPC Compresses a matrix using 1-D lossless predictive coding.
%   Y = MAT2LPC(X,F) encodes matrix X using 1-D lossless predictive
%   coding. A linear prediction of X is made based on the
%   coefficients in F. If F is omitted, F =1 (for previous pixel
```

```
%    coding) is assumed. The prediction error is then computed and
%    output as encoded matrix Y.
%
%    See also LPC2MAT.

error(nargchk(1, 2, nargin));      % Check input arguments
if nargin < 2                       % Set default filter if omitted
  f = 1;
end
x = double(x);                      % Ensure double for computations
[m, n] = size(x);                   %  Get dimensions of input matrix
p = zeros(m,n);                     % Init linear prediction to 0
xs = x;        zc = zeros(m,1);     % Prepare for input shift and pad

for j = 1: length(f)                % For each filter coefficient...
     xs = [zc xs(:, 1:end -1)];     % Shift and zero pad x
     p = p + f(j) * xs;             % Form partial prediction sums
end

y= x - round(p);                    % Compute the prediction error
```

디코딩 함수 lpc2mat은 대응하는 인코딩 함수인 mat2lpc의 역 연산을 수행한다. 다음의 리스팅에서 보듯이, 이 함수는 n회 반복하는 for 루프를 사용한다. 여기서, n은 인코딩된 입력 매트릭스 y의 열 수이다. 각 디코딩된 열은 모든 후속 열들의 계산에 필요하므로, 매 반복마다 디코딩된 출력 x의 한열만을 계산한다. for루프에서 소요되는 시간을 줄이기 위해, x는 루프를 시작하기 전에 패딩된 최대 크기로 선할당한다. 예측을 생성하는 데 사용된 계산은 부동 소수점 절삭 오차를 피하기 위해 lpc2mat에서와 똑같은 순서로 수행됨을 주목한다.

```
function x =lpc2mat(y,f)
%LPC2MAT Decompresses a 1-D lossless predictive encoded matrix.
```

```
% X = LPC2MAT(Y , F) decodes input matrix Y based on linear
% prediction coefficients in F and the assumption of 1-D lossless
% predictive coding. If F is omitted, filter F=1 (for prvious
% pixel coding) is assumed.
%
% See also MAT2LPC.


error(nargchk(1, 2 nargin));      % Check input arguments
if nargin < 2                      % Set default filter if omitted
    f = 1;
end

f = f(end:-1:1);                   % Reverse the filter coefficients
[m, n] = size(y);                  % Get dimensions of output matrix
order = length(f);                 % Get order of liner predictor
f = repmat(f, m, 1);               % Duplicate filter for vectorizing
x = zeros(m, n + order);           % Pad for 1st 'order' column decodes


% Decode the output one column at a time. Compute a prediction based
% on the 'order' previous elements and add it to the prediction
% error. The result is appended to the output matrix being built.

for j = 1:n
  jj = j+order;
  x(:, jj) = y(:,j) +round (sum(f(:, order:-1:1) .* ....
                        x(:, (jj - 1): -1:(jj - order)), 2));
end
x = x(:, order +1:end );           % Remove left padding
```

[그림 9-7] (c)의 영상을 다음 간단한 1차 선형 예측기를 사용해서 인코딩 하는 것을 고려하자.

$$f(x,y) = \partial\, [af(x,y-1)] \quad \cdots\cdots \quad (9.15)$$

이 형태의 예측기를 보통 이전 화소(previous pixel) 예측기라고 부르며, 해당 예측 코딩 절차를 차등 코딩(differential coding) 또는 이전 화소 코딩 이라고 부른다.

[그림 9-9] (a)는 a=1일 때의 결과인 예측 오차 영상을 보여준다. 여기서, 그레이 레벨 128은 예측 오차 0에 해당하며, 0이 아닌 양수 및 음수 오차는 mat2gray에 의해 스케일링되어 각각 더 밝거나 또는 더 어두운 그레이가 된다.

```
>>f = imread( 'Aligned Matches.tif' );
>>e = mat2lpc(f);
>> imshow(mat2gray(e));
>> entropy(e)

ans=
      5.9727
```

예측 오차 e의 엔트로피가 오리지널 영상 f의 엔트로피 보다 본질적으로 더 낮음을 주목한다. m-비트 영상에 대해, 결과 오차 시퀀스를 정확하게 표현하는 데는 (m+1)비트의 숫자들이 필요하다는 사실에도 불구하고, 엔트로피가 7.3505 비트/화소(이 절의 시작부에서 계산된)로부터 5.9727 비트/화소로 줄었다. 엔트로피의 이러한 축소는 예측 오차 영상이 오리지널 영상보다 더 효율적으로 코딩 될 수 있음을 의미한다. 이는 물론 매핑의 목표이다. 따라서, 다음을 얻으며,

```
>> c = mat2huff(e);
>> cr = imratio(f,c)
```

```
cr =
     1.3311
```

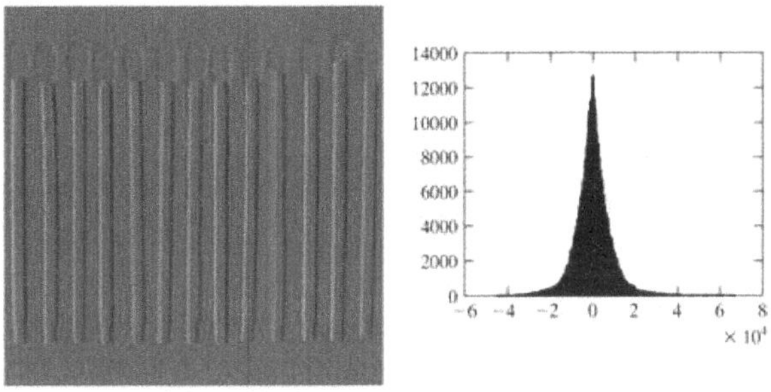

[그림 9-9] 예측오차에 대한 히스토그램

압축비가 예상대로 1.0821(그레이 레벨들을 직접 Huffman 코딩할 때)에서 1.3311로 증가되었음을 볼 수 있다.

예측 오차 e의 히스토그램이 그림 8.9(b)에 있다. 그리고 다음과 같이 계산된다.

```
>> [h,x]=hist(e(:)*512,512);
>> figure; bar(x,h, 'k' );
```

0 근처에서 매우 높은 피크를 가지며, 입력 영상 그레이 레벨 분포[그림 13-7] (d)를 참조에 비해 상대적으로 작은 분산을 가짐을 주목한다. 이는, 앞에서 계산된 엔트로피 값들이 그랬듯이, 예측 및 차등 처리에 의해 인접 화소간 중복의 많은 부분이 제거되었음을 반영한다. 예측 코딩 방식의 무손실 특성을 보여줌으로써 이 예제를 결론짓는다. 즉, c를 디코딩하고 이를 시작 영상 f와 비교해서

```
>> g = lpc2mat(huff2mat(c));
>> compare(f,g)
ans =
       0
```

9.5 시각 심리적 중복

코딩과 인접 화소간 중복와 달리, 시각 심리적 중복은 실제 또는 측정할 수 있는 시각적 정보와 관련된다. 이를 제거하는 게 바람직한 이유는 정보 자체는 전형적인 시각 처리에 본질적이지 않기 때문이다. 시각 심리적으로 중복되는 데이터를 제거하는 게 양적(quantitative) 정보의 손실에 귀착하므로, 이를 양자화(quantization)라고 부른다. 이 용어는 단어의 정상적 용도와 일치하며, 이는 일반적으로 넓은 범위의 입력 값들을 한정된 수의 출력 값들로 매핑하는 것을 의미한다. 가역 연산이 아니므로(즉, 시각 정보가 손실됨), 양자화는 손실성(lossy) 데이터 압축이다.

[그림 9-10] 의 영상을 고려하자. [그림 9-10] (a) 는 256 그레이 레벨의 흑백 영상을 보여준다. [그림 9-10] (b)는 4비트또는 16개의 가능한 레벨들로 균등하게 양자화 한후의 같은 영상을 보여준다. 결과 압축률은 2:1이다. 오리지널 영상의 부드러운 영역에 허위 등고선(flase contouring)이 생긴 데 주목한다. 이는 영상의 그레이 레벨들을 더 거칠게 표현 할 때 자연적으로 발생하는 시각적 효과이다.

[그림 9-10] (c)는 인간의 시각 체계의 특성을 이용해서 양자화를 현저하게 개선하는 것이 가능함을 보여준다. 이 두 번째 양자화에 의한 압축률도 2:1이나, 허위 등고선이 크게 줄었다. 여기에는 알갱이 같은 거칠어지는 대가가 따르나, 그에 비해 거부감은 적다. 이들 중 어떤 경우든, 압축 해제는 불필요하고 불가능하다[즉, 양자화는 불가역 연산이다].

[그림 9-10] (c)를 만들기 위해 사용된 방법을 개선된 그레이 스케일(improved gray-scale, IGS) 양자화라고 부른다. 이 기법은 경계선에 대해 눈이 본질적으로 민감함을 이용한다. 양자화 전에 각 화소에 이웃화소들의 아래쪽 비트들로부터 만

든 의사 랜덤 수를 더해서, 경계선을 분해한다. 아래쪽 비트들은 상당히 랜덤하므로, 어떻게 하면 허위 등고선에 의한 인공적 경계선들을 어느 정도(영상의 지역적 특성에 종속) 랜덤하게 만드는 효과를 낸다. 다음 리스팅의 함수 quantize는 IGS와 기존의 아래쪽 비트들을 버리는 방법을 수행할 수 있다. 입력 X를 한 번에 한 열씩 처리하기 위해 IGS 구현은 벡터화되었음을 주목한다. [그림 13-10] (C)의 4비트 결과의 한 열을 만들기 위해, 열의 합 s- 초기에 모두 0으로 설정됨 가 x의 한 열과 기존(앞서 만든) 합들의 네 개의 LSB(Least significant bit)의 합으로 형성된다 . 그런데, 만일 어떤 x 값이든지 네 개의 MSB(most significant bit)가 111_2이면 0000_2이 더해진다. 그러고 나서, 결과로 얻은 합의 네 개의 MSB가, 처리되는 열에 대한 코딩된 화소 값들로서 사용된다.

[그림 9-10]

```
function y = quantize(x, b, type)
%QUANTIZE Quantizes the elements of a UINT8 matrix.
%     Y = QUANTIZE(X, B, TYPE) quantizes X to B bits. Truncation is
%     used unless TYPE is 'igs' for Improved gray Scale quantization.

error(nargchk(2, 3, nargin));                  % Check input arguments
if ndims(x) ~= 2 | ~isreal(x) | ...
      ~isnumeric(x) |  ~isa(x, 'uint8')
```

```
    error('The input must be a UINT8 numeric matrix.');
end

% Create bit masks for the quantization
lo = uint8(2 ^ (8 - b) - 1);
hi = uint8(2 ^ (8 - double(lo) - 1);

% Perform standard quantization unless ISG is specified
if nagin < 3 ¦ ~stcmpi ( type, 'igs')
   y = bitand(x,hi);

% Else IGS quantization, Process column-wise. If the MSB's Of the
% pixel aer all 1's, the sum is set to the pixel value. Else, add
% the pixel value to the LSB's of to previous sum, Then take the
% MSB's of the sum as the quantized value.

else
   [m , n] = size(x);                          s= zeros(m, 1);
   hitest = double(bitand(x, hi) ~= hi);        x= double(x);
   for j = 1:n
     s = x(:, j) + hitest(: , j) .* double(bitand(uint8(s), lo));
    end
end
```

개선된 그레이 스케일 양식화는 압축될 영상의 그레이 레벨들에 직접 연산되는 많은 양자화 수단들을 대표한다. 이들은 보통 영상의 공간 및/또는 그레이스케일 해상도의 감소를 초래한다. 그러나, 만일 영상이 먼저 화소간 중복을 줄이기 위해 매핑되면, 양자화는 다른 유형의 영상 일화(degradation)를 야기한다 2-D 주파수 변환으로 데이터를 디코릴레이션(decorrelation, 역상관)시킬 때 흐려지는 경계선들(고주파 디테일 손실)처럼.

[그림 9-10] (c)를 만드는 데 사용된 양자화가 인지되는 화질에 거의 영향을 주지 않고도 시각 심리적 중복을 상당히 제거하지만, 결과 영상의 인접 화소간 중복 및 코딩 중복을 줄이는 앞의 두 절의 기법들을 채택하면 더 이상의 압축을 달성할

수 있다. 사실상, IGS 양자화만에 의한 2:1 압축을 두 배 이상 높일 수 있다. 다음의 명령 시퀀스는 IGS 양자화만에 의한 2:1 압축을 두 배이상 높일 수 있다. 다음의 명령 시퀀스는 IGS 양자화, 무손실 예측 코딩, Huffman 코딩을 결합해서 [그림 9-10] (a)의 영상을 오리지널 크기의 1/4이하로 압축한다.

```
>> f = imread('Brushes.tif');
>> q = quantize(f,4,'igs');
>> qs = double(q)/16;
>> e = mat2lpc(qs);
>> c = mat2huff(e);
>>imratio(f, c)

ans =
      4.1420
```

인코딩된 결과 c는 역순에 의해 압축 해제 시킬 수 있다('역 양자화' 는 없음).

```
>> ne = huff2mat(c);
>> nqs = lpc2mat(ne);
>> nq = 16 * nqs;
>> compare(q,nq)

ans =
        0

>>rmse=compare(f, nq)

rmse =
          6.8382
```

압축 해제된 영상의 rms 오차가 약 7 그레이 레벨임을 주목한다. 그리고 이 오차는 양자화 단계에만 원인이 있다.

9.6 JPEG 압축

앞 절들의 기법들은 영상의 화소들에 직접 연산되며, 따라서 공간 도메인 방법들이다. 이 절에서는, 영상의 변환을 수정하는 것에 기반하는 많이 사용되는 압축 표준들을 고려한다. 우리의 목적은 영상 압축에서의 2-D 변환의 사용을 소개하고, 8.2절부터 8.4절에 설명된 영상 중복을 줄이는 방법에 관한 추가적인 예제를 제공하고, 독자에게 영상 압축의 최신 기술을 접하게 하는 것이다. 소개 되는 표준들(비록 대략적으로 고찰하지만)은 광범위한 영상 유형과 압축 요구조건들을 다루도록 설계된다.

변환 코딩(transform coding)에서, 제4장의 DFT 또는 이산 여현파 변환(discreate cosine transform, DCT) 같은 가역적인 선형 변환

$$T(u,v)=\sum_{x=0}^{M-1}\sum_{y=0}^{N-1}f(x,y)\alpha(u)\alpha(v)\cos\left[\frac{(2x+1)u\pi}{2M}\right]\cos\left[\frac{(2y+1)u\pi}{2M}\right] \quad \cdots\cdots\cdots (9.16)$$

여기서

$$\alpha(u)\begin{cases}\sqrt{\dfrac{1}{M}}\ u=0\\ \sqrt{\dfrac{2}{M}}\ u=1,2,\ldots,M-1\end{cases} \quad \cdots\cdots\cdots (9.17)$$

[$\alpha(v)$에 대해서도 비슷]는 영상을 변환 계수들의 집합으로 매핑하는 데 사용되며, 그러고 나서, 이 계수들은 양자화되고 코딩된다. 대부분의 자연적 영상들에 있어서, 상당한 수의 계수들이 작은 크기를 가지며, 거칠게 양자화되어도(또는 완전히 버려도) 영상을 거의 왜곡시키지 않는다.

9.6.1 JPEG

가장 많이 사용되고 포괄적인 연속 톤의 정지 프레임 압축 표준들 중의 하나는 JPEG(Joint Photographic Experts Group) 표준이다. 이산 여현파 변환에 기반하고 대부분의 압축 응용에 대해 적합한 JPEG 베이스라인 코딩 시스템에서 입력 및 출력 영상들은 8 비트로 제한되며, 그 반면 양자화된 DCT 계수 값들은 11비트로 제한된다. [그림 9-11] (a)의 단순화된 블록 다이어그램에서 보듯이, 압축 자체는 순차적인 4단계로 수행된다: 8 x 8 부영상 추출, DCT 계산, 양자화, 가변 길이 코드 할당.

JPEG 압축 처리의 첫 단계는 입력 영상을 크기 8 x 8 의 겹치지 않는 화소 블록들로 분할 하는 것이다. 이어서 이들은 좌에서 우, 위에서 아래로 처리된다. 각 8 x 8 블록 또는 부 영상을 처리할 때, 64 화소들의 레벨로부터 2^{m-1}을 뺀다. 여기서, 2^m은 영상의 그레이 레벨 수이다. 그리고 이에 대한 2-D 이산 여현파 변환을 계산한다. 그런 후 , 결과 계수들을 한꺼번에 정규화하고 다음 식에 따라 양자화한다.

$$T(u,v) = \text{round}\ [\frac{T(u,v)}{Z(u,v)}] \quad \cdots\cdots\cdots\cdots \quad (9.18)$$

여기서, T(u, v)(u, v = 0, 1, ... ,7)는 결과인 정규화 및 양자화된 계수들이며, T(u,v)는 영상 $f(x,y)$의 8 x 8 블록의 DCT이며, $Z(u,v)$는 [그림 9-12] (a)에서와 같은 변환 정규화 배열(transform normalization array)이다. Z(u, v)의 스케일링에 의해, 다양한 압축률과 복구 영상 화질을 얻을 수 있다.

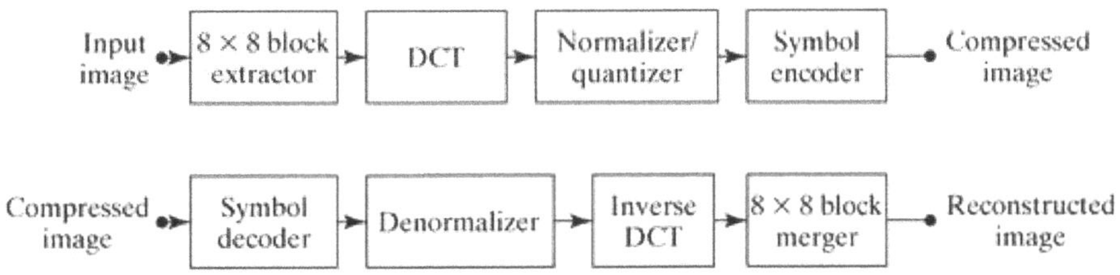

[그림 9-11] 블록 다이어그램

각 블록의 DCT 계수들을 양자화한 후에, T(u, v) 의 요소들을 [그림 9-12] (b)의 지그재그 패턴에 따라 재정렬한다. 결과인 1-D로 재정렬된 배열(양자화된 계수들의 배열)은 공간 주파수의 오름차순으로 배열되므로, [그림 9-11] (a)의 부호 인코더는 보통 재정렬하면 일어나는 0이 길게 이어지는 현상을 이용하도록 설계된다. 특히, 0이 아닌 AC 계수들[즉, u = v =0을 제외한 모든 T(u,v)] 은 계수의 값 그리고 앞의 0들의 수를 정의하는 가변 길이 코드를 사용해서 코딩된다. DC 계수[즉,T(u,v)]는 이전 부영상의 DC 계수에 비례해서 코딩된 차이이다. 디폴트 AC 및 DC Huffman 코딩 표들이 표준에 의해 제공되나, 사용자는 얼마든지 정규화 배열뿐만 아니라 사용자 표도 구성할 수 있어서, 이를 실제로 압축될 영상의 특성에 맞출 수 있다.

JPEG 표준 전체를 구현하는 것은 이 책의 수준을 넘는 것이나, 다음의 M-파일로부터 그 베이스라인 코딩 과정을 대략적으로 알 수 있다.

```
Function y = im2jpeg(x, quality)
% IM2JPEG Compresses an image using a JPEG approximation.
%     Y = IM2JPEG(X, QUALITY) compresses image X based on 8 x 8 DCT
%     transforms, coefficient quantization, and Huffman symbol
%     coding. Input QUALITY determines the amount of information that
%     is lost and compression achieved. Y is an encoding structure
%     containing fields:
%
%       Y.size              Size of X
%       Y.numblocks         Number of 8-by-8 endcoded blocks
%       Y.quality           Quality factor (as percent)
%       Y.huffman           Huffman encoding structure, as returned by
%                           MAT2HUFF
%
%       See also JPEG2IM.

error(nargchk (1, 2, nargin));                % Check input arguments
if ndims(x) ~= 2 | ~isreal(x) |  ~isnumeric(x) | ~isa(x, 'uint8')
    error('The input must be a UINT8   image. ' );
```

```
end
if nargin < 2
    quality =1 ;                  % Default value for quality.

end




m = [  16  11  10  16  24  40  51  61          % JPEG normalizing array
         12   12   14   19   26   58   60   55                % and zig-zag
redordering
         14  13  16  24  40  57  69  56          % pattern.
         14  17  22  29  51  87  80  62
         18  22  37  56  68 109 103  77
         24  35  55  64  81 104 113  92
         49  64  78  87 103 121 120 101
         72  92  95  98 112 100 103  99 ] * quality;

order = [ 1   9   2   3  10  17  25  18  11  4   5  12  19  26  33 ...
           41 34  27  20  13  6    7  14  21 28  35  42  49  57  50 ...
           43 36  29  22  15  8   16  23  30 37  44  51  58  59  52 ...
           45 38  31  24  32  39  46  53  60 61  54  47  40  48  55 ...
           62 63  56  64];

[xm, xn] = size(x);                         % Get input size.
x = double(x) - 128;                        % Level shift input
t - dctmtx(8);                               % Compute 8 x 8 DCT matrix

% Compute DCTs of 8 x 8 blocks and quantize the coefficients.
y  = blkproc(x,  [8  8] ,  'P1 * x * P2 ' , t , t');
y  = blkproc(y,  [8  8] ,  'round(x ./ P1)', m);

y  = im2col(y, [8 8] , 'distinct');  % Break 8x8 blocks into columns
```

```
xb = size(y, 2);                        % Get number of blocks
y  = y(order, :);                       % Reorder column elements

eob = max(x(:)) + 1;                    % Create end-of-block symbol
r = zeros(numel(y) + size(y, 2), 1);

count   = 0 ;
for j = 1:xb                             % Process 1 block (col) at a time
    I = max(find(y(:, j)));              % Find last non-zero element
    if isempty(i)                        % No nonzero block values
       I = 0;
    end
    p = count + 1;
    q = p + i;
    r(p:q) = [y(1:i, j); eob];            % Truncate trailing 0's, add EOB,
    count = count + I + 1;                % and add to output vector
end
r((count + 1):end) = [];                  % Delete unusued portion of r

y.size          = uint16([xm xn]);
y.numblocks   = uint16(xb);
y.quality       = uint16(quality * 100);
y.huffman      = mat2huff(r);
```

[그림 9-11] (a)의 블록도대로 함수 im2jpeg은 입력 영상 x의 분리된 8 x 8 섹션들 또는 블록들을 한 번에 한 블록씩 처리한다(전체 영상을 한번에 처리하기보다는). 두 개의 특수 블록 처리 함수 blkproc와 im2col 가 이 계산을 단순화하는 데 사용된다. 함수 blkproc은 그 표준 문법이 다음과 같으며,

B = blkproc(A, [M N] , FUN, P1, P2, ...)

블록의 영상을 다루는 전체 처리를 스트림라인 또는 자동화한다. 이 함수는 처리

될 블록들의 크기([M N])와 함께 입력 영상 A. 이들을 처리할 때 사용하는 함수(FUN). 블록 처리 함수 FUN을 위한 옵션형 입력 매개변수들인 P1, P2...를 받아들인다. 그런 후, 함수 blkproc은 A를 M x N 블록들로 쪼개고(필요한 곳은 제로 패딩 포함), 각 블록과 매개변수 P1,P2, ... 로 함수 FUN을 호출하고, 그 결과들을 출력 영상 B로서 다시 모아 맞춘다.

im2jpeg에 의해 사용되는 두 번째 특수 블록 처리 함수는 함수 im2col이다. blkproc이 특정 블록 지향 연산을 구현하는 데 적합하지 않을 때, im2col을 사용해서 입력을 재배열해서 연산을 더 간단하고 효율적인 방식(예를 들면, 연산을 벡터화 할 수 있게 해서)으로 코딩할 수 있게 한다. im2col의 출력은 매트릭스이며, 각 열은 입력 영상의 분리된 한 블록의 요소들을 포함한다. 이 함수의 포맷은

B = im2col(A , [M N], 'distinct')

이며, 여기서 매개변수들 A,B, [M N]은 함수 blkproc을 위해 앞에서 정의된 것과 같다. 문자열 'distinct'는 im2col에 처리될 블록들이 오버랩되지 않음을 전달한다; 다른 문자열 ' sliding'은 A의 매 화소에 대해 B에 한 열을 만들라고 지시한다(마치 어떤 블록이 영상에서 미끄러져 다닌 것 같이).

im2jpeg에서 함수 blkproc은 DCT의 계산과 계수의 역정규화 (DENORMAL-IZATION) 및 양자화 모두를 용이하게 하는 데 사용된다. 반면에, im2col은 양자화된 계수의 재정렬과 제로 런(zero run)의 검출을 단순화하는 데 사용된다. JPEG 표준과 달리, im2jpeg은 각 재정렬된 계수 블록의 마지막 제로 런만을 검출하며, 그 전체 런을 하나의 eob 부호로 교체한다. 끝으로, 비록 MATLAB이 대형 영상 DCT들에 대한 효율적인 FFT-기반 함수를 제공하지만(함수 dct2에 대한 MATLAB의 도움말을 참조), im2jpeg은 다른 매트릭스 공식을 사용함을 주목한다.

$$T=HFH^T$$

여기서 F는 영상 $f(x,y)$의 8 x 8 블록이며, H는 dctmtx(8)에 의해 생성 8 x 8 DCT 변환 매트릭스이며, T는 F의 결과 DCT이다. 윗첨자는 전치(transpose) 연산을 표시한다 . 양자화가 없으면, T의 역 DCT는

$$F=H^TTH$$

이다. 이 공식은 작은 정사각형 영상(JPEG의 8 x 8 DCT들처럼)을 변환할 때 특히 효율적이다. 따라서, 다음 명령문

y= blkproc(x, [8 8], 'P1 * x * P2', h , h')

은 8 x 8 블록의 영상 x의 DCT들을 계산하며, 이때 DCT 변환 매트릭스 h와 전치 h'을 DCT 매트릭스 곱셈 P1 * x * P2의 매개변수 P1과 P2로 사용한다.

im2jpeg으로 압축된 영상을 압축 해제하려면[그림 9-11] (b) 참조, 비슷한 블록처리와 매트릭스 기반 변환들이 필요하다. 다음 리스팅의 함수 jpeg2im는 필요한 역연산 시퀀스를 수행한다(양자화는 분명하게 제외). 이 함수는 일반 함수

A= col2im(B, [M N], [MM NN], 'distinct')

```
function x= jpeg2im(y)
%JPEG2IM Decodes an IM2JPEG compressed image.
%    X = JPEG2IM(Y)   decodes compressed image Y, generating
%    reconstructed approximation X. Y is a structure generated by
%    IM2JPEG.
%
%    See also IM2JPEG.

error(nargchk(1, 1, nargin));                   % Check input arguments
m = [ 16  11  10  16   24  40  51  61   % JPEG normalizing array
        12  12  14  19   26  58  60  55   % and zig-zag redordering
        14  13  16  24   40  57  69  56   % pattern.
        14  17  22  29   51  87  80  62
        18  22  37  56   68 109  103 77
        24  35  55  64   81 104  113 92
        49  64  78  87  103 121  120 101
        72  92  95  98  112 100  103  99 ];
```

```
order = [1   9  2  3  10 17 25  18  11  4  5  12  19  26  33...
         41 34 27 20  13 6  7   14  21 28 35  42  49  57  50...
         43 36 29 22  15 8  16  23  30 37 44  51  58  59  52...
         62 63 56 64 ];

rev = order;                                %Compute inverse ordering
for k = 1:length(order)
  rev(k) =find(order ==k);
end

m = double(y.quality) / 100 * m            % Get encoding quality.
xb = double(y.numblocks);                  % Get x blocks.
sz = double(y.size);
xn =  sz(2);                                % Get x columns.
xm = sz(1);                                 % Get x rows.
x = huff2mat(y.huffman);                    % Huffman decode.
eob = max(x(:));                            % Get end-of-block symbol

z = zeros(64, xb);          k=1;                 % Form block columns by
copying
for j = 1:xb                                % successive values from x into
   for I = 1:64                             % columns of z, while changing
    if x(k) == eob                          % to the next column whenever
       k = k +1;   break;                   % an EOB symbol is found.
    else
        z(i, j) = x(k);
        k = k +1;
       cnd
    end
end

z = z(rev, :);                              % Restore order
x = col2im(z, [8 8] , [xm xn], 'distinct');  % Form matrix blocks
x = blkproc(x, [8 8] , 'x .* P1', m);        % Denormalize DCT
```

```
t = dctmtx(8);                                   % Get 8 x 8 DCT matrix
x = blkproc(x, [8 8], 'P1 * x * P2' t', t);    % Compute block DCT-1
x = uint8(x + 128) ;                             % Level shift
```

을 사용해서 매트릭스 z의 열들로부터 2-D 영상을 재생성한다. 여기서, 각 64요소 열은 복귀된 영상의 8 x 8 블록이다. 매개변수들인 A,B, [M N], 'distinct'은 함수 im2col에 대해 정의된 것과 같다. 배열 [MM NN]은 출력 영상 A의 차원들을 규정한다.

9.6.2 JPEG 2000

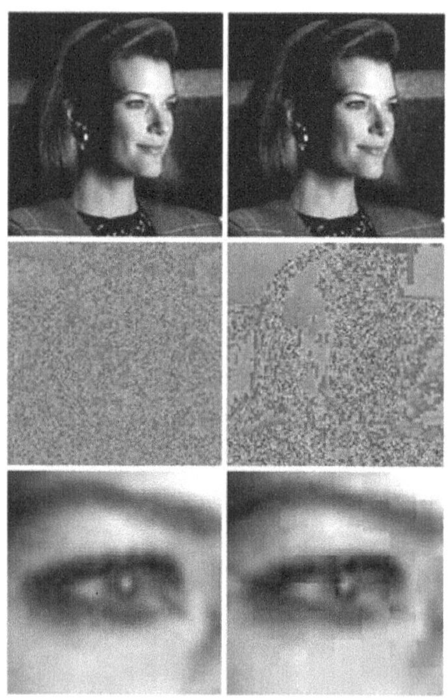

[그림 9-12] DCT와 그림

앞 절의 초기 JPEG 발표 내용과 같이, JPEG 2000은 어떤 영상의 화소들을 디코릴레이션(decorrelation, 역상관)하는 변환의 계수들이 오리지널 화소들 그 자체보다 더 효율적으로 코딩될 수 있따는 개념에 근거한다. 만일 변환의 베이시스(기저) 함수들 JPEG 2000에서는 웨이블릿들 이 중요한 시각적 정보들의 대부분을 작은 수의 계수들에 모아 넣을 수 있다면, 나머지 계수들은 영상 왜곡이 거의 없이 간격이 넓게 양자화되거나 또는 0 으로 만들어 버릴 수 있다.

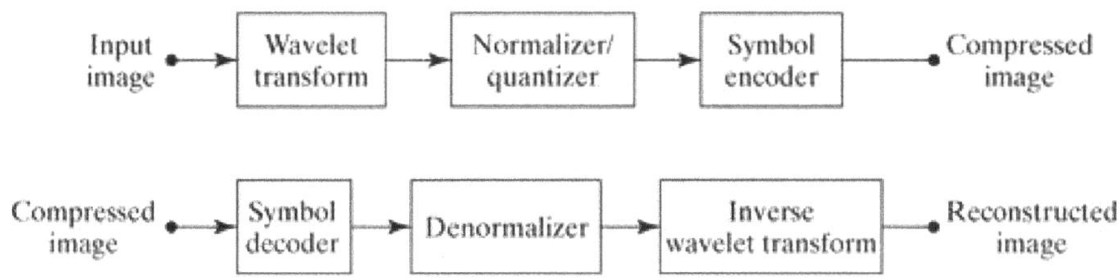

[그림 9-13] JPEG 2000 블록 다이어그램

[그림 9-14]는 단순화된 JPEG 2000 코딩 시스템(몇 가지 옵션 연산들이 빠짐)을 보여준다. 인코딩 과정의 첫 단계는 오리지널 JPEG 표준에서와 같이 2^{M-1}을 빼서 영상의 화소들의 레벨을 이동시키는 것이다. 여기서. 2^m은 영상의 그레이 레벨 수이다. 그런 후, 영상의 행과 열들의 1-D 이산 웨이블릿 변환을 계산할 수 있다. 무오차(ERROR-FREE)압축을 위해, 사용되는 변환은 쌍직교적이며, 5-3 계수 스케일링 및 웨이블릿 벡터를 갖는다. 손실 응용에서는, 9-7 계수 스케일링-웨이블릿 벡터(제7장의 WAVEFILTER 함수를 참조)가 사용된다. 어떤 경우든, 초기분해(decomposition)는 네 개의 서브밴드(subband)를 만든다. 하나의 저해상도 근사화 영상과 영상의 수평, 수직, 대각선 주파수 특성들.

그 후의 반복들을 이전 분해의 근사화 계수들에 제한시키고 분해 과정을 N_1번 반복하면 N_L스케일 웨이블릿 변환을 만든다. 인접 스케일들은 공간적으로 2의 멱수에 의해 관련이 있으며, 최저 스케일은 유일하게 외연적으로 정의된 오리지널 영상에 대한 근사화를 포함한다. 표준의 표기법이 $N_2=2$의 경우에 대해 요약되어 있는 그림 8.15로부터 추측할 수 있듯이, 일반적 N_L스케일 변환은 $3N_L+1$ 서브밴드들은 포함한다. 그리고 이들의 계수들은 b= $N_LLL, N_LHL, \dots 1HL, 1LH, 1HH$에 대해 a_b로 표기된다. 표준은 계산될 스케일들의 수를 규정하지 않는다.

N_L스케일 웨이블릿 변환이 계산된 후에, 변환 계수의 전체 수는 오리지널 영상의 샘플 수와 같다. 그러나 중요한 시각적 정보는 단 몇 개의 계수들에 집약되어 있다. 이들을 표현하는 데 필요한 비트 수를 줄이려면, 서브 밴드 B의 계수ab(u,v)

는 다음 식에 의해 값 qb(u,v)로 양자화된다.

$$q_b(u,v) = \text{sign}[(a_b(u,v)] \ \text{floor} \ [\frac{|a_b(u,v)|}{\Delta_b}] \quad \cdots\cdots\cdots\cdots\cdots\cdots \quad (9.19)$$

여기서, "sign"과 "floor" 연산자들은 같은 이름의 MATLAB 함수들(즉, 함수 sign과 floor)과 같은 기능을 한다. 양자화 단계 크기 Δ_b는

$$\Delta_b = 2^{R}b - \varepsilon(1+\frac{\mu_b}{2^{11}}) \quad \cdots\cdots\cdots\cdots\cdots\cdots \quad (9.20)$$

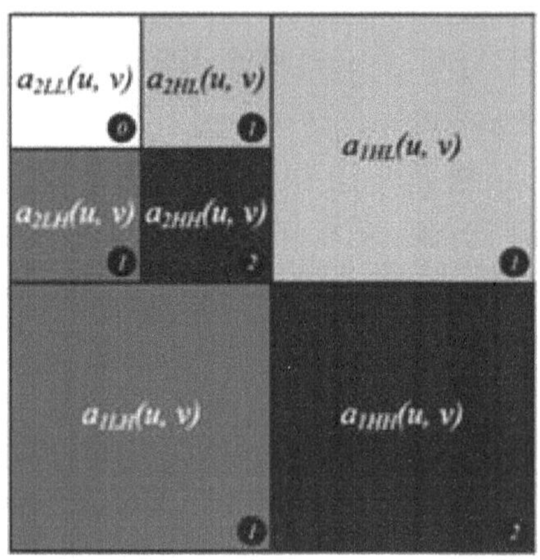

[그림 9-14] JPEG 2000 두 스케일 웨이블릿 변환 계수 표기와 분석 이득

이고, R_b 는 서브밴드 b의 공칭(nominal) 동적 범위이며, ε_b와 μ_b는 서브밴드의 계수들의 지수부(exponent)와 가수부(mantissa)에 할당된 비트 수이다. 서브밴드 b의 공칭 동적 범위는 오리지널 영상을 표현하는 데 사용하는 데 사용되는 비트 수와 서브밴드 b를 위한 분석 이득 비트들(analysis gain bits)의 합이다. 서브 밴드 분석 이득 비트들은 [그림 9-15]의 간단한 패턴을 따른다. 예를 들어, 서브밴드 b = 1HH를 위해 두 개의 분석 이득 비트들이 있다.

무오차 압축에 대해 ε_b이므로 Δ_b=1 이다. 불가역적 압축에 대해, 특별한 양자화

단계 크기가 규정된 것은 없다. 그 대신, 지수부 및 가수부 비트들의 수를 디코더에 서브밴드별로[외연적(explicit) 양자화로 불림] 또는 N_LLL 서브밴드만에 대해[내연적(implicit) 양자화로 불림] 제공해야 한다. 후자의 경우, 나머지 서브밴드들은 외삽된 N_LLL 서브밴드에 할당된 비트 수라고 하면, 서브밴드 b에 대해 외삽된 매개변수들은

$$\mu_b = \mu_0$$
$$\varepsilon_b = \varepsilon_0 + nsd_b - nsd_0 \quad \cdots\cdots\cdots\cdots (9.21)$$

이다. 여기서 nsd_b는 오리지널 영상으로부터 서브밴드 b로의 서브밴드 분해 레벨들의 수를 나타낸다. 인코딩 과정의 마지막 단계는 양자화된 계수들을 산술적으로 비트 평면(bit-plane)별로 코딩하는 것이다. 비록 이장에서 설명하지는 않지만 산술 코딩(arithmetic coding)은 Huffman 코딩과 같이 코딩 중복을 줄이기 위해 설계된 가변 길이 코딩 처리이다.

[그림 9-16] 은 그림 8.4(a)의 흑백 영상에 대한 두 개의 JPEG 2000 근사화를 보여준다. [그림 9-16] (a)는 오리지널 영상의 42:1로 압축했던 인코딩으로부터 복구되었다; [그림 9-16] (b)는 88:1 인코딩으로부터 생성되었다. 두 결과는 다섯 스케일의 변환과 $\mu_0 = 8$과 각각 $\varepsilon_0 = 8.5$ 와 7인 내연적 양자화에 의해 얻었다. im2jpeg2k는 JPEG 2000의 비트-평면 지향 산술 코딩을 근사화하는 것 일뿐이므로, 위의 압축비는 실제 JPEG 2000인코너에 의해 얻는 값들과 다르다. 실제비는 두 배 증가할 것이다.

[그림 9-16]의 왼쪽 열에 있는 결과들의 42:1 압축은 [그림 9-13]의 오른쪽 열에 있는 영상들에 대해 달성한 압축과 같으므로, [그림 9-16] (a), (c), (e)는 [그림 9-13] (b), (d), (f)의 변환-기반 JPEG 결과들과 비교 정성적 및 정량적으로 모두 될 수 있다. 시각적 비교에 의하면 웨이블릿-기반 JPEG 2000 영상들에서 현저한 오차 감소가 드러난다. 실제로 [그림 9-16] (a)의 JPEG 2000-기반 결과의 RMS오차는 3.7 그레이 레벨로서, 대응하는 [그림 9-13] (b)의 변환-기반 JPEG 결과에 대한 4.4 그레이레벨과 비교된다. 복구 오차를 감소시키는 외에도, JPEG 2000-기반 코딩은 화질을 급격하게 증가(주관적 관점에서)시킨다. 이는 특히 [그림 9-16] (e)에서 확연하다. [그림 9-13] (f)의 대응하는 변환-기반 결과를 특징지었던 블록 구조 현상이 더 이상 보이지 않는다. 압축비가 88:1로 증가했을 때, [그림 9-16] (b)에서

와 같이, 옷의 질감에 손실이 발생하고, 눈이 흐릿해진다. 두 효과는 [그림 9-16] (b)와 (f)에서 볼 수 있다.

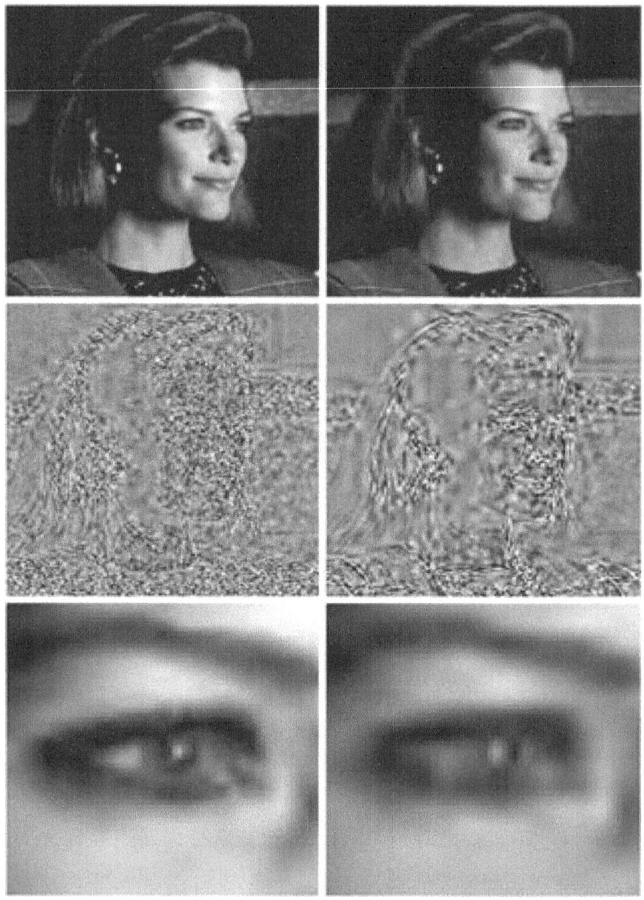

[그림 9-15]

이 복구 영상의 rms오차는 5.9 그레이 레벨이다 그림 8.16 의 결과들은 다음의 명령 시퀀스로 만들었다.

```
>> f     = imread('Tracy.tif');
>> c1    = im2jpeg2k(f, 5, [8 8.5]);
>> f1    = jpeg2k2im(c1);
>> rms1 = compare(f,f1)
```

```
rms1=
        3.6931

>> cr1    =
            42.1589

>> c2      = im2jpeg2k(f,5, [8 7]);
>> f2      = jpeg2k2im(c2);
>> rms2 = compare(f, f2)

rms2 =
        5.9172

>> cr2 =imratio(f, c2)

cr2 =
       87.7323
```

두 요소 벡터가 im2jpeg2k 의 인자 3으로 제공될 때 내연적 양자화가 사용됨을 주목한다. 만일 이 벡터의 길이가 2가 아니면, 이 함수는 외연적 양자화를 가정하며 $3N_L+1$(N_L은 계산될 스케일들의 수) 단계 크기들이 제공되어야 한다. 이것은 분해의 각 서브밴드에 대해 1이다; 이들은 분해 레벨(첫 번째, 두 번째, 세 번째, ...)과 서브밴드 유형(즉, 수평, 수직, 대각선 그리고 근사화)에 의해 정렬되어야 한다. 예를 들면,

```
>> C3= im2jpeg2k(f, 1, [1 1 1 1]);
```

는 한 스케일 변환을 계산하고, 외연적 양자화를 채택한다. 네 개의 서브 밴드들 모두가 단계 z m r l Δ_1=1을 사용해서 양자화된다. 즉, 변환 계수들이 가장 가까운 정수로 바뀐다. 이는 im2jpeg2k 구현에 대한 최소 오차 경우이며, 결과 rms오

차와 압축률은 다음과 같다.

```
>>f3=jpeg2k2im(c3);
>>rms3=compare(f,f3)

rms3=
      1.1234

>>cr3=imratio(f, c3)
cr3=
     1.6350
```

INDEX

A

ADC ···· 4

D

DAC ···· 4
DCT ···· 262
DFT ···· 79
DSP ···· 4

F

FFT ···· 83
FIR ···· 108

H

HSI ···· 187

I

IIR ···· 43

J

JPEG ···· 263
JPEG 2000 ···· 270

L

Low Pass Filter ···· 112
Linear System ···· 34

M

MATLAB ···· 56
MPEG ···· 128

N

Non linear ···· 29

P

phase ···· 66

R

RGB ···· 187

S

Sampling ···· 26

Z

z - 변환 ···· 53
z - 역변환 ···· 66

ㄱ

고속 푸리에 변환 ···· 83
고역통과 필터 ···· 115
광도 보정 ···· 173
그라디언트 ···· 197

ㄷ

단위 임펄스 신호 ···· 8
대역통과 필터 ···· 4
디지털 신호 ···· 5
디지털 신호처리 ···· 3
디지털 음성처리 ···· 123
디지털 영상처리 ···· 138
디지털 필터 ···· 107
디코딩 ···· 223
등명도선 ···· 166

ㄹ

라플라스변환 ···· 53

ㅁ

멀티미디어 ···· 1

명암 변환 ······ 152
무손실 압축 ······ 216
무한 임펄스 응답 ······ 43

ㅂ

반전 ······ 164
범위 강조 변환 ······ 158
보간법 ······ 209
복소수 ······ 19
불안정한 비인과 신호 ······ 58
불안정한 인과 신호 ······ 57
불안정한 양방향의 신호 ······ 59
블러링 ······ 177
비선형 시스템 ······ 29
비인과 시스템 ······ 23

ㅅ

샤프닝 ······ 178
샘플링 ······ 6
샘플링 주파수 ······ 133
샘플링 이론 ······ 7
선형 시불변 시스템 ······ 13
손실 압축 ······ 216
수렴영역 ······ 57
스트레칭 ······ 159
슬라이딩 ······ 159
시간영역 ······ 14
시스템 ······ 5
신호 ······ 5
신호처리 ······ 3

ㅇ

아날로그 신호 ······ 3
안정한 인과 신호 ······ 56
안정한 비인과 신호 ······ 59
압축 ······ 212
양자화 ······ 7
연속 신호 ······ 5
영상 결합 ······ 169
영상 합성 ······ 171
영상 신호처리 ······ 138
영상 에지 검출 ······ 195
엠보싱 ······ 177
유한 임펄스 응답 ······ 43
음성 신호처리 ······ 123
이산 신호 ······ 15
이산 푸리에 변환 ······ 79
이진화 ······ 164
임펄스 응답 ······ 36

ㅈ

주파수 영역 ······ 79
주파수 영역 분석 ······ 79
중간 강조 ······ 163
중간 제거 ······ 167

ㅊ

차분 방정식 ······ 44

ㅋ

컨벌루션 ······ 108
컨벌루션 성질 ······ 39

ㅍ

푸리에 급수 ······ 79
푸리에 변환 ······ 79
푸리에 해석 ······ 76
필터링 ······ 107

ㅎ

허프만 코드 ······ 222
허프만 인코딩 ······ 230
허프만 디코딩 ······ 239

저자약력

- **이강승**

  연세대학교 전자공학과 졸업
  연세대학교 전자공학과(신호처리) 석사(1991)
  연세대학교 전자공학과(신호처리) 박사(1995)
  현재 : 동의대학교 컴퓨터공학과 교수

본 저서는 2019학년도 동의대학교 연구년 지원에 의하여 연구되었음

디지털 신호처리 이론 및 응용

인　　쇄 : 2020년 7월 1일
발　　행 : 2020년 7월 10일
저　　자 : 이 강 승
발 행 처 : 도서출판 한산
서울시 서대문구 수색로6길 43번지 105-602호
TEL : (02)304-3504 FAX : (02)304-3505
발 행 인 : 김 기 영
등록번호 : 제 10-1745 호
ISBN : 979-11-87555-28-5 93560

정가. 23,000원